“十二五”国家科技支撑计划项目（2012BAD19B0701）
国家自然科学基金项目（NSFC, No.31372246, No.31501887）

西北地区荒漠灌木林害虫寄生性天敌昆虫图鉴

盛茂领　孙淑萍　李涛　著

中国林业出版社
北京

Supported by the "Twelfth Five-year" National Science and
Technology Support Program of China (2012BAD19B0701) and the Natural Science Foundation
of China (NSFC, No.31372246, No.31501887)

Illustrations of Parasitoids in Desert-Shrub Pest Insects from the Northwestern Regions of China

By Sheng Mao-Ling, Sun Shu-Ping, Li Tao

China Forestry Publishing House
Beijing, China

内容简介

本书介绍了西北荒漠、灌木林地区害虫寄生性天敌昆虫，包括姬蜂科、茧蜂科、小蜂总科、寄蝇科等 8 科 52 属 87 种及亚种，其中包括 7 新种，1 新亚种，1 中国新记录属，15 中国新记录种，10 种天敌寄主新记录。书中对姬蜂、茧蜂、小蜂等每个种的形态特征进行了详细介绍或引证，并附有 577 幅珍贵的彩色特征图，以便读者参考和鉴定。书末附参考文献以及英文摘要、中文名称及拉丁学名索引。

本书可作为从事森林保护、生物防治的科研和教学单位科技人员、大中专院校师生等参考用书，也可供农林病虫害防治领域广大基层与生产一线的科技和生物防治人员等参考。

图书在版编目（CIP）数据

西北地区荒漠灌木林害虫寄生性天敌昆虫图鉴 / 盛茂领, 孙淑萍, 李涛著.
北京 : 中国林业出版社, 2016.12
ISBN 978-7-5038-8896-0
Ⅰ. ①西… Ⅱ. ①盛… ②孙… ③李… Ⅲ. ①灌木林－森林害虫－寄生性天敌－西北地区－图鉴 Ⅳ.
①S763.306.4-64
中国版本图书馆CIP数据核字 (2016) 第320580号

中国林业出版社 · 生态保护出版中心

策划编辑：刘家玲
责任编辑：刘家玲　张力

出版发行　中国林业出版社
(北京市西城区德内大街刘海胡同7号 100009)
电　　话　(010) 83143519
制　　版　北京美光设计制版有限公司
印　　刷　北京卡乐富印刷有限公司
版　　次　2016年12月第1版
印　　次　2016年12月第1次
开　　本　787mm × 1092mm　1/16
印　　张　17.5
字　　数　360千字
印　　数　1000册
定　　价　198.00元

序

我国西北荒漠灌木林是干旱半干旱区域的重要植被类型，其中一些灌木种类（如四合木、沙冬青等）还是珍贵的国家重点保护植物，具有重要生态价值和经济价值。西北荒漠灌木林的树种不多，但同样也受到一些重要害虫（如沙棘木蠹蛾、沙蒿木蠹蛾、沙柳木蠹蛾、栎黄枯叶蛾、灰斑古毒蛾，以及天牛类、吉丁类等）的严重危害，一些新害虫种类（如蓑蛾类和潜蝇类）不断被发现。

在国家科技支撑项目“北方灌木林重大病虫灾害综合治理技术集成与示范（2012BAD19B0701）”中，设立专题对害虫寄生性天敌进行研究，其目的就是为开展荒漠灌木林害虫生物防治和生物多样性保护奠定基础。目前，该项目已取得了丰硕成果，该图鉴便是所取得成果的重要一部分。

寄生性昆虫是森林生态系统及生物多样性的重要组成部分，是调节害虫种群数量消长的主要因子之一。害虫的暴发危害，主要原因之一是天敌因子的制约作用失灵，与其相关的生物食物链间的稳定关系失衡。要从根本上解决害虫暴发危害问题，必须弄清楚影响害虫种群变化的主导因子，根据生态学原理，从生物防治角度考虑，维持生物链相对稳定，避免害虫暴发危害。该图鉴，展示了作者在这方面所付出的努力和取得的成果。

该图鉴介绍了西北荒漠灌木林主要害虫的寄生性天敌昆虫的四个类群：姬蜂类、茧蜂类、小蜂类和寄蝇类，包含8科52属87种，其中包括7新种、1新亚种、1中国新记录属、15中国新记录种，10种寄主新记录，对主要鉴定特征进行了详细介绍或引证，附有577幅珍贵的彩色特征图；在青海省西北部的都兰、乌兰、德令哈荒漠灌木林害虫的寄生性天敌昆虫研究中，首次发现并报道了白刺、盐爪爪等主要防风固沙植物的害虫天敌昆虫种类；在宁夏、内蒙古西部和新疆北部，发现了柠条食叶新害虫蓑蛾类和隐蔽危害的潜蝇类及其寄生天敌昆虫新物种，为天敌昆虫利用奠定了坚实基础。

该图鉴图文并茂，内容翔实。特别是实物标本的整体和各部位的鉴定特征照片，完整清晰。同时，书末附有重要参考文献、中文名称及拉丁学名索引，非常方便读者在标本鉴定研究中使用，图鉴的应用价值很高。

本图鉴的作者多年从事天敌昆虫学研究，出版了多部有关林木害虫寄生性天敌昆虫的专著，为森林昆虫学研究做出了突出贡献，非常高兴为该图鉴作序。

骆有庆

2016年8月

前　言

林木害虫寄生性天敌昆虫对抑制害虫危害和在林业生态保护中的作用已在很多著作中介绍，并逐渐得到人们的了解和认同，种类鉴定和分类学研究成果已有大量报道（何俊华等，1996，2000，2004；盛茂领等，2009，2010，2013，2014；时振亚等，1995；赵建铭等，2001）。但是，我国对西北荒漠灌木林区的害虫及其寄生性天敌昆虫的研究明显滞后于其他地区，研究进展也很不平衡。因此，本图鉴旨在抛砖引玉，介绍我国西北特殊林区——荒漠灌木林的害虫寄生天敌昆虫种类，希望对这类害虫及其寄生天敌的研究和管理有所帮助。

这里涉及的西北荒漠灌木林地区主要包括辽宁西部、内蒙古西部、宁夏、甘肃、新疆、青海西部的风沙、荒漠林区和一些胡杨林分布区。部分区域受风沙或流沙侵蚀非常严重，自然环境恶劣，主要由一些抗风沙耐干旱的低矮灌木组成，林分比较特殊，多呈不规则丛状、斑状分布，如柠条、沙棘、沙蒿、沙冬青、四合木、白刺、盐爪爪、沙柳、梭梭等，但对该地区的防风固沙、水土保持等有无可估量的贡献。

西北荒漠灌木林的特点造就了害虫和其寄生天敌昆虫的特殊性，有些种类虽然相同，但个体大小有明显差异，例如红缘天牛，危害四合木的个体明显小于危害刺槐的个体，寄生性天敌昆虫的种类也明显不同。尽管作者尽可能提供原始、实物拍摄的图片，但是由于篇幅有限等原因，对标本个体因采集地或寄主、寄主植物的不同而存在的差异，该图鉴未提供有差异的或其他地区的照片。

青海省海西地区大面积的荒漠灌木林主要由枸杞、白刺、盐爪爪等组成，害虫主要是灰钝额斑螟*Bazaria turensis* Ragonot、灰斑古毒蛾*Orgyia ericae* Germar、盐爪爪沟须麦蛾*Scrobipalpa* sp.等，寄生性天敌昆虫明显不同于宁夏和内蒙古等地区的种类，一些种类比较特殊，除本书介绍的种类外，还有一些种类有待鉴定，缝姬蜂亚科Campopleginae和茧蜂亚科Braconinae的种类是典型的代表（如食叶类及细枝条的钻蛀害虫的重要天敌类群：弯尾姬蜂*Diadegma* spp.和叶部害虫的主要寄生天敌茧蜂*Bracon* spp.），一些新的物种有待发表。由于时间有限，在内蒙古西部和青海海西地区发现寄生食叶害虫的肿腿蜂类也未在本鉴定图鉴中介绍，将与同行专家深入研究后发表。

在本志涉及的各阶元的定义主要参照Townes'（1969—1971）著作；对各分类阶元的研究，尽量采纳国际同行的研究论著，主要是何俊华等（1996）、盛茂领等（2009，2010，2013，2014）、Kasparyan & Khalaim（2007）、Quicke et al.（2009）、Wahl & Gauld（1998）等的著作。为了节约篇幅，部分参考文献未列入参考文献目录内。对带有恶意或类似恶意的种名（20世纪30～40年代一些文章及其定名种），在本志中的中文名有所修正，相关参考文献未列其中。模式标本保存在国家林业局森林病虫害防治总站标本馆。

鉴于各科等高级阶元的鉴别特征在不同的著作中有详细的报道，本图鉴未重复介绍。本图鉴以我国西北地区获得的标本为介绍对象，尽量提供清晰的彩色特征图，并附有种类的文字介绍，以便于生产一线的同行在鉴定工作中参考使用。

本志系“十二五”国家科技支撑计划项目“北方灌木林重大病虫灾害综合治理技术集成与示范（2012BAD19B0701）”和国家自然科学基金项目（NSFC, No.31372246, No.31501887）研究成果的一部分。

在研究和撰写过程中，荷兰国家生物多样性中心 C. van Achterberg教授，英国自然历史博物馆昆虫馆膜翅目部主任G. R. Broad博士，俄罗斯科学院动物研究所D. R. Kasparyan研究员和A. Khalaim博士，日本北海道大学M. Ohara教授和N. Kikuchi博士，加拿大农业和农业食品部国家昆虫、蜘蛛和线虫博物馆D. Yu博士等曾提供或借给研究所需的标本和大量鉴定用的资料；北京林业大学骆有庆教授、温俊宝教授、宗世祥教授，中国林业科学研究院杨忠岐教授、王小艺教授，中国科学院动物研究所肖晖博士，沈阳师范大学张春田教授，沈阳大学刘广纯教授，南开大学李后魂教授，西北大学谭江丽博士等曾给予指导和帮助；得到国家林业局森林病虫害防治总站领导和同事的鼓励和大力支持；得到辽宁、内蒙古、宁夏、甘肃、新疆、青海等省（自治区）森林有害生物防治检疫局的大力协助；得到赵瑞兴、特木钦、许效仁、周卫芬、宝山、杨奋勇、栾树森、王锦林、吴金霞、刘朝霞、闫锋、杜小明、曹川健、张彦玲、熊自成、常国彬、章英、常桂星、王明娟等同志的大力支持和帮助，在此一并致以衷心谢意！

由于我们的水平有限，文中肯定存在很多错误和遗漏之处，敬请读者批评指正。

作者

2016年8月

目　录

序

前言

第一章　姬蜂科

一、犁姬蜂亚科Acaenitinae

二、肿跗姬蜂亚科Anomaloninae

三、栉姬蜂亚科Banchinae

七、洼唇姬蜂亚科Cylloceriinae

八、姬蜂亚科Ichneumoninae

九、盾脸姬蜂亚科Metopiinae

十、狭颜姬蜂亚科Nesomesochorinae

十一、瘤姬蜂亚科Pimplinae

十二、牧姬蜂亚科Poemeniinae

十三、短须姬蜂亚科Tersilochinae

十四、柄卵姬蜂亚科Tryphoninae

十五、凿姬蜂亚科Xoridinae

第二章 茧蜂科

第三章 小蜂总科

第四章　寄蝇科

索引

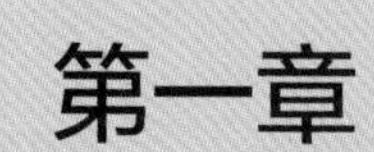

姬蜂科
Ichneumonidae

姬蜂科是一个非常大的科，据统计（Yu et al., 2016），截至2015年底，全世界已知25285种，我国已知2283种。研究史、形态特征、分类系统、分类检索表等都已有报道（何俊华等，1996；盛茂领等，2009，2010，2013，2014；赵修复，1976；Kasparyan, et al., 1981, 2007; Townes，1969），为减少篇幅，这里不再重复介绍。

一、犁姬蜂亚科 Acaenitinae

本亚科分为2族，含28属，280种。我国已知17属，128种。寄主为蛀木害虫（Scaramozzino, 1986; Sheng & Sun, 2010; Townes 1971; Wang, 1993; Yu et al., 2016）。

（一）犁姬蜂属 *Acaenitus* Latreille, 1809

Acaenitus Latreille, 1809:9. Type-species: *Ichneumon dubitator* Panzer.

全世界仅知5种；我国已知1种。

1 询犁姬蜂 *Acaenitus dubitator* (Panzer, 1800)（图1：1–6）

Ichneumon dubitator Panzer, 1800:14.

Acaenitus dubitator (Panzer, 1800). Sheng & Sun, 2010:13.

♀ 体长10.0～11.5mm。前翅长9.2～10.0mm。产卵器鞘长10.0～11.5mm。

颜面中央上方稍隆起，中央及两侧具粗刻点，亚侧面的浅纵凹内具斜横皱。唇基端缘几乎垂直下斜，亚端缘呈棱缘状；端缘具1中突。上颚下端齿稍长于上端齿。眼下沟明显。额具横皱和中纵脊；侧面具稠密的细刻点。触角鞭节25节。

图1-1 体 Habitus

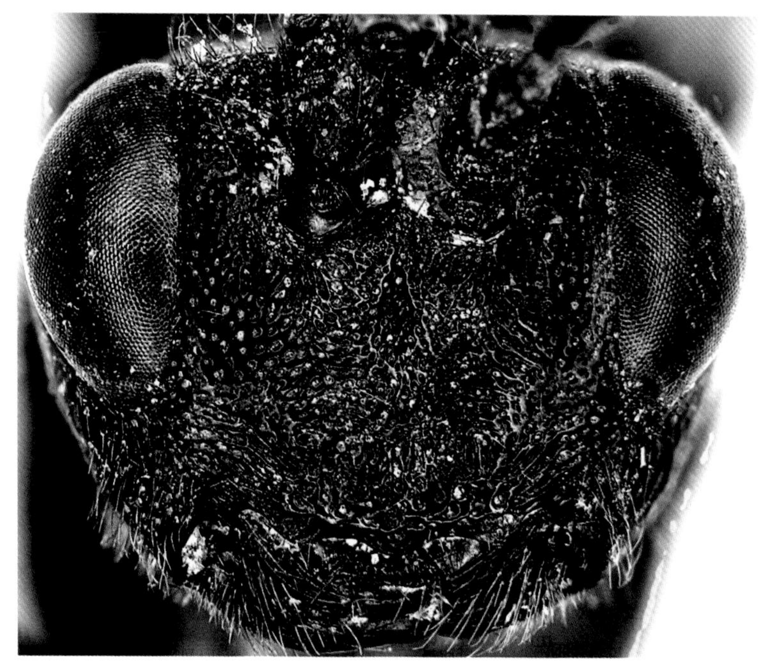

图 1-2　头部正面观 Head, anterior view

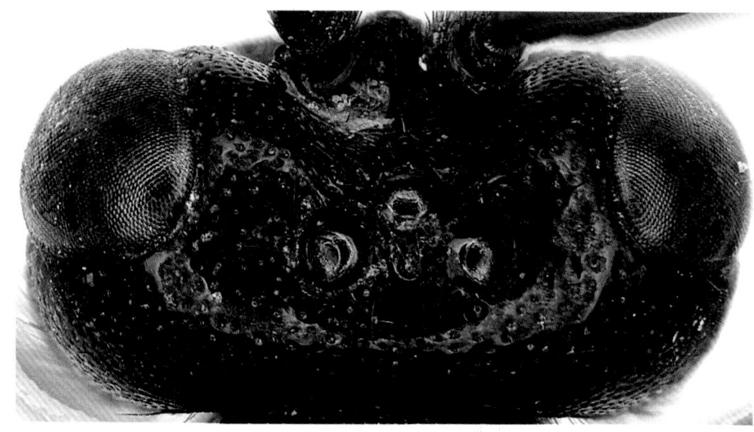

图 1-3　头部背面观 Head, dorsal view

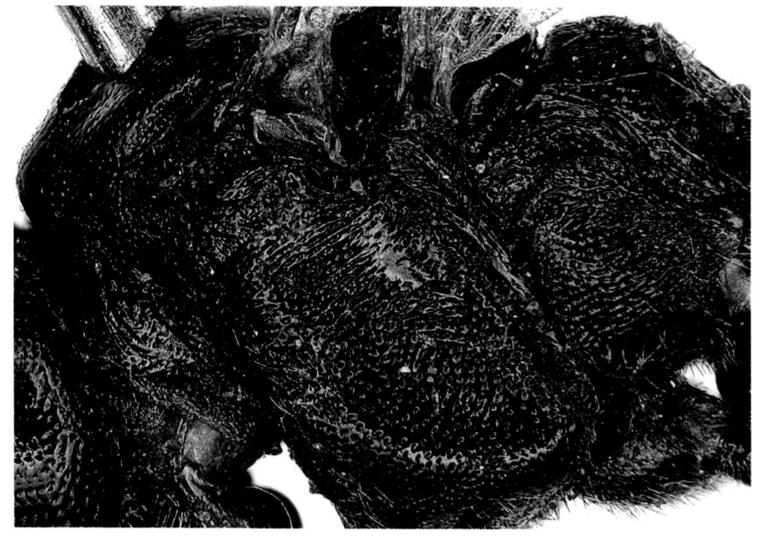

图 1-4　胸部侧面 Mesosoma, lateral view

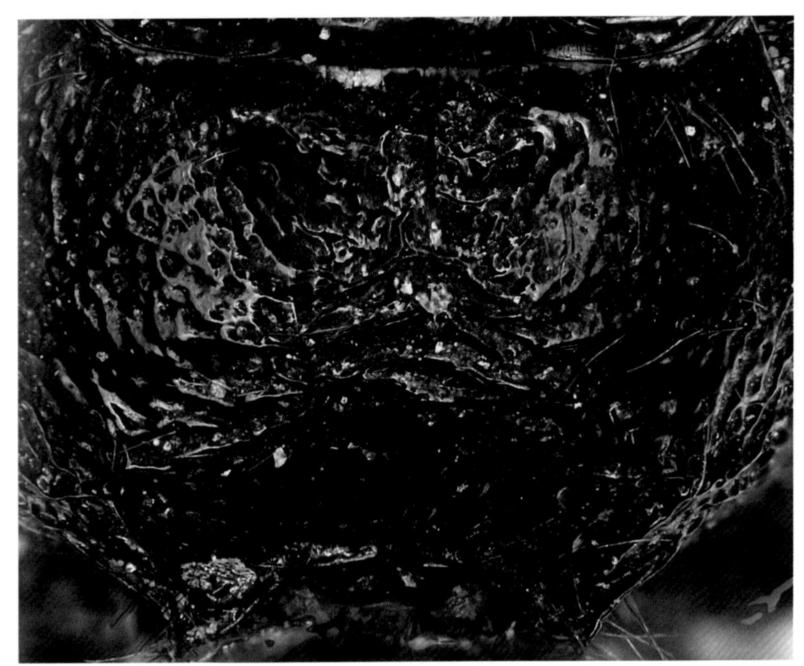

图1-5 并胸腹节 Propodeum

图1-6 腹部背板 Tergites

前沟缘脊清晰。中胸盾片盾纵沟不明显。中胸侧板中部具斜皱；镜面区具横皱。后胸侧板具稠密的斜横皱。翅浅褐色，透明；小脉位于基脉内侧；无小翅室；后小脉强烈外斜，约在上方0.2处曲折。前中足的爪各具1辅齿，后足的爪简单。并胸腹节具不均匀的粗横皱。

腹部粗短；第1节背板长稍大于端宽，其余背板横宽，光亮，无刻点或具非常稀且不明显的细刻点。下生殖板大，顶端明显超过腹部末端。产卵器侧扁，腹瓣端部具弱脊。

体黑色。上颚中部，唇基端缘侧面，触角深红褐色；柄节、梗节、鞭节基部2节黑色；下颚须、下唇须及后足跗节黑褐色；足（基节、转节黑色除外）红褐色；腹部第1节背板端部，第2～3节和第4节背板前缘黄褐色；第4节背板的侧面或多或少具模糊的红色斑；下生殖板稍带模糊的暗红色。

寄主 国外报道的寄主主要是钻蛀害虫：紫扁胸天牛*Callidium violaceum* (L.)、铜色扁胸天牛*C. aeneum* (De Geer)等。

分布 辽宁、新疆；俄罗斯，欧洲等。

观察标本 1♀，新疆伊犁，1989-07-08，卞锡元；1♀，辽宁清原，1995-06，宋友文。

（二）并脉姬蜂属 *Combivena* Sheng & Sun, 2014

Combivena Sheng & Sun, 2014:1. Type-species: *Combivena sulcata* Sheng & Sun, 2014.

该属是2014年建立的新属（Sheng & Sun, 2014），隶属于犁姬蜂族Acaenitini。主要属征如下：

唇基端半部平或稍凹，端缘薄，均匀弧形。上唇新月形外露。上颚小，向端部强烈变狭，下端齿明显长于上端齿。具眼下沟；颚眼距大于上颚基部宽。额具中纵脊。后头脊完整，背面均匀的拱弧形。具前沟缘脊。中胸盾片中叶前部几乎垂直下斜，具清晰的中纵沟；盾纵沟深，后端伸达中胸盾片中部之后。中胸侧板下缘后部呈棱状。胸腹侧脊背端约伸达中胸侧板高的3/5处，远离中胸侧板前缘。中胸腹板具宽中纵沟。后胸侧板无基间脊。小脉位于基脉内侧；无小翅室；肘间横脉消失，肘脉和径脉远在第2回脉外侧合并；后小脉在中央上方曲折。前足胫节端缘外侧具1强壮的齿；所有爪的内侧中部均具1尖齿。并胸腹节分区完整；自端横脊分为背面和后背面。腹部第1节背板由端部向基部均匀变窄；腹板长约为基部至气门之间距离的0.4倍；腹板亚基部的隆起光滑光亮，无毛；气门位于该节背板中央前方。产卵器侧扁，无背结，腹瓣端部具不清晰的弱纵脊。

本属仅知1种，分布于青海。

---

2 沟并脉姬蜂 *Combivena sulcata* Sheng & Sun, 2014（图2：1-8）

Combivena sulcata Sheng & Sun, 2014:2.

♀ 体长约11.0 mm。前翅长约10.0 mm。触角长约7.5 mm。产卵器鞘长约4.5 mm。

颜面具“U”形浅凹；浅凹内粗糙，具稠密不清晰的刻点。唇基凹小，几乎圆形。唇基基半部几乎平，亚基部在唇基凹之间具弱横脊，该脊与唇基沟之间稍隆起，具稠密不清晰的刻点，该脊至唇基中部几乎光亮，具不清晰的细刻点；端半部几乎平，光滑光亮，近端缘稍粗糙；端缘薄，均匀弧形。上唇长约为宽的0.4倍，具褐色短毛。上颚小，向端部强烈变狭；下端齿约为上端齿长的2.2倍。颚眼距约为上颚基部宽的1.25倍。上颊几乎光亮，明显纵向膨胀；具清晰稠密的刻点。侧单眼间距约为单复眼间距的0.7倍。额深凹，侧缘较隆起，具稠密的横皱和中纵脊。触角鞭节27节。

前胸背板前缘和后上缘具稠密不清晰的细刻点，其余部分具稠密且清晰的斜横皱。中胸盾片具稠密的粗刻点；亚后部中央具不规则的粗皱区。中胸侧板亚前上部具清晰的刻点，下部具不规则的粗刻点；镜面区前面具斜横皱，下方具纵皱；镜面区光亮，具细横皱。中胸腹板具稠密不清晰的刻点。后胸侧板粗糙，具不规则的皱；无基间脊。翅稍带褐色，透明；小脉位于基脉内侧，二者之间的距离约为小脉长的0.4倍；外小脉约在下方0.38处曲折；后小脉在中央稍上方曲折。中后足基节、腿节具稠密的刻点；后足基节外侧基部具光滑光亮的凹

图 2-1　体 Habitus

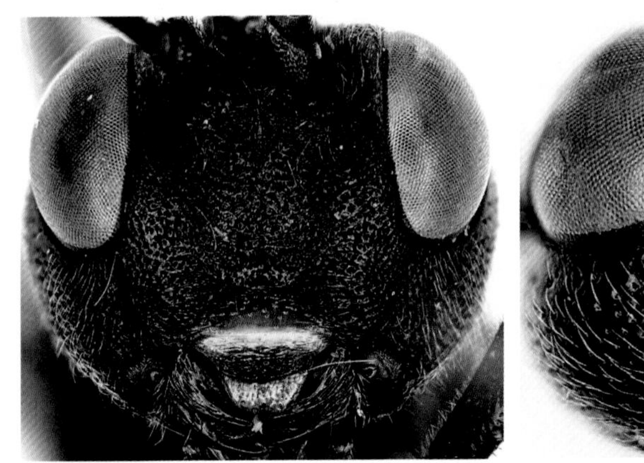

图 2-2　头部正面观 Head, anterior view

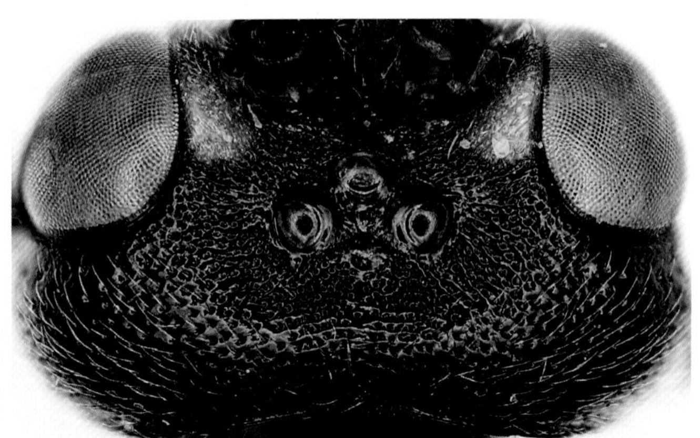

图 2-3　头部背面观 Head, dorsal view

区。并胸腹节基区长稍大于宽；中区六边形，分脊约在它的基部0.3处相接；端横脊强壮，明显高于其它脊；中区具放射形皱；气门斜长形，长径约为短径的2.0倍。

腹部第1节背板长约为端宽的1.9倍；粗糙，具不规则的短皱；腹板亚基部均匀隆起，隆起区光滑光亮，无毛；气门圆形，稍隆起，位于该节背板前部约0.4处。第2节背板长约为端宽的0.55倍，中央稍纵凹。第3节背板长约为端宽的0.4倍，具清晰的刻点。第7节背板几乎半几丁质化。下生殖板末端明显超过腹部末端。产卵器鞘约等长于后足胫节。产卵器细，均匀，侧扁，无背结。

图 2-4　中胸盾片和小盾片 Mesoscutum and scutellum

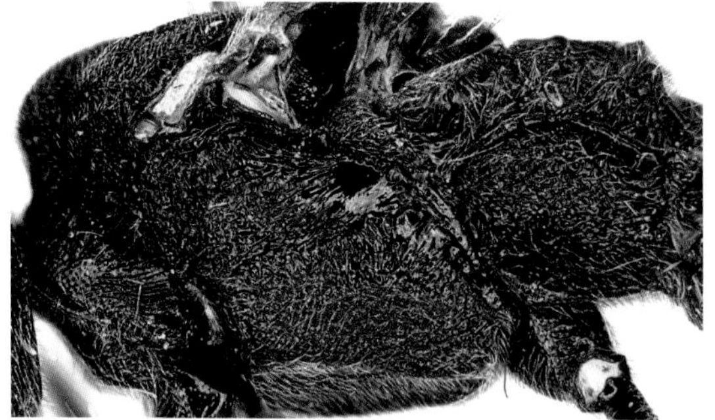

图 2-5　胸部侧面 Mesosoma, lateral view

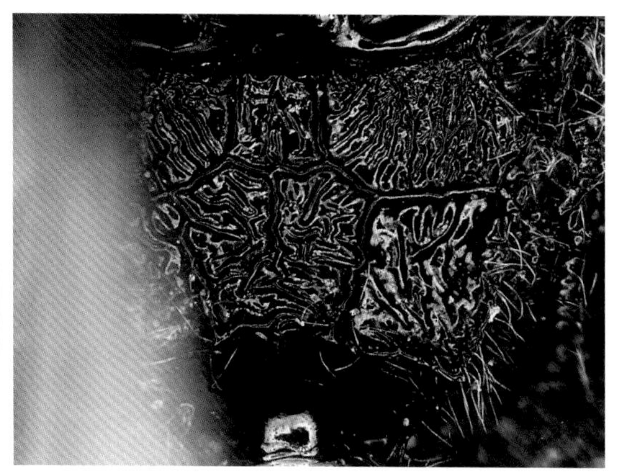

图 2-6　并胸腹节 Propodeum

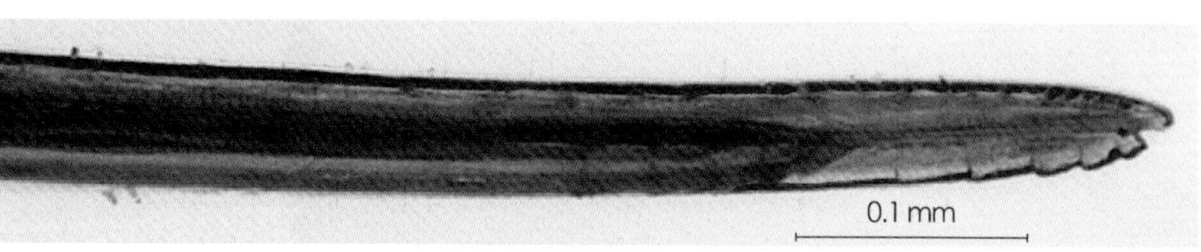

图 2-8　产卵器端部 Apical portion of ovipositor

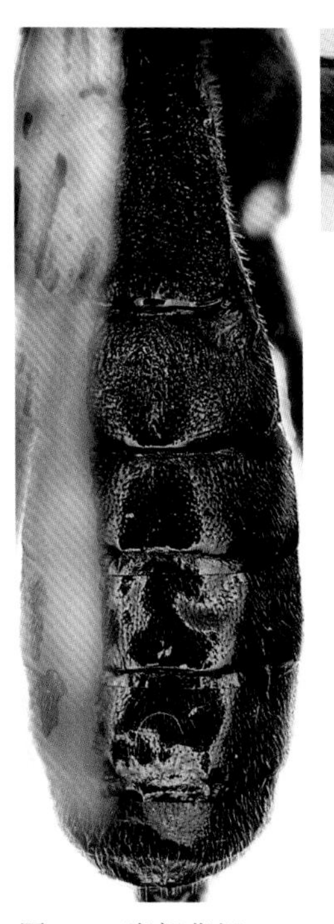

图 2-7　腹部背板 Tergites

体黑色，下列部分除外：颜面上缘、内眼眶、颊区、上颚中部、上颊大部分不均匀的褐色至暗褐色；唇基黄褐色；触角基部黑色，端部褐色；前中腿节及前胸背板侧面中部模糊的暗褐色；前中胫节腹侧浅黄色；翅基片，所有足的第1跗节端部、第2～4节及第5节基部（后足第5跗节全部）白色；翅端缘和前翅翅痣下方的斑暗褐色。

分布　青海。

观察标本　1♀（正模），青海互助北山林场，2366 m，2010-06-07，盛茂领。

二、肿跗姬蜂亚科 Anomaloninae

本亚科含46属，742种（Yu et al., 2016）。我国已知15属，109种。

（三）肿跗姬蜂属 *Anomalon* Panzer, 1804

Anomalon Panzer, 1804:15. Type-species: *Ichneumon cruentatus* Geoffroy, 1785.

该属已知97种，我国已知19种。

---

3 朝鲜肿跗姬蜂 *Anomalon coreanum* (Uchida, 1928)（图3：1–6）

Nototrachys foliator coreanus Uchida, 1928:231.

Anomalon coreanum Uchida, 1928. Wang, 1986:336.

♀ 体长10.0～12.0 mm。前翅长5.0～5.5 mm。产卵器鞘长3.0～3.5 mm。

颜面向下方明显收敛，具稠密不均匀的细刻点和弱皱，上缘中央凹陷。唇基稍隆起，端缘中央均匀弧形前突。上颚下端齿明显短于上端齿。颚眼距约为上颚基部宽的0.25倍。上颊具稠密的细刻点和短毛。额具稠密的粗横皱，中纵脊清晰。触角鞭节27节。后头脊背面中央间断。

前胸背板具粗纵皱，后部稍光滑；前沟缘脊强壮，背端伸达背板背缘。中胸盾片具稠密模糊的粗网皱，仅后缘稍光滑；无盾纵沟。小盾片具粗网皱；侧脊明显。中胸侧板中上部具稠密的粗纵皱、下部具粗糙的网状皱；镜面区大；胸腹侧脊明显，背端伸达翅基下脊前缘。后胸侧板粗糙，具粗网状皱；后胸侧板下缘脊完整，前部稍片状隆起。翅稍褐色透明；小脉位于基脉外侧；肘间横脉位于第2回脉外侧，二者之间的距离约为肘间横脉长的1.2倍；后小脉不曲折，几乎垂直。足细长，胫节基部细。爪小，基半部具细栉齿。并胸腹节具稠密的粗网状皱，基横脊（中部前突）和外侧脊明显；基区外侧表面具较弱的皱和细刻点；气门小，椭圆形。

腹部第1节细柄状，光亮，自气门处向后膨大；气门小，圆形，约位于端部0.3处。第2节及以后背板几乎光滑；第2节长约为第1节的1.2倍，约为第3节背板长的1.5倍。产卵器鞘长为后足胫节长的0.7～0.9倍；产卵器亚端部稍膨大，具背凹。

体黑色，下列部分除外：触角柄节腹侧带暗红褐色；上颚端部（端齿暗红褐至黑褐色）红褐色；前中足黄褐色（基节或仅基部黑色，转节和腿节背侧或多或少带黑褐色）；后足胫节和跗节黄褐色，其余暗红褐色至黑色；翅痣及翅脉褐色，翅基片暗红褐色。

♂ 前翅长约6.0 mm。唇基端缘均匀前隆。额中央具1中纵脊。中胸盾片具纵皱。小盾

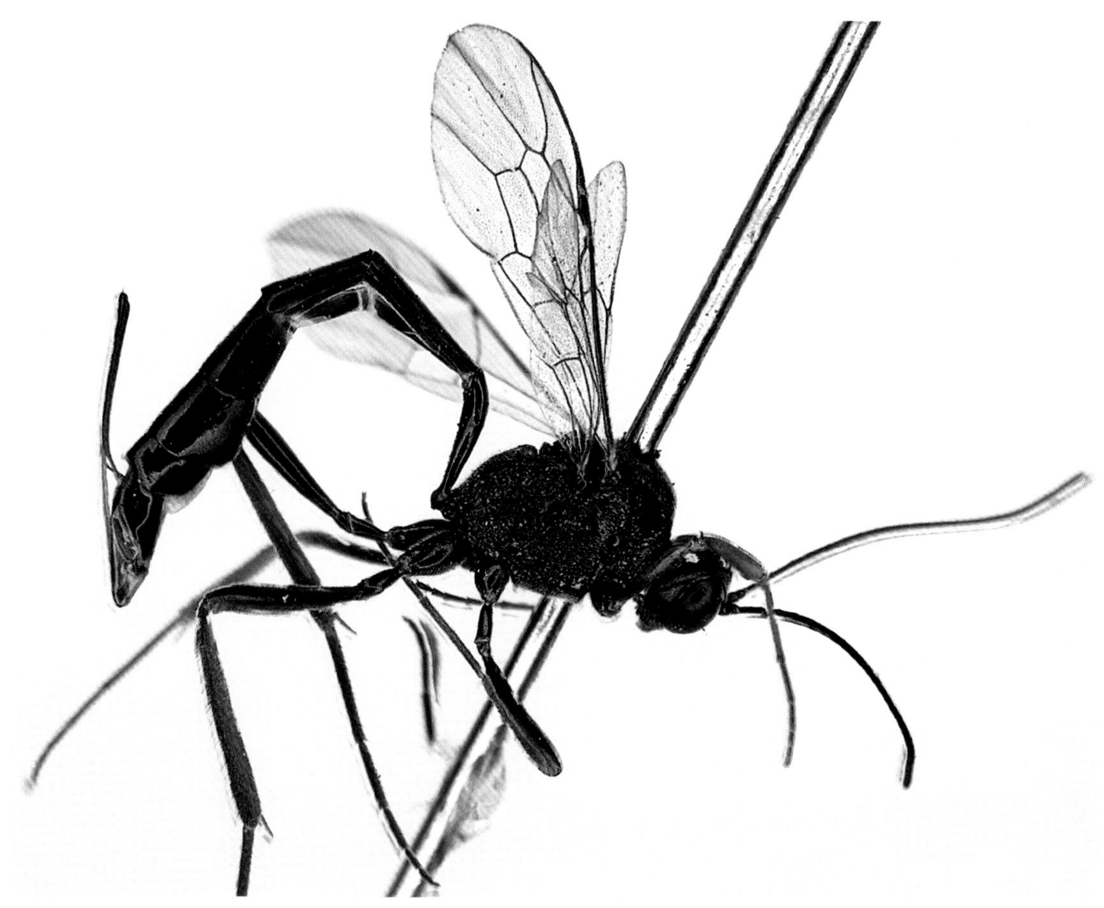

图 3-1 体 Habitus

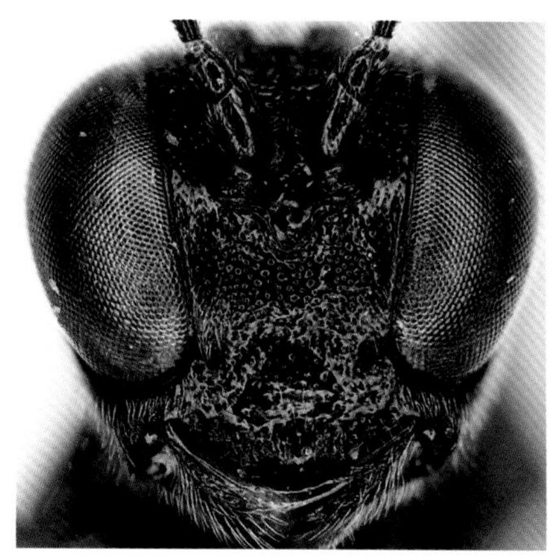

图 3-2 头部正面观 Head, anterior view

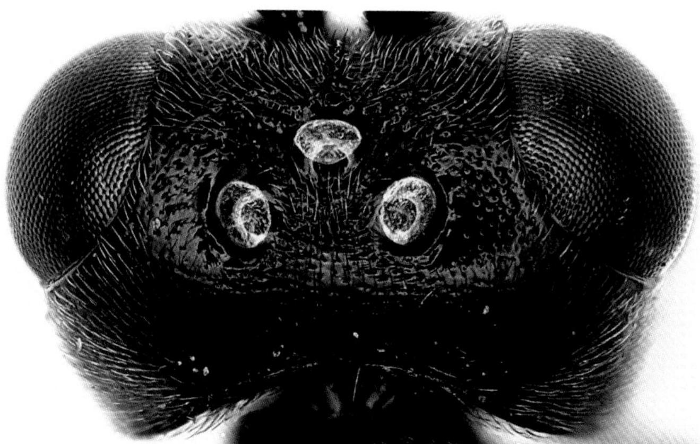

图 3-3 头部背面观 Head, dorsal view

片具网状皱。中胸侧板具稠密的斜皱，后缘处具稠密的横皱；镜面区大。后小脉不曲折。体黑色；前中足腿节红褐色，胫节褐黄色；后足腿节端部、胫节背面及跗节褐黑色，胫节腹面黄褐色。

分布 宁夏、内蒙古、辽宁、河南、河北、北京、湖北；朝鲜，日本，蒙古。

观察标本 1♀，内蒙古呼和浩特，1995-08-29，盛茂领；1♀，内蒙古达茂联合旗，1995-09-02，盛茂领；1♂（正模）。Red labels: "Holo–type", "*Nototrachys foliator* var. *coreanus*", "Type Matsumura"; White labels: "*Nototrachys coreanus* sp.nov." "Suigen", "21/V. 1925"。

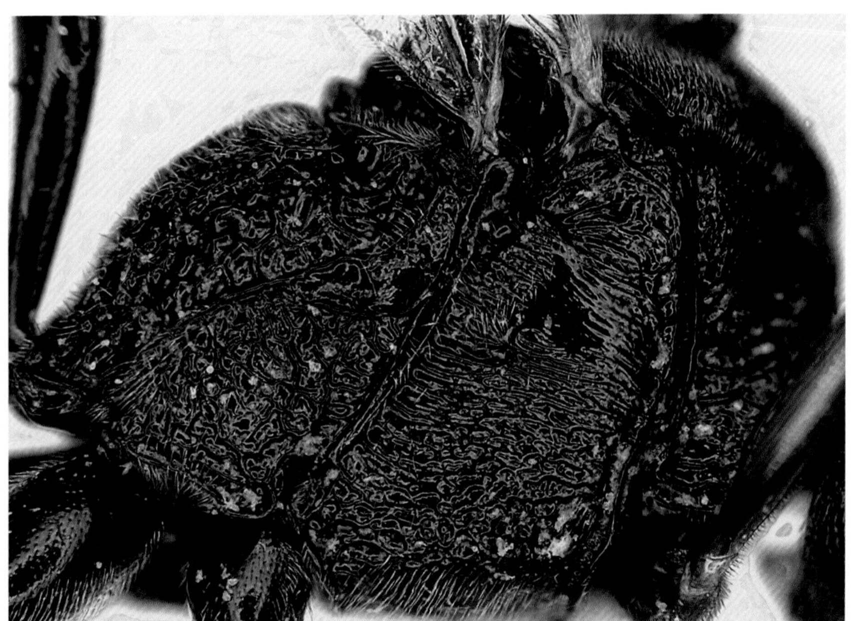

图 3-4 触角 Antenna 图 3-5 胸部侧面 Mesosoma, lateral view

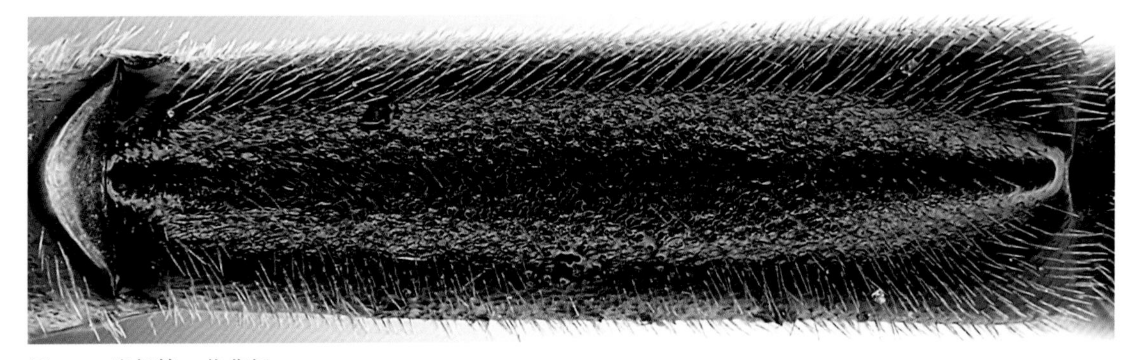

图 3-6 腹部第 3 节背板 Tergite 3

4 叶肿跗姬蜂 *Anomalon cruentatum* (Geoffroy, 1785)（图 4：1－6）

Ichneumon cruentatus Geoffroy, 1785:401.

♀ 体长8.5～10.0 mm。前翅长3.5～4.5 mm。产卵器鞘长1.6～1.8 mm。

颜面向下方收敛，具稠密的细刻点和弱皱，上缘中央凹陷。唇基具稀疏的细刻点；端部中央凹陷；端缘均匀弧形前突。上颚下端齿稍短于上端齿。颚眼距约为上颚基部宽的0.2倍。上颊几乎光滑光亮，具不明显的细刻点和稀疏的短毛。单眼区稍抬高，外侧凹沟明显；侧单眼间距为单复眼间距的1.6～1.7倍。额具稠密的粗横皱，具清晰的中纵脊。触角鞭节25节。

前胸背板具较强的粗纵皱；前沟缘脊长且强壮，背端几乎伸达该背板背缘。中胸盾片具粗糙不规则的粗网皱；无盾纵沟。盾前沟深，内具短纵皱。小盾片具粗网皱；侧脊伸达后缘。中胸侧板具粗糙的网状皱；前上角具清晰的斜横皱；镜面区大，光亮；胸腹侧脊背端伸达翅基下脊。后胸侧板粗糙，具粗网状皱。翅稍灰褐色，透明；小脉位于基脉外侧；肘间横脉位于第2回脉外侧；外小脉在上方约0.4处曲折；后小脉不曲折，几乎垂直。足细长，胫节基部细，前中足胫节侧扁。爪小，基半部具细栉齿。并胸腹节具稠密的粗网状皱，基横脊和外侧脊存在；气门小，椭圆形。

图 4-1　体 Habitus

腹部第1节细柄状，光亮，自气门向后膨大，长约为端宽的4.5倍；气门小，圆形。第2节及以后背板几乎光滑；第2节背板约为第1节背板长的1.1～1.2倍，约为第3节背板长的1.42倍。产卵器鞘长约为后足胫节长的0.9～1.1倍；产卵器亚端部稍膨大，具背凹。

体黑色，下列部分除外：复眼周缘，唇基端部，上颚（端齿黑色），上颊后上部，头顶，前胸背板后上部、颈前部，中胸盾片上的长条斑、小盾片、后小盾片，中胸侧板顶角，或后胸侧板上方部分，或并胸腹节后部两侧的大斑，均为暗红色；足基节（背侧带暗红色斑）黑色，前足黄褐色，中后足黑褐色；翅基片红褐色或中央带黑色。

分布　宁夏、新疆；印度，朝鲜，日本，俄罗斯，欧洲等。

图 4-2　头部正面观 Head, anterior view

图 4-4　中胸盾片 Mesoscutum

图 4-3　触角 Antenna

观察标本 2♀♀，宁夏盐池，2009-08-08～17，吴金霞；1♀，宁夏盐池，2009-09-15，李月华；1♀，新疆伊犁农校，665 m，1988-10，卞锡元；1♀，新疆伊宁，1995-05-20，卞锡元；1♀，新疆伊宁农校，1995-06-10，卞锡元。

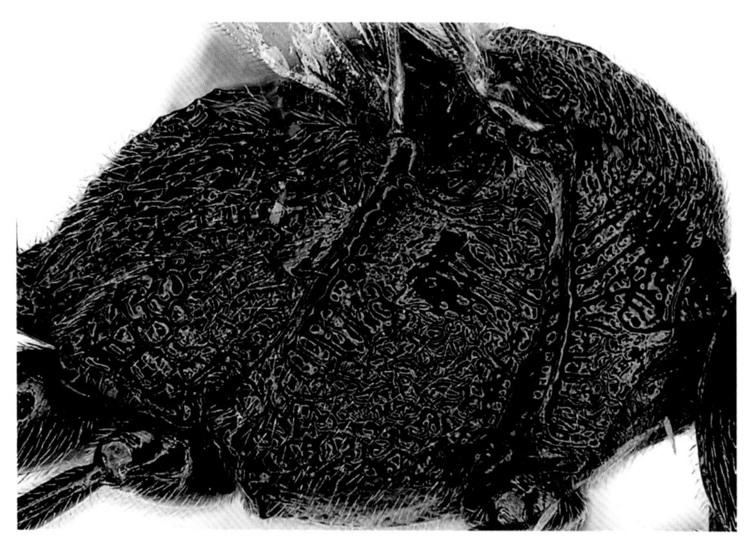

图 4-5 胸部侧面 Mesosoma, lateral view

图 4-6 并胸腹节 Propodeum

5 泡胫肿跗姬蜂 *Anomalon kozlovi* (Kokujev, 1915)（图 5：1−4）

Nototrachys kozlovi Kokujev, 1915:537.

♀ 体长9.0～11.5 mm。前翅长4.5～5.0 mm。产卵器鞘长3.5～4.5 mm。

体光滑光亮，头部和腹部具稀疏的白色短毛。颜面向下方收敛，侧缘稍隆起，中部具不均匀的刻点和弱皱，侧缘无刻点；上缘中央凹陷。唇基具稠密不均匀的皱刻点，端缘中央具1凹刻，凹刻侧面呈齿状突。上颚下端齿明显短于上端齿。颚眼距约为上颚基部宽的0.3倍。头顶刻点不明显；侧单眼间距约等于单复眼间距。额平坦，光滑，下半部中央具不明显的细纵纹，侧方具不明显的细刻点。触角鞭节19节。后头脊背面中央间断。

前胸背板具较强的粗纵皱，后部光滑，后上角具稀刻点；前沟缘脊明显，背端伸达背板背缘。中胸盾片具稠密模糊的弱横皱，后缘光滑；无盾纵沟。盾前沟具不明显的短细纵皱。小盾片具稠密且较粗的皱刻点。后小盾片横形，稍粗糙，中央纵凹。中胸侧板具较粗的浅刻点和弱皱；镜面区大而光亮；胸腹侧脊伸达中胸侧板高的0.6处。后胸侧板具稠密模糊的粗皱。翅稍褐色透明；小脉与基脉对叉；肘间横脉位于第2回脉外侧；外小脉在中央稍上方曲折；后小脉不曲折，几乎垂直。足细长，胫节略膨大，基部细颈状；爪小，基半部具稀细的栉齿。并胸腹节具稠密不规则的浅粗皱，中央具浅的中纵凹；基横脊和外侧脊存在；气门小，椭圆形。

腹部第1节细柄状，光亮，自气门处向后膨大，长约为端宽的4.5倍；气门小，圆形，突出。第2节背板长约为第1节背板的1.2倍，为第3节背板长的1.7倍。产卵器鞘长约为后足胫节长的1.6～1.7倍；产卵器亚端部稍膨大，具背凹。

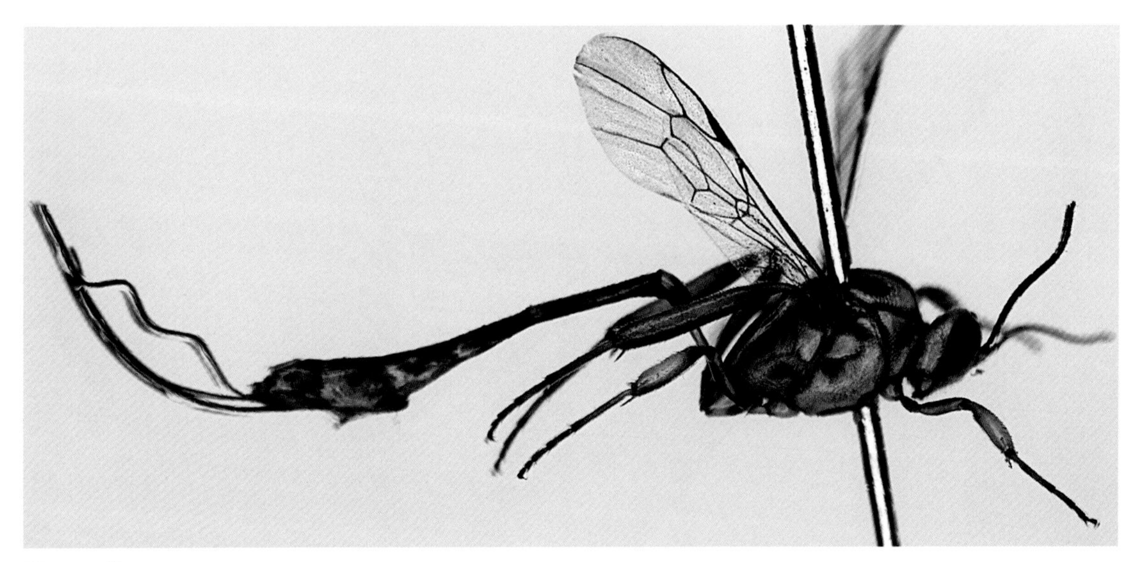

图 5-1 体 Habitus

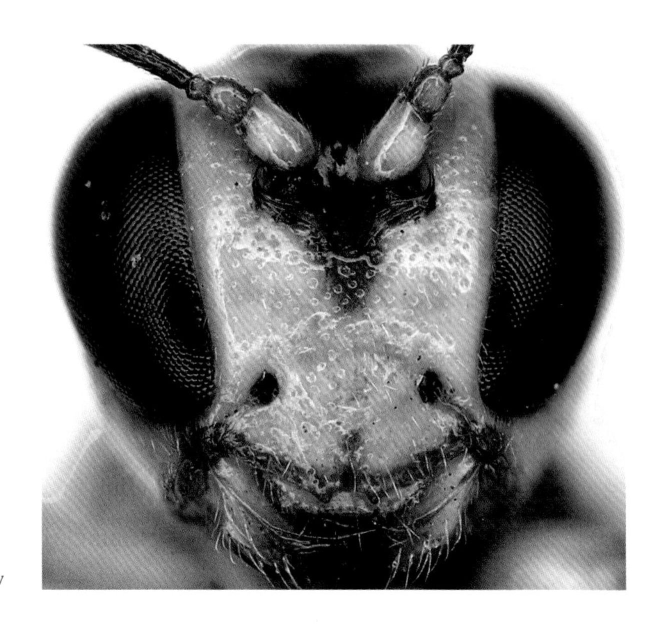
图 5-2 头部正面观 Head, anterior view

体浅黄色，下列部分除外：上颚端齿黑色；触角鞭节（背侧黑褐色），颜面上缘中央至额中央及头顶三角区、头顶后缘，前胸背板中央，中胸盾片中叶长斑及侧叶2长斑，中胸侧板镜面区周围及靠近胸腹侧脊下部的小斑，中胸腹板长椭圆形大斑，后胸侧板上部的小斑，并胸腹节基部及亚基部两侧的斑，均为褐色；各足基节多少带褐色，转节和腿节的背面和腹面具褐色或黑褐色纵斑，跗节褐色；腹部各节背板黄褐至黑褐色，各背板端部及侧面具大小不等的黄斑；盾前沟黑褐色；翅痣及翅脉褐色，翅基片黄白色。

分布 宁夏、陕西、新疆；蒙古，哈萨克斯坦，罗马尼亚，土库曼斯坦。

观察标本 1♀，新疆吉木萨尔，2005-07-01，胡红英；3♀♀，宁夏盐池（柠条林），2009-08-11～14，吴金霞；1♀，宁夏盐池沙泉湾（沙棘林），2015-07-07，集虫网。

图 5-3 胸部侧面 Mesosoma, lateral view

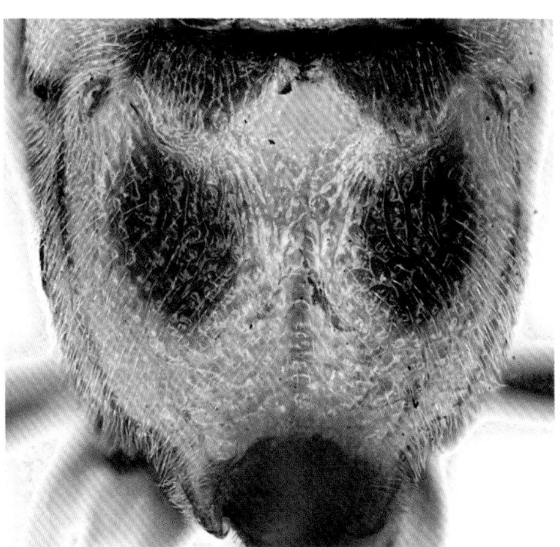
图 5-4 并胸腹节 Propodeum

（四）瓶姬蜂属 *Barylypa* Förster, 1869

Barylypa Förster, 1869:156. Type-species: *Anomalon* (*Barylypa*) *genalis* Thomson.

主要鉴别特征 唇基端部中央尖或具1明显的中齿；复眼无毛；额具1中纵脊；颊脊与口后脊相连；后头脊完整；前胸背板背面平，无横凹，或稍凹，无明显的横沟；肘间横脉位于第2回脉内侧；外小脉上段与下段之比小于0.6；小盾片通常具侧脊；爪具栉齿；腹部第1节腹板位于气门的稍外侧。

全世界已知63种，我国已知3种。

6 都兰瓶姬蜂，新种 *Barylypa dulanica* Sheng & Sun, sp.n.（图 6：1−10）

♀ 体长约9.5 mm。前翅长约4.5 mm。产卵器鞘长约1.5 mm。

复眼内缘向下方收敛。颜面具稠密不规则的细刻点；中部稍隆起，中央具1浅细沟，沟的上缘呈1弱脊状；在触角窝的外侧，具1稍内斜的浅纵沟，伸至唇基凹。无唇基沟。唇基表

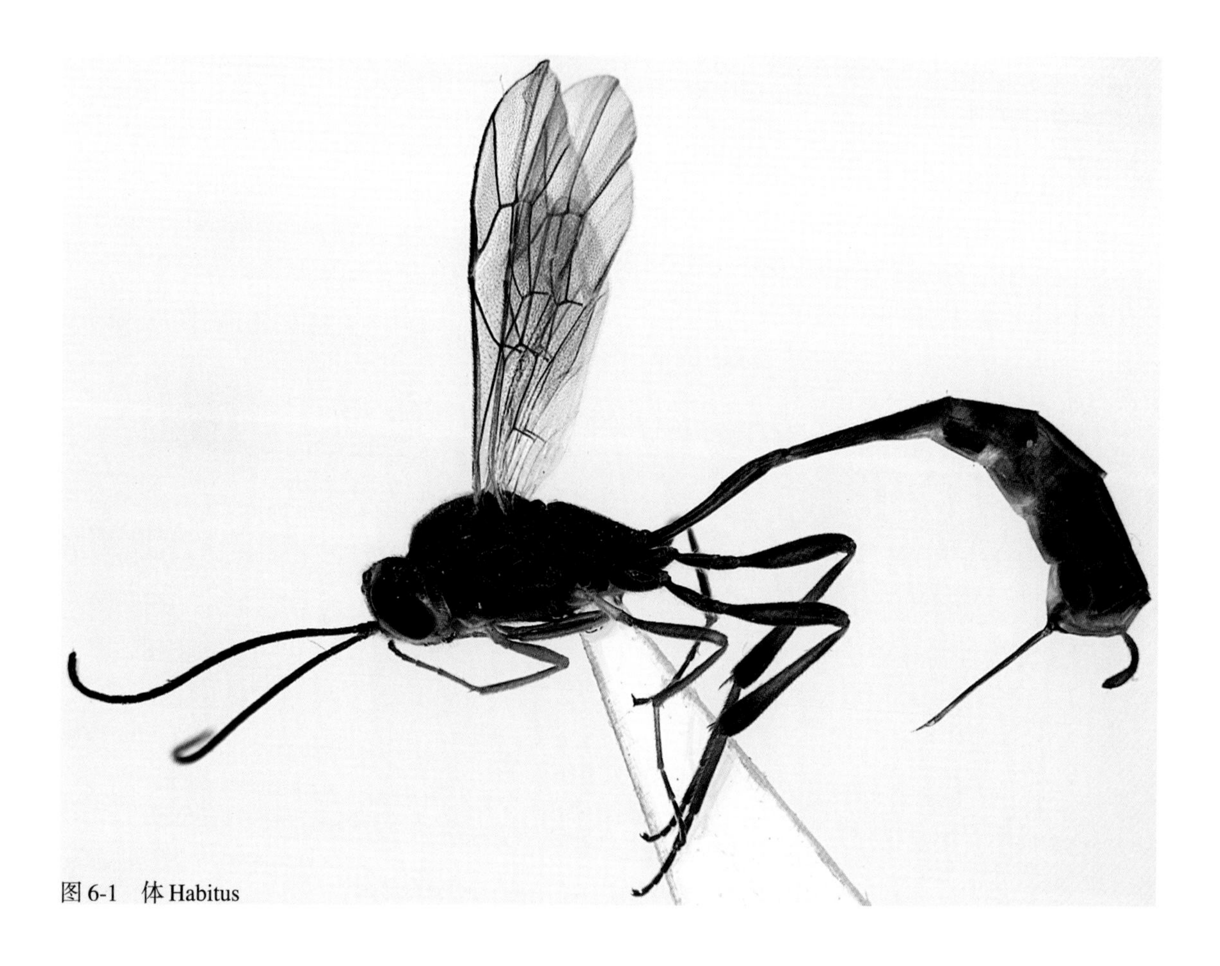

图 6-1 体 Habitus

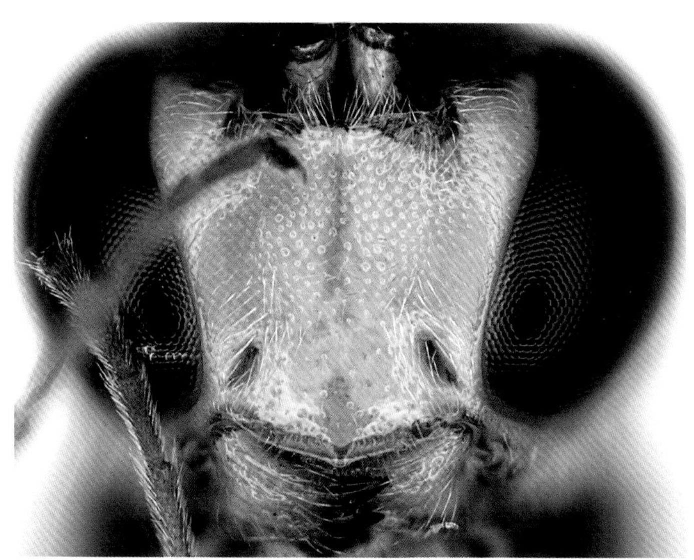

图 6-2　头部正面观 Head, anterior view

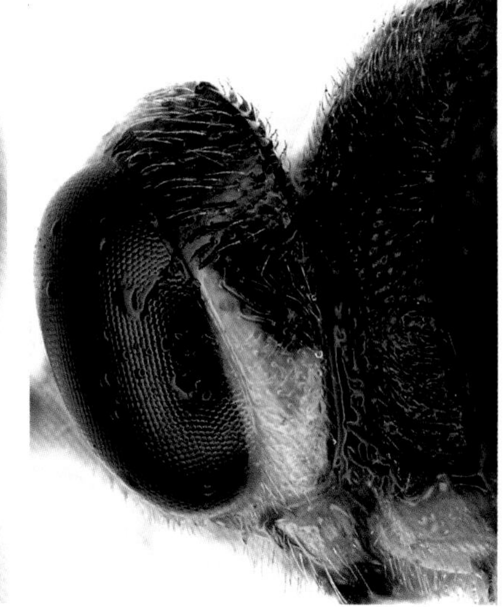

图 6-3　上颊 Gena

面光滑光泽，中部稍凹，具非常稀疏且不均匀的细刻点，端缘向前呈圆弧形，中央的尖齿不明显。上颚具不清晰的刻点，上端齿稍长于下端齿。颊短，光滑光亮，颚眼距约为上颚基部宽的0.3倍。上颊向后稍膨大，下部具稠密的细刻点，上部具稀疏而不均匀的刻点。头顶具稠密且不均匀的刻点；单眼区明显抬高；侧单眼间距约为单复眼间距的1.3倍。额平坦，具稠密的斜纵网皱，网皱内具刻点；具1中纵脊。触角鞭节25节，中部稍粗，第1～5节长度之比依次约为1.7∶0.9∶0.8∶0.8∶0.8。后头脊完整，强壮，侧面位于上颊的后外缘。

前胸背板前缘几乎光滑，侧凹内及后缘具稠密的斜纵皱，后上部具相对稠密清晰的细刻点。中胸盾片具稠密且相对均匀的细刻点；盾纵沟仅具弱痕。小盾片具稠密的细刻点；侧脊清晰，伸达中部之后。后小盾片较小，具不清晰的刻点。中胸侧板具稠密的刻点，前上部在翅基下脊下方具清晰的斜横皱；胸腹侧脊细，伸达翅基下脊前缘；镜面区小而光亮。后胸侧板具稠密的细纵皱。翅带褐色，透明；小脉与基脉相对；无小翅室，第2回脉位于肘间横脉的外侧，二者之间的距离约为肘间横脉长的0.5倍；外小脉约在上方0.3处曲折，下段几乎垂直；后小脉几乎垂直，不曲折。足细长；后足跗节第1～5节长度之比依次约为5.1∶2.3∶1.5∶0.8∶1.0。并胸腹节具稠密且粗细不一的粗网皱；中央呈纵沟状，沟内具清晰的短横脊；气门靠近并胸腹节的基缘，斜长形。

腹部第1节细柄状，光滑光亮，后柄部稍变宽，腹板末端位于气门之后；气门圆形，约位于端部0.25处。第2节及以后背板呈细革质状表面，具非常弱且不清晰的短细麻纹和较密的细毛；第2节背板长约为端宽的9.5倍，为第1节背板长的1.1倍。第3节及以后背板强烈侧扁。产卵器鞘稍长于腹端厚度。产卵器直，亚端部稍膨大。

体黑色。触角柄节腹侧、颜面、唇基、上颚（端齿黑色除外）、上颊前缘和上部后延部

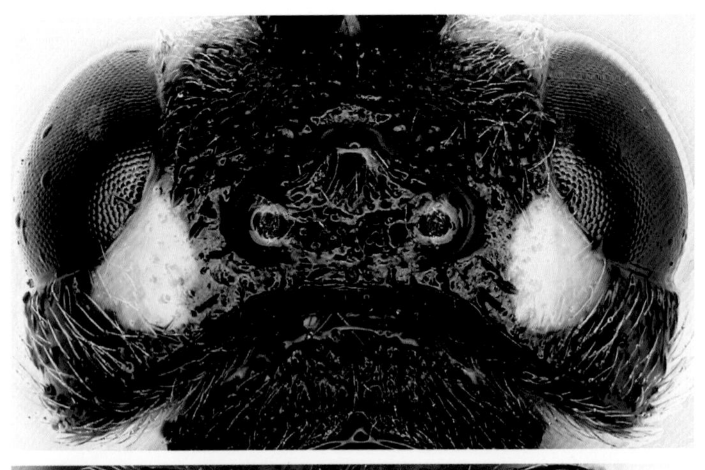
图 6-4 头部背面观 Head, dorsal view

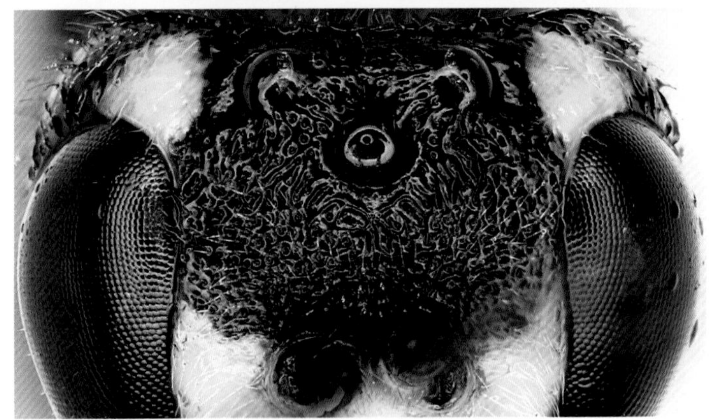
图 6-5 额 Frons

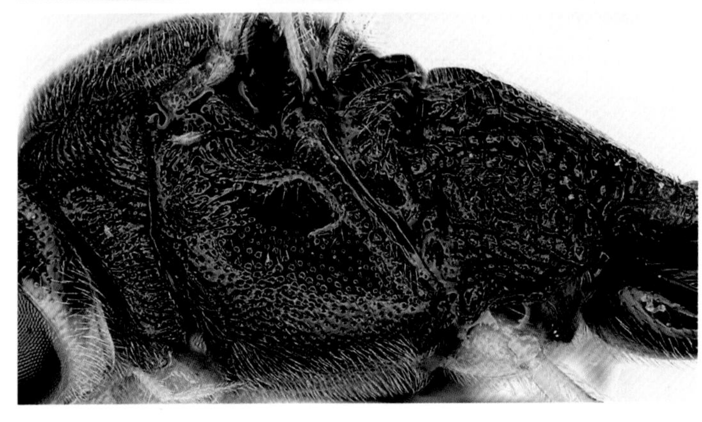
图 6-6 胸部侧面 Mesosoma, lateral view

分、下唇须、下颚须、头顶后部两侧的三角斑、翅基片、翅基下脊均为鲜黄色。腹部第 1～4 节背板红褐色（第1节背板背侧基部及其余背板背侧具黑纵斑）。前中足基节和转节，前足的腹侧全部及中足胫节腹侧黄色，其余部分红褐色；后足红褐色（基节和转节、腿节基部和端部、胫节端部黑色，跗节端部大部分带褐黑色）。翅痣黄褐色；翅脉褐色。

寄主 白刺的食叶害虫。

寄主植物 白刺。

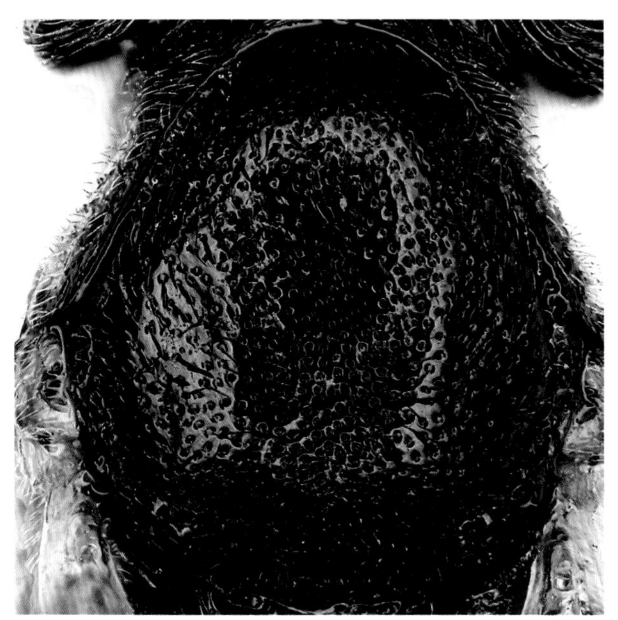

图 6-7 中胸盾片 Mesoscutum

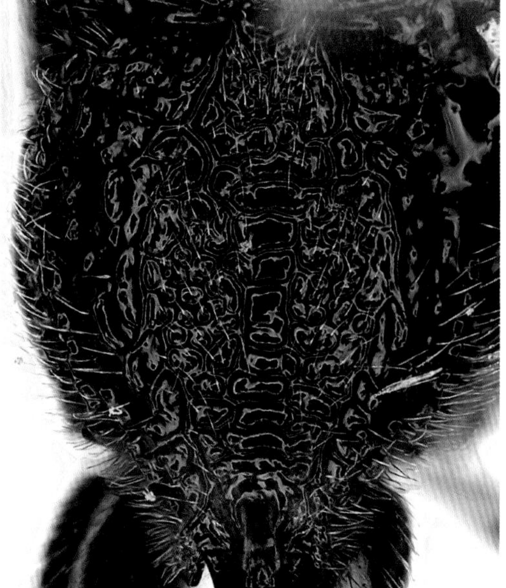

图 6-8 并胸腹节 Propodeum

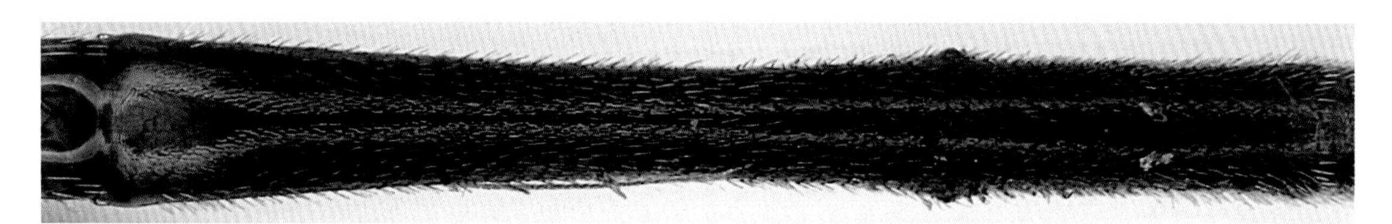

图 6-9 腹部第 2 节背板 Tergite 2

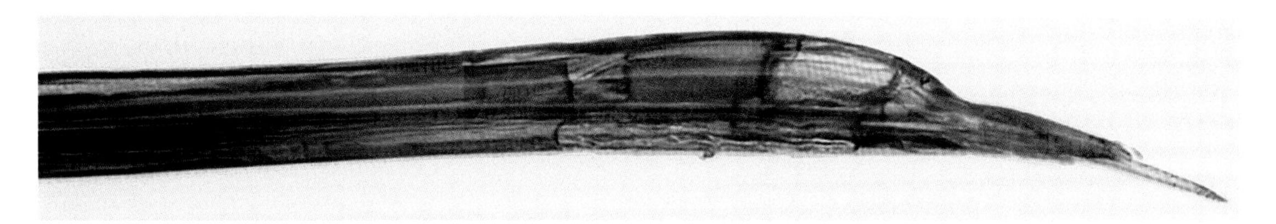

图 6-10 产卵器端部 Apical portion of ovipositor

正模♀ 青海都兰（自白刺食叶害虫获得），2015-06-28，盛茂领。

词源 新种名源于模式标本采集地名。

本新种与坐轭姬蜂*Barylypa propugnator* (Förster, 1855)近似，可通过下列特征区别：本新种后小脉几乎垂直，不曲折；后头脊的背面中段几乎直（图6-4）；中胸盾片宽约等长于长；触角鞭节黑色；后足腿节中部红褐色，基部和端部黑色。坐轭姬蜂：后小脉外斜，曲折；后头脊的背面呈均匀的弧形（图7-3）；中胸盾片宽明显短于长；触角鞭节黄褐色；后足腿节完全红褐色。

7 坐轭姬蜂 *Barylypa propugnator* (Förster, 1855)（图 7：1－7）

Anomalon propugnator Förster, 1855:233.

♀ 体长17.0～18.0 mm。前翅长8.5～9.5 mm。产卵器鞘长1.5～2.0 mm。

头胸部具稠密的粗刻点。复眼内缘向下方明显收敛。唇基端部呈光滑的宽边状，向前呈圆弧形，中央具1齿突。上颚上端齿显著长于下端齿。上颊向后稍膨大，中部宽阔，后部收窄。头顶具稠密不均匀的皱刻点，侧单眼外侧具皱；单眼区明显抬高；侧单眼间距约为单复眼间距的1.1倍。额平坦，具稠密的粗皱，皱间具粗刻点，具1中纵脊。触角鞭节56～57节。后头脊完整，强壮。

前胸背板具清晰的粗刻点，侧凹宽浅，后缘具稠密的短细纵皱。中胸盾片具稠密不均匀的刻点，后缘具稠密的细横皱；无盾纵沟。小盾片中央浅纵凹，具稠密不清晰的浅刻点；侧脊伸达中部之后。后小盾片具稠密的网皱。中胸侧板具稠密不均匀的大刻点，前上部在翅基下脊下方具清晰的横皱；镜面区小而光亮。后胸侧板具稠密的粗网皱。翅稍带褐色，透明；小脉位于基脉外侧；无小翅室，第2回脉位于肘间横脉稍外侧；外小脉在中央上方曲折；后小脉在中央或稍上方曲折。足细长；爪小，基半部具细栉齿。并胸腹节具稠密不规则的粗网皱；中央具浅纵沟；气门椭圆形。

腹部第1节细柄状，光滑光亮；气门圆形。第2节背板约为第1节背板长的1.1倍。第3节及以后的背板强烈侧扁。产卵器鞘稍长于腹端厚度。产卵器直，亚端部稍膨大。

体黑色。触角柄节、梗节及第1鞭节背侧黑色，其余黄褐色；颜面几乎全部、唇基、上颚（端齿除外）、颊、上颊上部前侧、下唇须、下颚须、翅基片、前足和中足（或红褐色），均为浅黄色至黄褐色；上颊后半部，前胸背板下部、后缘及后上角，中胸侧板前上角

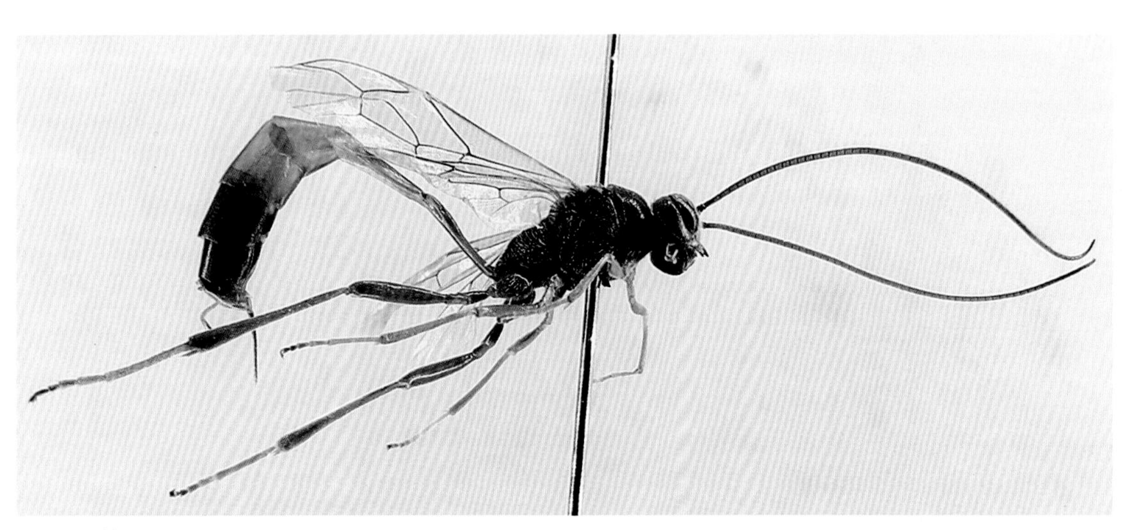

图 7-1 体 Habitus

图 7-2 头部正面观 Head, anterior view

及胸腹侧缝，后胸侧板后上角及后下角，后小盾片的凹槽，并胸腹节后半部，腹部第 1～4 节背板及腹部末端（第 2 节背板背侧具黑纵斑，第3、第4节背板侧面黄褐色）红褐色；后足红褐色（基节腹侧基部和第1转节、腿节端部或不明显、胫节端部带黑色，端部2跗节带褐黑色）；翅痣黄色；翅脉褐色。

变异 颜面在触角下方两侧具黑色斑，胸部的红褐色斑或多或少，小盾片或黑色，足基节或黑色。

分布 内蒙古、山西、河南、新疆；朝鲜，俄罗斯，欧洲等。

观察标本 2♀♀，内蒙古鄂托克旗蒙西镇（采自柠条林），2015-06-06，熊自成。

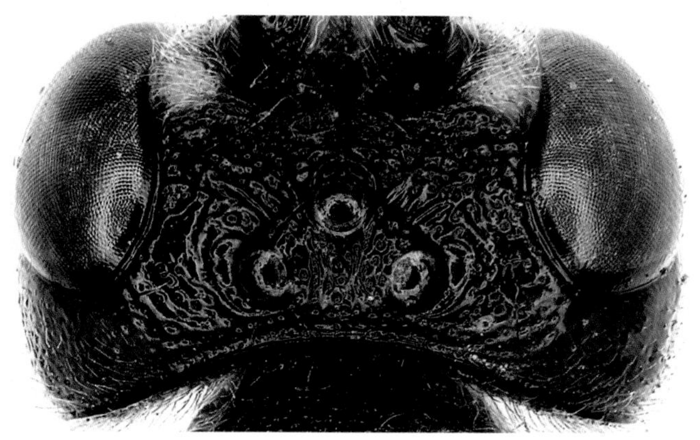

图 7-3 头部背面观 Head, dorsal view

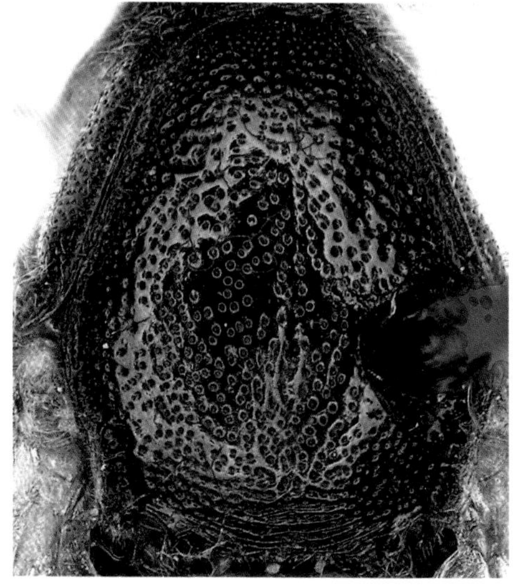

图 7-4 中胸盾片 Mesoscutum

图 7-5　胸部侧面 Mesosoma, lateral view

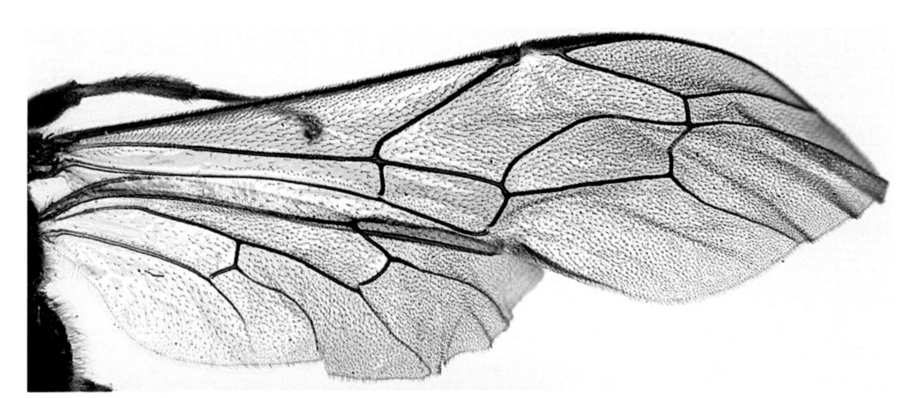

图 7-6　翅 Wings

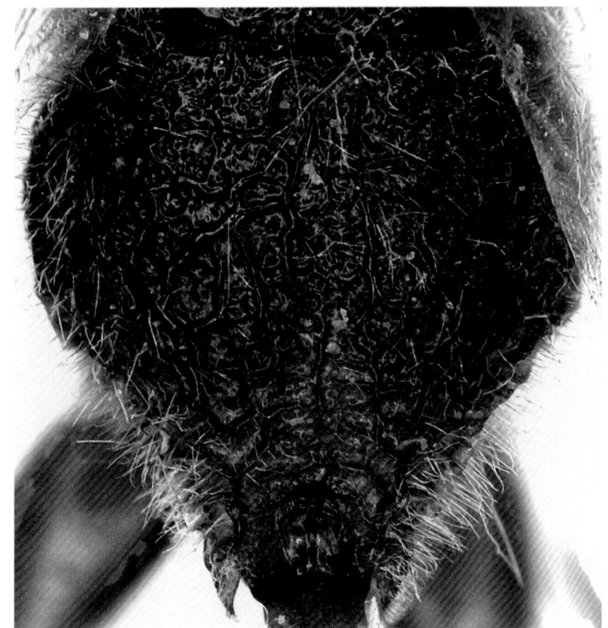

图 7-7　并胸腹节 Propodeum

（五）怪姬蜂属 *Erigorgus* Förster, 1869

Erigorgus Förster, 1869:146. Type-species: *Anomalon* (*Erigorgus*) *carinatum* Brischke.

全世界已知70种，我国已知2种。已知寄主主要是：夜蛾科Noctuidae、灯蛾科Arctiidae、毒蛾科Lymantridae等。

8 尺蠖怪姬蜂 *Erigorgus yasumatsui* (Uchida, 1952)（图 8：1–7）

Anomalon yasumatsui Uchida, 1952:55.

♀ 体长12.0～15.0mm。前翅长6.5～8.0mm。产卵器鞘长0.8～1.0mm。

颜面向下方收敛，中部稍隆起，亚侧方稍纵凹；具稠密但不均匀的细刻点，触角窝下方具斜细纵皱；上缘中央横脊状。唇基基半部具稠密的粗刻点，端部较光滑，刻点稀少，端

图 8-1 体 Habitus

图 8-2 头部正面观 Head, anterior view

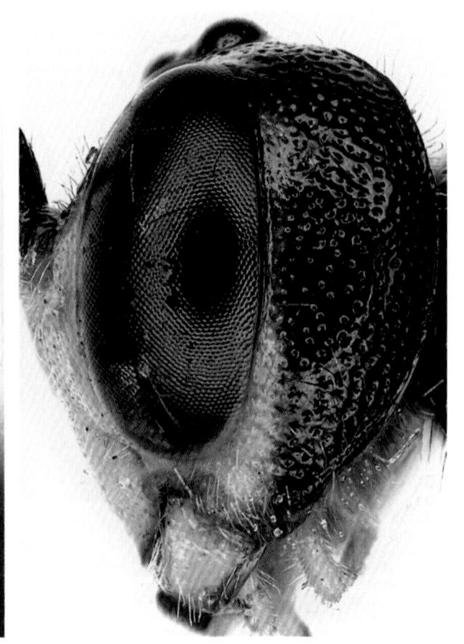

图 8-3 上颊 Gena

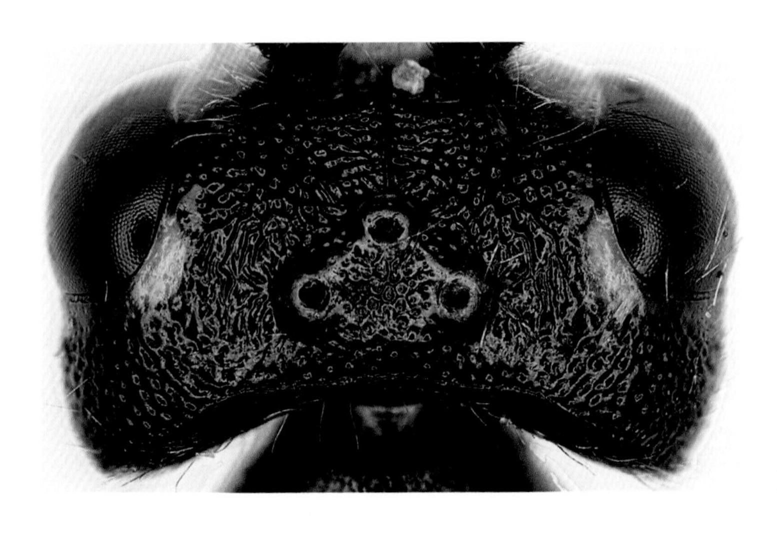

图 8-4 头部背面观 Head, dorsal view

缘中央钝尖。上颚上端齿稍长于下端齿。颊区具细革质粒状表面，颚眼距约为上颚基部宽的0.25倍。上颊具粗刻点，中后部向下显著宽延。头顶在单眼区周围具稠密的粗皱；单眼区稍抬高，具稠密的粗刻点；侧单眼间距约为单复眼间距的0.85倍。额中央稍凹，具稠密的粗横皱，具清晰的中纵脊；侧方具稠密的粗皱刻点。触角鞭节27～29节。

前胸背板亚前缘弧形隆起，具稠密的粗刻点，后缘具稠密的短纵皱；前沟缘脊长。中胸盾片具稠密均匀的粗刻点，后缘具弱皱；无盾纵沟。盾前沟深，内具短纵皱。小盾片具非常稠密的刻点和弱皱。中胸侧板稍隆起，具稠密的粗刻点；翅基下脊下方及侧板后缘具不规则的粗皱；中胸腹板后横脊完整。后胸侧板具稠密的粗网状皱和粗刻点；后胸侧板下缘脊完整，前部稍呈片状隆起。翅稍灰褐色，透明；小脉位于基脉外侧，二者之间的距离约为小脉长的0.4倍；肘间横脉位于第2回脉稍内侧；外小脉在中央稍下方曲折；后小脉在中央下方曲折。足细长。并胸腹节具稠密模糊的粗网状皱，侧纵脊基部和外侧脊存在，中央浅纵凹；气门椭圆形。

腹部第1节细柄状，光滑光亮，自气门前侧向后稍增粗，腹板端缘约位于气门至背板端缘的中部；气门较大，圆形，约位于端部0.2处。第2节及以后背板几乎光滑，具细革质状表面和较稠密的毛细刻点；第2节细长，约为第1节背板长的1.1倍，约为第3节背板长的1.5倍；第3节及其后的背板强烈侧扁。产卵器鞘约等长于腹末厚度；产卵器亚端部稍膨大。

体黑色，下列部分除外：触角柄节腹侧黄色，鞭节褐色（腹侧色浅）；颜面、唇基、上颚（端齿黑色）、颊、上颊眼眶和头顶眼眶、下唇须、下颚须均鲜黄色；前中足（基节除外），后足第2转节、腿节端半部、胫节（端部除外）及跗节，腹部第1～4节背板红褐色；翅基片红褐色；翅痣及翅脉褐色。

♂ 体长约12.5 mm。前翅长约7.0 mm。触角鞭节28节。

寄主 春尺蠖*Apocheima cinerarius* (Erschoff, 1874)。

分布 内蒙古、山西。

观察标本 2♀♀1♂，内蒙古伊克昭盟，1980-04-05～05-04，伊克昭盟森防站。

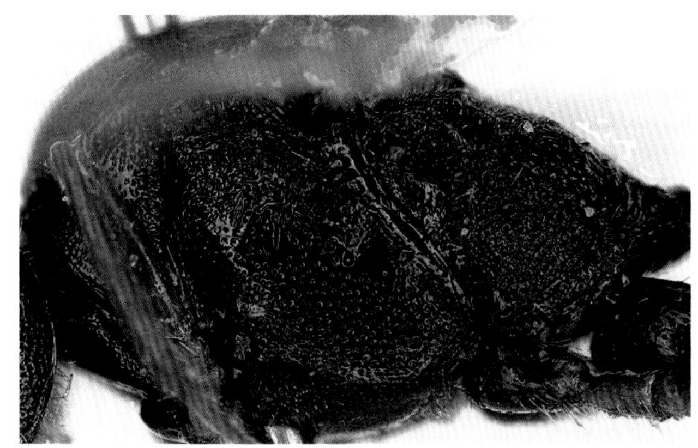

图 8-5 胸部侧面 Mesosoma, lateral view

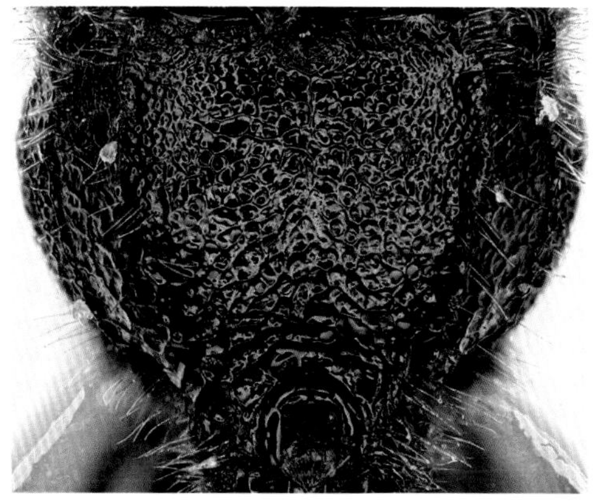

图 8-6 并胸腹节 Propodeum

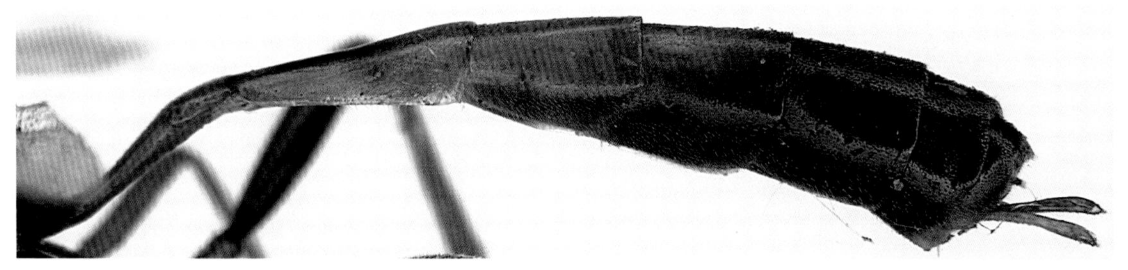

图 8-7 腹部侧面 Metasoma, lateral view

三、栉姬蜂亚科 Banchinae

本亚科含3族，67属，已知1813种；分布于全世界；我国已知19属，157种。

（六）隐姬蜂属 *Cryptopimpla* Taschenberg, 1863

Cryptopimpla Taschenberg, 1863:292. Type-species: (*Phytodietus blandus* Gravenhorst, 1829) = *quadrilineata* Gravenhorst, 1829.

全世界已知48种，我国已知12种。

9　短尾隐姬蜂 *Cryptopimpla brevis* Sheng, 2005（图 9：1－8）

Cryptopimpla brevis Sheng, 2005:415.

♀　体长约8.0 mm。前翅长约6.5 mm。

颜面具稠密的细刻点，中央隆起。唇基光滑，基部具稀刻点，端部无刻点；端缘具长毛。上颚上端齿长于下端齿。颚眼距约为上颚基部宽的0.6倍。上颊强烈向后方收敛，具稠密

图 9-1　体 Habitus

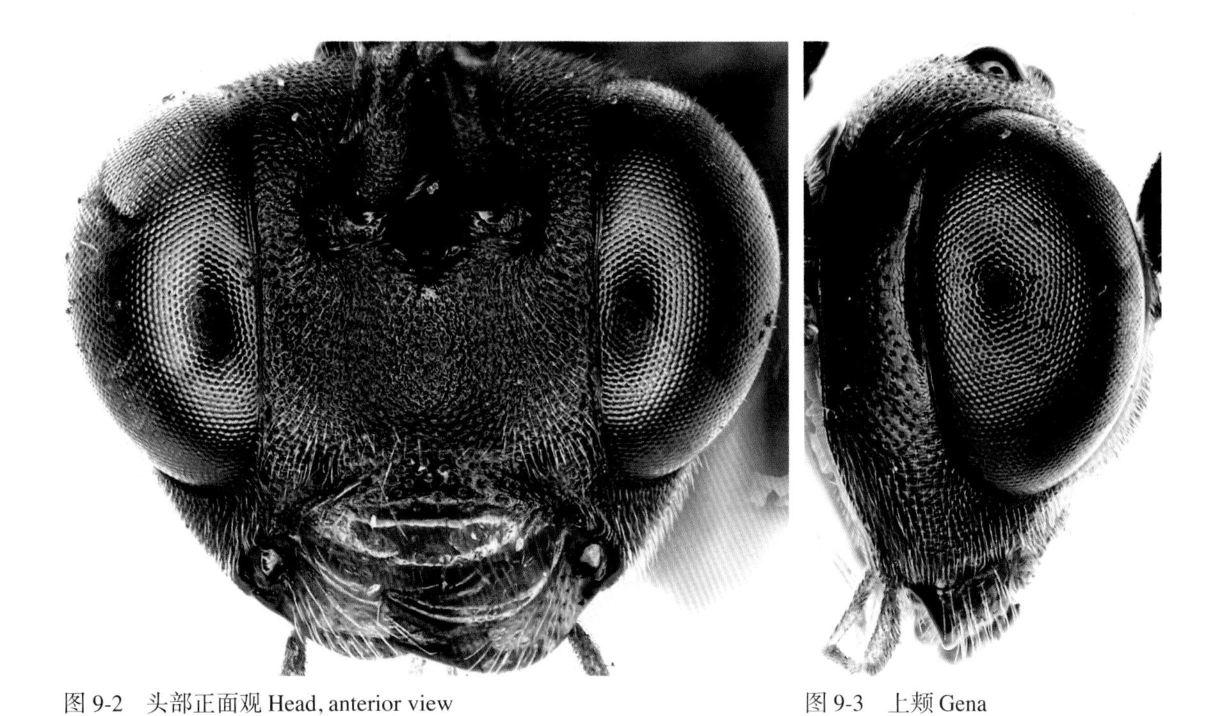
图 9-2　头部正面观 Head, anterior view　　图 9-3　上颊 Gena

的细刻点。头顶和额具稠密的刻点。触角鞭节35节。后头脊完整。

前胸背板侧面中央的横皱短且不清晰，无前沟缘脊。中胸盾片具稠密的刻点，盾纵沟不明显。中胸侧板和后胸侧板具稠密均匀的刻点。翅稍褐色，透明；小翅室四边形，第2回脉约在它的下方中央相接。后小脉稍外斜，在下方0.2处曲折。爪简单。并胸腹节具稠密的刻点，仅具端横脊和外侧脊。

腹部第1节背板长约为端宽的1.4倍，具细革质状表面和不均匀的刻点；气门突起，位于中部稍内侧。第2、3节背板具稠密的刻点。第4节及以后各背板的刻点不清晰。产卵器鞘约为后足胫节长的0.4倍，约等于腹部第1节背板长。产卵器稍向上弯曲。

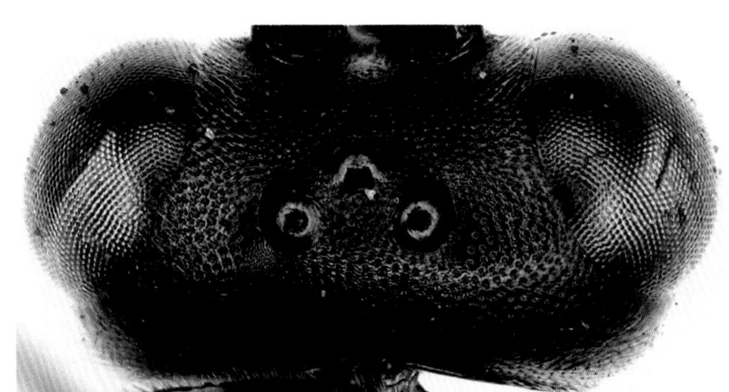
图 9-4　头部背面观 Head, dorsal view

图 9-5　胸部侧面 Mesosoma, lateral view

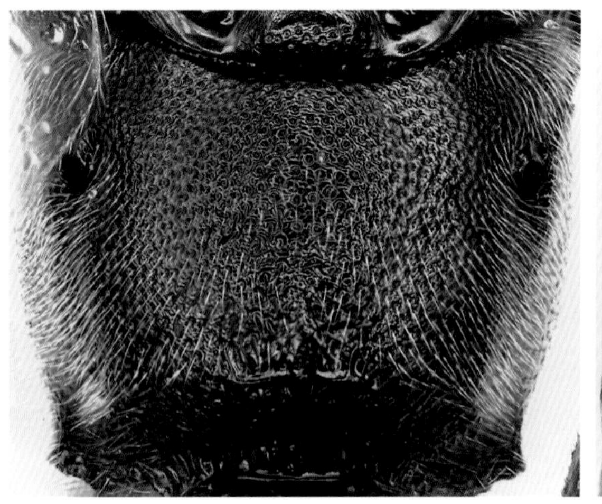

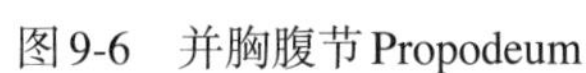
图9-6 并胸腹节 Propodeum

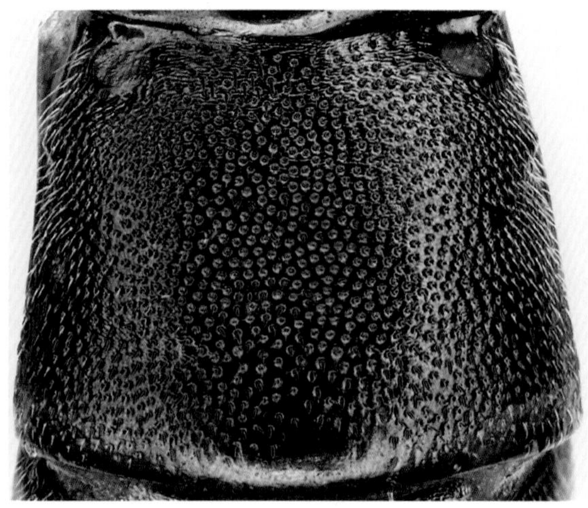

图 9-7 腹部第 2 节背板 Tergite 2

体黑色，以下部分除外：下唇须、下颚须、触角、翅基片暗褐色；唇基端部，上颚（端齿除外），足（前足基节、第5跗节，后足胫节、跗节暗褐色除外），腹部第2、3节背板后缘具红褐色狭边。

分布 内蒙古。

观察标本 1♀（正模），内蒙古呼和浩特，1995-08-29，盛茂领。

图 9-8 腹部端部侧面 Apical portion of metasoma

（七）缺沟姬蜂属 *Lissonota* Gravenhorst, 1829

Lissonota Gravenhorst, 1829:30. Type-species: *Lissonota sulphurifera* Gravenhorst, 1829.

全世界已知约410种，我国已知40种。寄主大多为林木钻蛀害虫或隐蔽性昆虫。我国已知种检索表可参考相关著作（何俊华等，1996；盛茂领等，2010, 2013）。

---

10 蠹蛾缺沟姬蜂 *Lissonota holcocerica* Sheng, 2012（图10：1－8）

Lissonota holcocerica Sheng, 2012:3.

♀ 体长13.5～20.0mm。前翅长11.0～16.5mm。产卵器鞘长16.0～19.5mm。

颜面具稠密的粗刻点；中央强烈隆起。唇基沟明显。唇基基半部光滑，具稀疏不清晰的刻点，端半部光滑光亮无刻点。上颚2端齿约等长。颊区具稠密但不清晰的弱浅刻点；颚眼距约等长于上颚基部宽。上颊具清晰的刻点，向后约呈直线收敛。侧单眼间距约为单复眼间距的0.9倍。额中部深凹陷，具清晰光滑的中纵沟，上方和两侧具稠密的刻点。触角鞭节39～40节。后头脊完整，下端明显在上颚基部上方与口后脊相接。

前胸背板侧凹的上部具短横皱，下部及后部具清晰的刻点。盾纵沟不明显。小盾片具不均匀的刻点。中胸侧板中部不均匀地横凹；胸腹侧脊背端约伸达前胸背板后缘高的0.3。后胸侧板具稠密的粗刻点。翅暗褐色，半透明；小翅室斜四边形，上方尖，第2回脉约在它的中央相接；后小脉在中央稍下方曲折。爪小，具清晰的栉齿。并胸腹节不均匀粗糙；中央强烈

图 10-1 体 Habitus

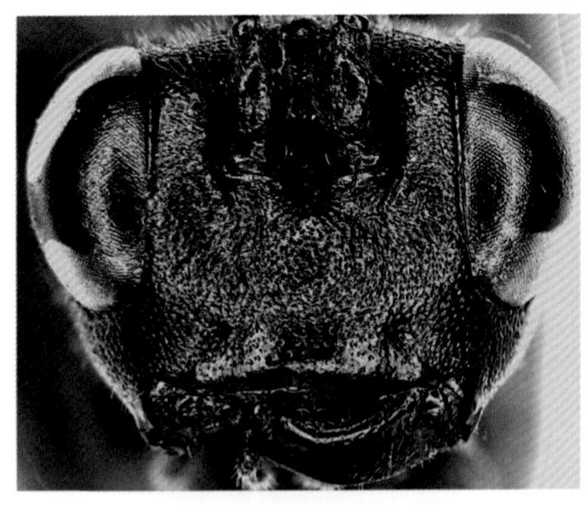

图 10-2　头部正面观 Head, anterior view

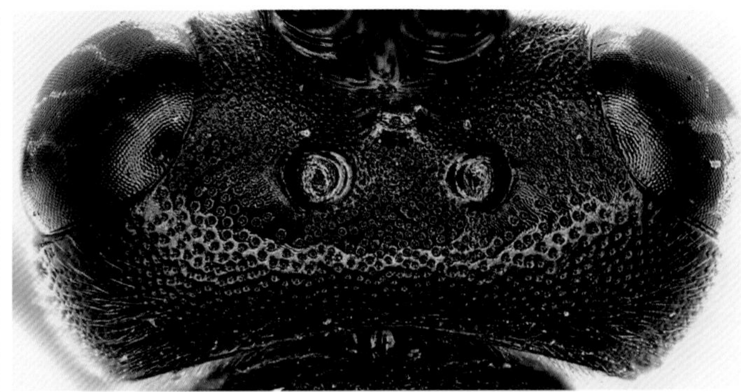

图 10-3　头部背面观 Head, dorsal view

图 10-4　中胸盾片和小盾片
Mesoscutum and scutellum

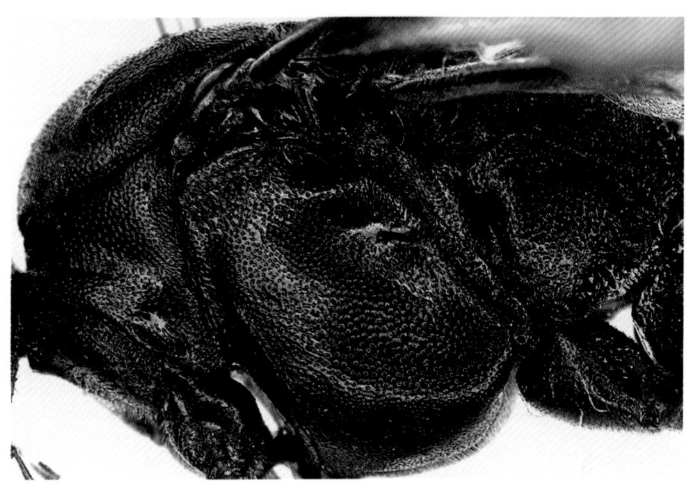

图 10-5　胸部侧面 Mesosoma, lateral view

且不均匀隆起，具外侧脊和端横脊；气门斜椭圆形。

腹部端部稍侧扁。第1节背板长约为端宽的1.2倍，具稠密的刻点，亚端部中央及侧面具弱短纵皱；端半部具纵凹；气门约位于基部0.3处。第2节背板长约为端宽的0.7～0.8倍，具稠密的刻点，刻点间距为刻点直径的0.2～1.0倍。第3节背板具稠密的细刻点。第4节背板具明显较稀但清晰的细刻点。产卵器鞘长约为后足胫节长的2.5～3.0倍。

体黑色，下列部分除外：唇基端缘，翅基片，足（基节黑色、后足跗节暗褐色除外）褐色至红褐色；中胸盾片前侧角的斑和翅基下脊的小斑黄至黄褐色。

♂　体长18.5～19.5 mm。前翅长14.5～15.0 mm。触角鞭节42节。

蛹　体长17～21 mm，密被褐色绒毛。

茧　膜质多层，长圆筒形，深褐色。

寄主　沙棘木蠹蛾*Holcocerus hippophaecolus* Hua, Zhong, Fang & Cheng幼虫；单寄生，

图 10-6 并胸腹节 Propodeum

图 10-8 产卵器端部 Apical portion of ovipositor

图 10-7 腹部背板 Tergites

在沙棘木蠹蛾茧内吐丝结膜质茧化蛹。

寄主植物 沙棘*Hippophae rhamnoidea* L.。

分布 辽宁、内蒙古、宁夏。

观察标本 1♀（副模），辽宁桓仁，1984-08，韩文龙；1♀，辽宁喀左（副模），1983-08-11，武广；1♀，辽宁喀左（神仙沟），1983-08-20，冀宝魁；1♀1♂，辽宁沈阳，1991-05-12，盛茂领；1♀，辽宁沈阳，1991-05-20，盛茂领；1♀，辽宁千山，2004-06-20，盛茂领；1♀（正模）2♂♂（副模），辽宁建平，2003-06-20，路常宽、宗世祥；1♀（副模），辽宁宽甸，2009-06-30，王小艺；2♀♀（副模），内蒙古乌拉特前旗，1978-07-14，陈和明；1♀1♂（副模），内蒙古东胜，2002-07-15，宗世祥；1♀1♂（副模），内蒙古东胜，2006-06-06～15，苏梅；1♀（副模），内蒙古东胜，2006-07-10，盛茂领；4♀♀，天津，2007-04-27，王小艺。

11 库缺沟姬蜂 *Lissonota kurilensis* Uchida, 1928（图 11：1－5）

Lissonota kurilensis Uchida, 1928:101.

♀ 体长 8.5～10.0 mm。前翅长 5.5～7.0 mm。产卵器鞘长 8.0～10.0 mm。

颜面具细革质状表面和非常稠密的细刻点；中央纵向稍隆起，上缘中央具1光滑的纵瘤突。唇基基部具与颜面相似的质地，端部几乎光滑。上颚上端齿长于下端齿。颚眼距约为上颚基部宽的0.7倍。上颊具细革质状表面和稠密的细刻点，强烈向后收敛。额几乎平坦，下部稍凹，具非常稠密的细刻点。触角鞭节38～39节。

胸部具非常稠密且均匀的细刻点。中胸盾片无盾纵沟。中胸侧板中部弱隆起；胸腹侧脊背端约伸达中胸侧板高的0.6处，远离中胸侧板前缘。后胸侧板下缘脊完整，前部强烈隆起。翅带褐色，透明；基脉强烈前弓；小翅室四边形，具短柄；第1肘间横脉显著短于第2肘间横脉；外小脉在中央下方曲折；后小脉约在下方0.3处曲折。爪小，基部具栉齿。并胸腹节具稠密的刻点，端部具不明显的弱皱；端横脊完整强壮；外侧脊细弱；气门圆形。

腹部第1节背板均匀向基部变狭，长约为端宽的1.1～1.2 倍；气门小。第2～4节背板具细革质状表面和稠密的细刻点，端缘光滑；第2节背板长约为端宽的1.2倍；第3节背板两侧近平行，长约为宽的 1.15 倍；第5节及以后背板几乎光滑。产卵器细弱，亚端背凹弱。

体黑色。触角鞭节背侧暗褐色，腹侧黄褐色；内眼眶（上端稍宽，三角形）、颊、唇基、

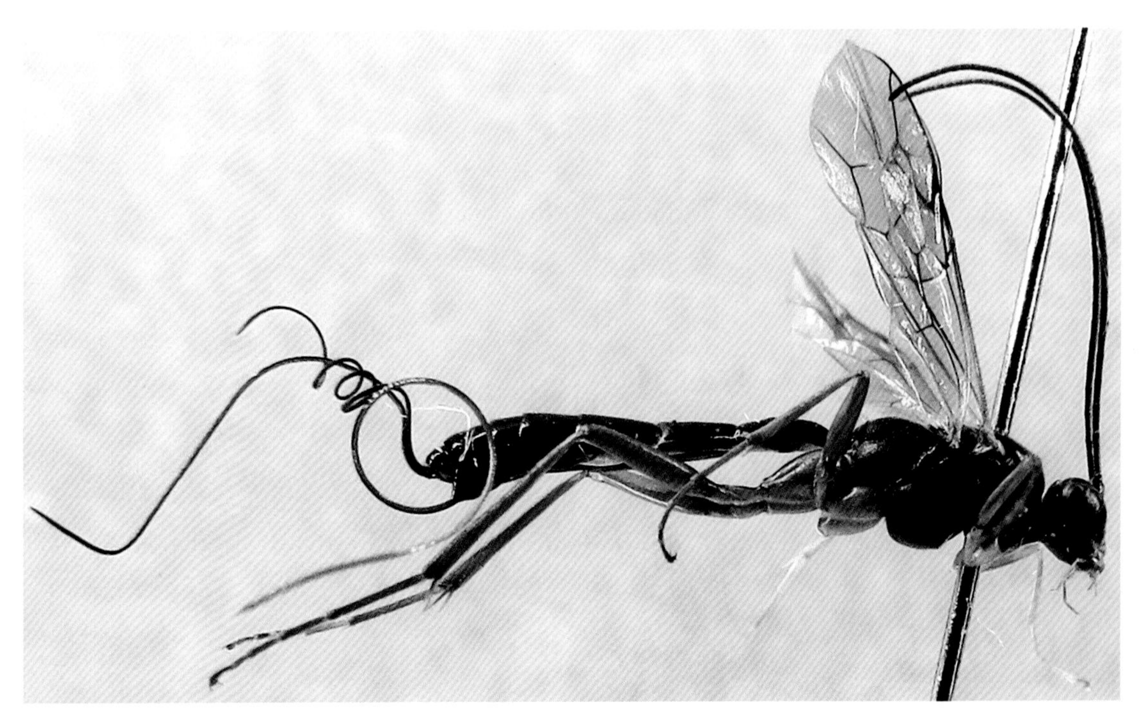

图 11-1 体 Habitus

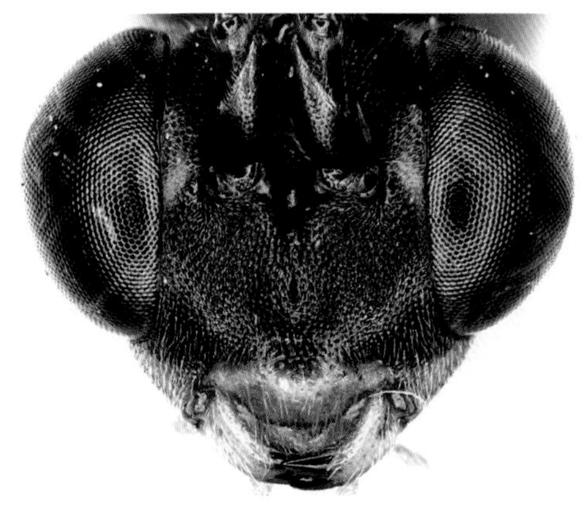

图 11-2 头部正面观 Head, anterior view

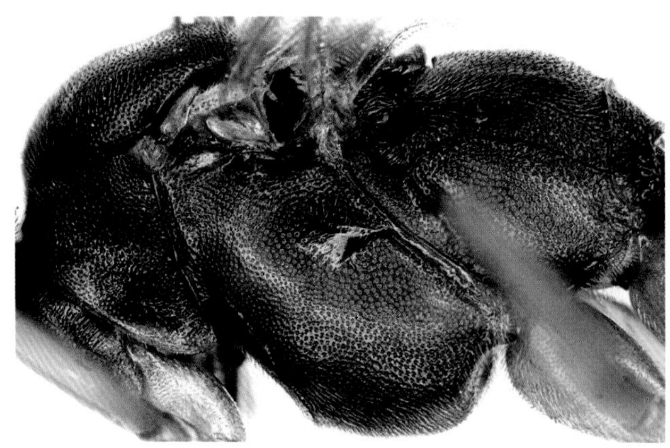

图 11-3 胸部侧面 Mesosoma, lateral view

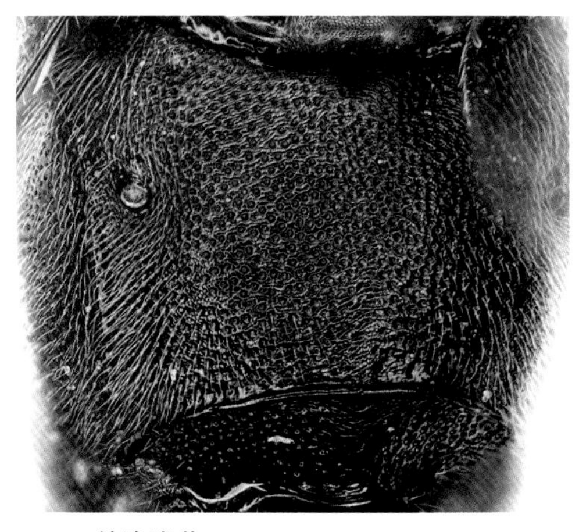

11-4 并胸腹节 Propodeum

上颚（端齿黑色）、下唇须、下颚须、翅基片、前中足基节和转节腹侧（多多少少）黄色；前胸背板前缘及前下角和后上角、中胸侧板中部、后胸侧板大部分、小盾片（基部中央黑色）、后小盾片、足、腹部第1～3节背板端部（缘）红褐色。

变异 一些个体颜面眼眶黄色或腹部第1～3节背板端部（缘）红褐色不明显。

分布 宁夏、黑龙江；俄罗斯。

观察标本 1♀，宁夏石嘴山大武口，2015-08-12，孙淑萍；5♀♀，宁夏盐池，2009-08-08～17，吴金霞；2♀♀，宁夏盐池，2009-09-15，集虫网；4♀♀，宁夏盐池，2009-09-15，李月华；2♀♀，宁夏盐池，2010-07-12，宗世祥；3♀♀，宁夏盐池哈巴湖，2010-07-12～08-09，宗世祥；3♀♀，宁夏彭阳何岘，2011-08-01～05，王荣。

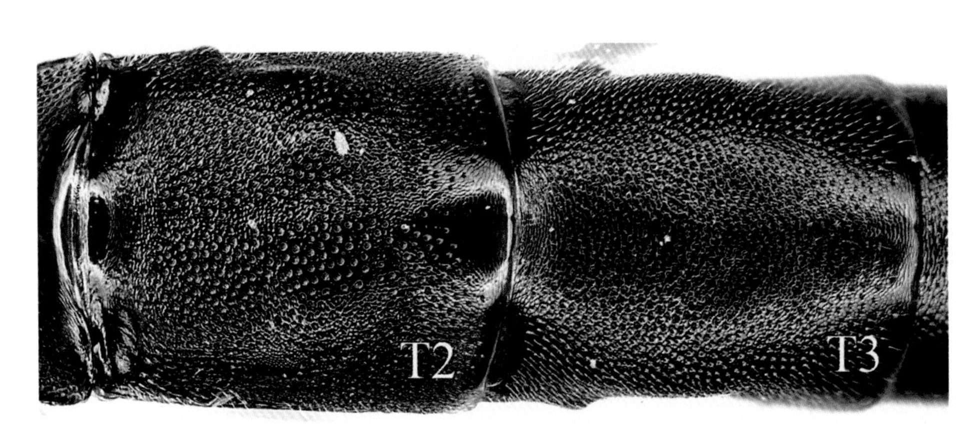

图 11-5 腹部第2～3节背板 Tergites 2-3

12 线缺沟姬蜂 *Lissonota lineolaris* (Gmelin, 1790)（图 12：1－8）

Ichneumon lineolaris Gmelin, 1790: 2701.

♀ 体长11.0～14.0 mm。前翅长8.0～11.0 mm。产卵器鞘长6.0～7.5 mm。

颜面具革质细粒状表面和细密的刻点，中央强烈隆起。唇基端缘中段平截。上颚上端齿等长或稍长于下端齿。颚眼距约为上颚基部宽的0.6倍。头顶后部中央具非常大的深缺刻；单眼区中央凹。额强烈凹陷，凹陷内光亮，具内斜的纵皱。触角鞭节32～35节。后头脊强壮。

胸部具稠密的细刻点。前胸背板侧凹粗糙，中央具短横皱；无前沟缘脊。盾纵沟不明显。盾前沟光滑。镜面区非常小或不明显（具刻点）。后胸侧板下缘脊前半段强烈突出呈片状。并胸腹节仅具端横脊和外侧脊；气门小，几乎呈圆形。翅稍带褐色，透明；小翅室斜四边形，具长柄；第2回脉在外侧1/3处与它相接；后小脉约在下方2/5处曲折。足细长；爪具栉齿。

腹部背板无明显的刻点；第1节背板长约为端宽的1.8倍；第2节背板长稍大于端宽；第3节背板约方形或长稍大于端宽；第4节背板长约为端宽的0.8倍。下生殖板端部中央具小凹刻，未伸达腹部末端。

体黑色。颜面眼眶的细短纹、额眼眶的斑、唇基、上颚（端齿除外）、前胸背板后上角、翅基片、中胸盾片前侧缘、翅基下脊、中胸侧板下部不清晰的斑、前足基节前部、中足基节及转节的斑黄色；下颚须和下唇须，前中足，后足基节、转节和腿节红褐色，胫节和跗节黑色或褐黑色；腹部背板中段有时模糊的暗红色。

图 12-1 体 Habitus

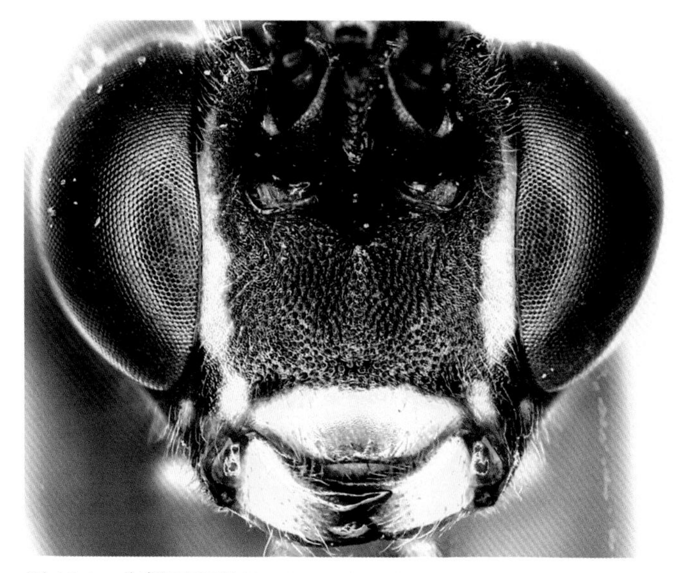
图 12-2 头部正面观 Head, anterior view

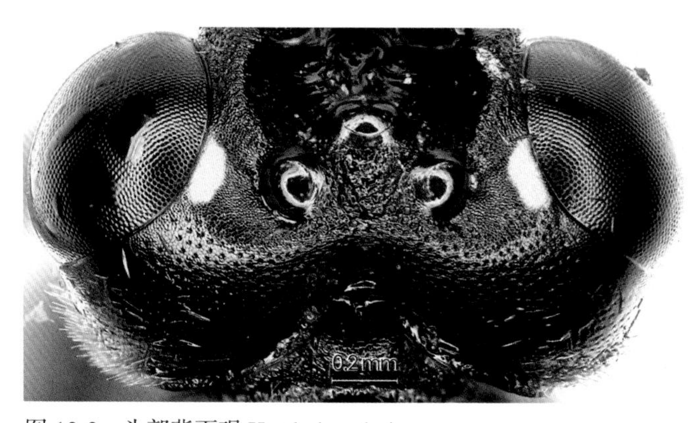

图 12-3 头部背面观 Head, dorsal view

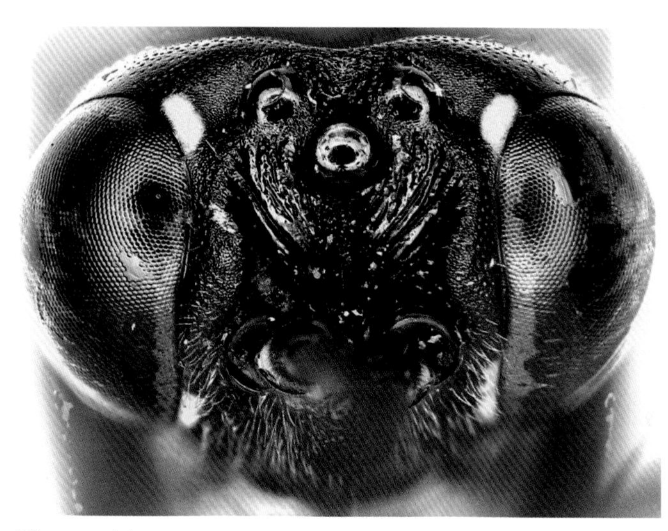
图 12-4 额 Frons

♂ 体长约14.0 mm。前翅长约11.0 mm。颜面，额眼眶，颊区，下颚须，下唇须，前胸背板前侧缘，中胸侧板下部的大斑，前中足基节、转节黄色。

寄主 国内寄主不详。国外报道的寄主有：双点窄吉丁 *Agrilus biguttatus* (Fabricius)等。

分布 宁夏、甘肃、辽宁、吉林、黑龙江、北京、河北、河南、四川；日本，拉脱维亚，俄罗斯，欧洲。

观察标本 1♀，宁夏泾源，1800m，2008-07-03，刘承宇；2♀♀，宁夏龙潭，1986-08-02，宁夏农科院；46♀♀2♂♂，宁夏六盘山，2005-6-16～08-11，集虫网；3♀♀，河北秦皇岛，1996-07-12，盛茂领；1♀，河南卢氏，1996-08-25，申效诚；1♀，河南嵩县白云山自然保护区，1300m，1997-08-14；任应党；1♀，甘肃二龙河，1980-07-04；2♀♀1♂，甘肃祁连溪水，2006-07-24～31，集虫网；2♀♀，辽宁桓仁，2011-07-16，集虫网；1♀，吉林长白山，2008-07-23，盛茂领；1♀，北京门头沟，2012-08-11，宗世祥；1♀，四川道孚，2013-08-05，李涛；1♀，四川卧龙，2013-08-08，李涛。

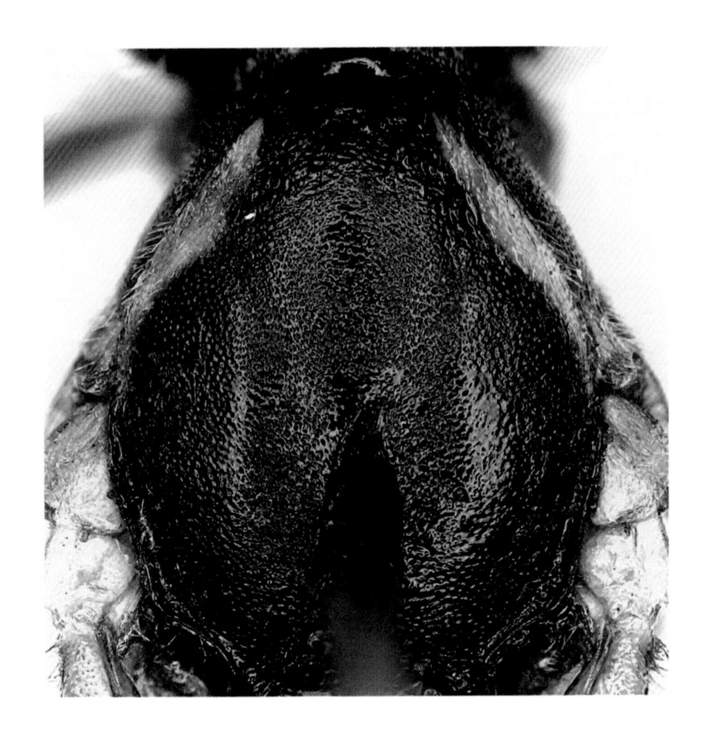

图 12-5　中胸盾片 Mesoscutum

图 12-6　胸部侧面 Mesosoma, lateral view

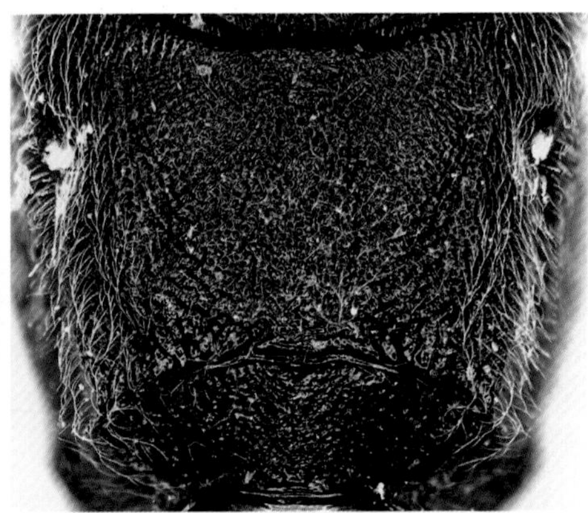

图 12-7　并胸腹节 Propodeum

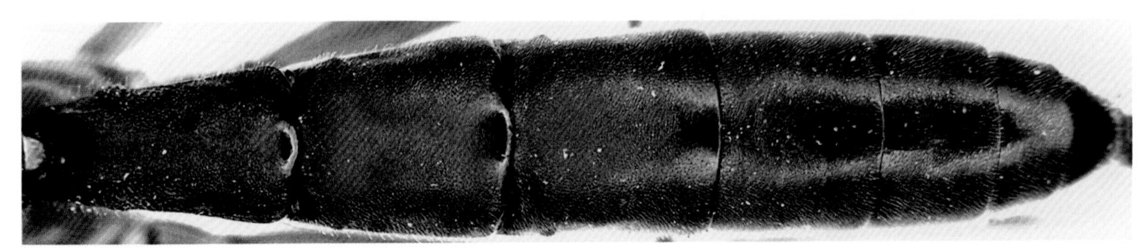

图 12-8　腹部背板 Tergites

13 赤缺沟姬蜂 *Lissonota* (*Loxonota*) *cruentator* (Panzer, 1809)（中国新记录）（图 13：1－7）

Alomya cruentator Panzer, 1809:21.

♀ 体长约10.0 mm。前翅长约6.5 mm。产卵器鞘长约11.5 mm。

颜面具细革质状表面和非常稠密的细刻点，上缘中央具1光滑的小瘤突。上颚上端齿稍长于下端齿。颚眼距约为上颚基部宽的0.9倍。上颊具细革质状表面和稠密的细刻点，强烈向后收敛。额几乎平坦，下部稍凹，具非常稠密的细刻点。触角鞭节36节。后头脊完整。

胸部具非常稠密且均匀的细刻点。中胸盾片均匀隆起；无盾纵沟。中胸侧板中部稍隆起；胸腹侧脊背端约伸达中胸侧板高的0.6处。后胸侧板下缘脊完整，前部强烈突出。翅带黄褐色，透明；基脉强烈前弓；小脉位于基脉外侧；小翅室四边形，具短柄；第1肘间横脉稍短于第2肘间横脉；第2回脉在它的下方中央稍内侧与之相接；后小脉约在下方0.15处曲折。足细长，基节具细弱的刻点；爪小，仅基部具弱栉齿。并胸腹节均匀隆起，具稠密且相对粗糙的刻点；端部具细皱；端横脊完整强壮；外侧脊细弱；气门圆形。

腹部第1节背板长约为端宽的2.1倍，均匀向基部收窄；均匀隆起；背表面具稠密的细刻点和不清晰的细皱，端缘中段光滑光亮；气门非常小，椭圆形。第2～4节背板具细革质状表面和稠密的细刻点，端缘光滑；第2节背板梯形，长约为端宽的1.1倍；第3～4节背板两侧近

图 13-1 体 Habitus

图 13-2　头部正面观 Head, anterior view

图 13-3　头部背面观 Head, dorsal view

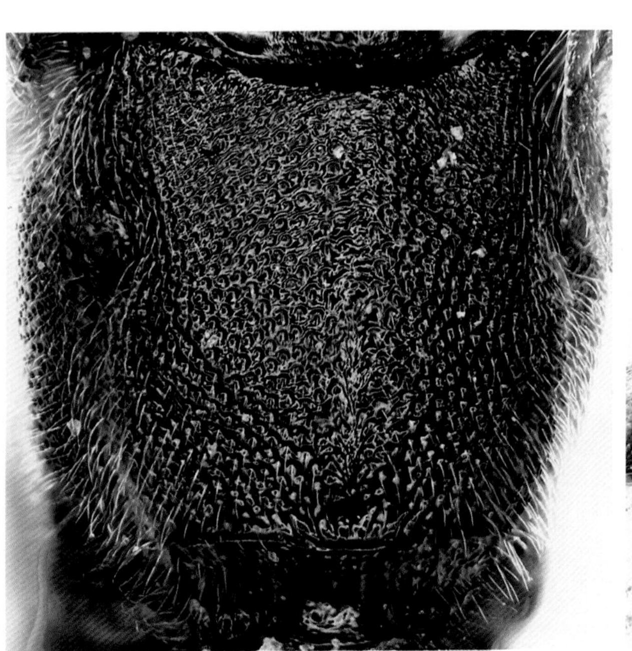

图 13-4　并胸腹节 Propodeum

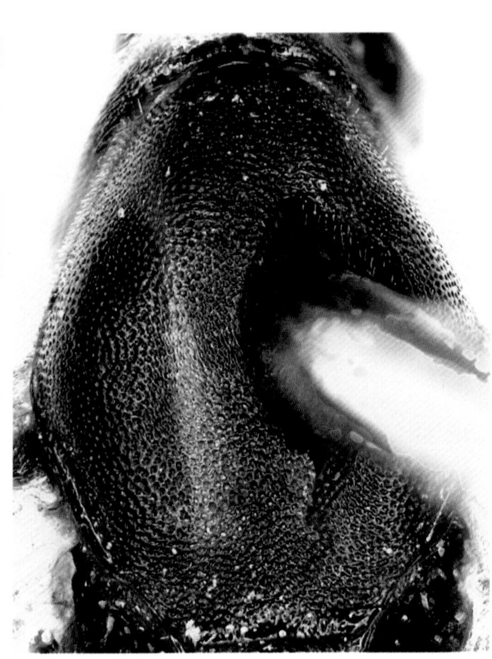

图 13-5　中胸盾片 Mesoscutum

图 13-6 胸部侧面 Mesosoma, lateral view

图 13-7 腹部第 1～2 节背板 Tergites 1-2

平行；第5节及以后背板几乎光滑。产卵器细，亚端部膨大，具1小端背凹。

体主要为黑色。额眼眶及头顶眼眶、上颊眼眶中部、颈前缘和前胸背板后上角黄色；下唇须和下颚须暗褐色；颜面眼眶、唇基、上颚端半部（端齿黑色）、前胸背板上缘前部、中胸侧板前上部、中胸盾片中叶外缘和侧叶外缘的纵纹、小盾片（中央和端部黑色）及其凹槽、并胸腹节气门均为红褐色；所有的基节和转节黑色（内侧稍暗红褐色），前中足腿节、胫节和转节黄褐色；后足腿节黑褐色，胫节和转节黄褐色；腹部第1～3节背板，第4节背板基部中央黄褐色；翅痣褐色（基部黄白色），翅脉暗褐色（前缘脉黑褐色）。

分布 中国（内蒙古），俄罗斯，欧洲。

观察标本 1♀，内蒙古达茂联合旗，1995-09-02，盛茂领。

（八）色姬蜂属 *Syzeuctus* Förster, 1869

Syzeuctus Förster, 1869:167. Type-species: *Ichneumon maculatorius* Fabricius, 1787.

全世界已知123种，我国已知9种。我国已知种检索表可参考相关著作（盛茂领等，2010）。

14　长色姬蜂 *Syzeuctus longigenus* Uchida, 1940（图 14：1－5）

Syzeuctus longigenus Uchida, 1940:27.

♀　体长约8.5mm。前翅长约6.0 mm。产卵器鞘长约6.5 mm。

颜面具稀疏的细刻点；上部中央稍纵向突起，相对光滑。唇基基部明显隆起，端缘稍前突。上颚上端齿明显长于下端齿。颚眼距约为上颚基部宽的0.9倍。头顶质地具稀而不均匀的细刻点；侧单眼间距约为单复眼间距的1.4倍。额的上半部及侧面具细刻点，下半部中央光滑。触角长约6.5mm；鞭节33节，基部各节的顶端呈斜截状。后头脊完整。

胸部具稠密的刻点。前胸背板侧面前部光滑光亮；前沟缘脊明显。中胸盾片均匀隆起，后部中央刻点相对稀疏；盾纵沟不明显。小盾片具稀疏刻点。后小盾片具细刻点。中胸侧

图 14-1　体 Habitus

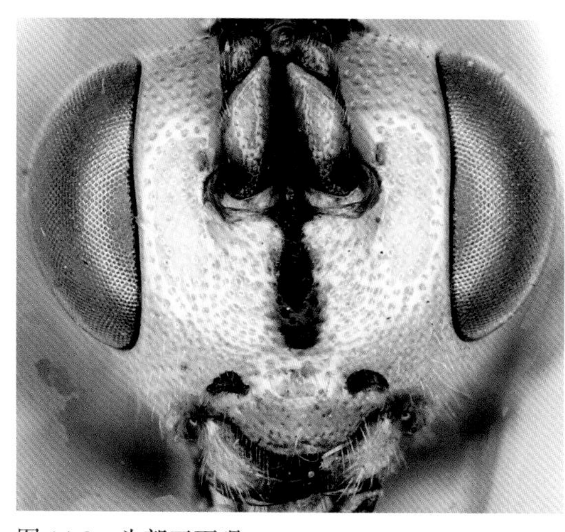
图 14-2 头部正面观 Head, anterior view

图 14-3 胸部侧面 Mesosoma, lateral view

图 14-4 腹部端部侧面 Apical portion of metasoma, lateral view

板中部稍隆起，具均匀的刻点。后胸侧板具与中胸侧板相似的质地，后胸侧板下缘脊完整，前部强烈隆起。并胸腹节几乎呈半圆形隆起，具稠密均匀的刻点；具完整的端横脊；外侧脊上半部弱；气门狭缝状。各足胫节、跗节外侧具短棘刺；爪具细栉齿。翅褐色透明；小脉位于基脉稍外侧；小翅室四边形，具长柄；外小脉在中央下方曲折；后小脉几乎垂直，约在下方0.2处曲折。

腹部最宽处位于第2节背板端部。第1节背板长约为端宽的1.1倍；气门小，圆形，稍突起。第2节背板长约为端宽的0.8倍。第3节及以后的背板向后逐渐变狭，刻点逐渐细弱。产卵器鞘长约为后足胫节长的3.5倍。

头胸部黄色，下列部分除外：触角几乎全部、下唇须、下颚须红褐色；颜面和额中央、头顶的斑，唇基凹处，上颚端齿，复眼外缘，中胸盾片的3个大纵斑及后横斑，胸缝，并胸腹节基部的2弯钩状斑均为黑色。足黄色；前中足腿节、转节背侧具黑斑，胫节背侧和跗节多多少少红褐色；后足外侧红褐色，腿节、转节内侧具黑斑。翅基片黄色，前翅翅痣黑褐色（基部带黄白色），翅脉黑褐色（内缘带黄色）。腹部红褐色，第1～5节背板端缘淡黄色，第1～3节基部两侧具黄斑；第7～8节基半部黑色。

分布 内蒙古。

观察标本 1♀，内蒙古东胜，2006-07-31，盛茂领。

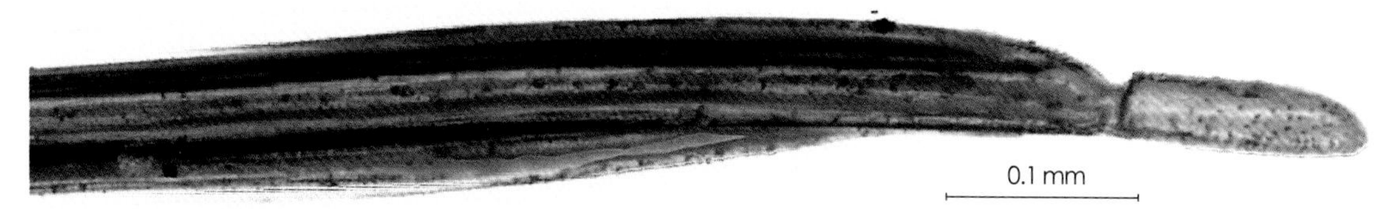

图 14-5 产卵器端部 Apical portion of ovipositor

15 毛乌素色姬蜂，新种 *Syzeuctus maowusuicus* Sheng & Sun, sp.n.（图15：1－9）

♀ 体长约9.0mm。前翅长约6.5mm。产卵器鞘长约8.0mm。

体壁光滑光泽。颜面宽约为长的1.6倍，具稠密不均匀的浅粗刻点，缓缓地向中央稍隆起；亚中央稍有纵凹；上缘中央浅沟状下凹，沟内具1小纵突；触角侧下方稍凹。唇基沟非常浅细，弧形。唇基非常均匀且弱的隆起，具稀浅的粗刻点和黄褐色毛，端部的毛较长；端缘几乎平直。上颚披长（基部稍宽），具不明显的浅细刻点；2端齿尖锐，上端齿明显长于下端齿。颊稍凹，粗糙，具明显的粗刻点；颚眼距约为上颚基部宽的0.6倍。上颊光滑光亮，中央均匀隆起，前下部具几个稀疏不明显的细刻点；侧观其长约为复眼横径宽的0.6倍。头顶光滑光亮，仅侧单眼外侧具几个刻点；单眼区具稀刻点，侧单眼间距约为单复眼间距的1.4倍。额的下半部光滑，上半部及侧面具不均匀的刻点；中央具1细纵沟。触角稍长于体长；鞭节35节，第1～5节长度之比依次约为2.7∶1.7∶1.6∶1.5∶1.4。后头脊完整。

胸部及并胸腹节具稠密且粗糙的刻点。前胸背板前缘及侧凹内相对光滑，后上部刻点也较胸部其他部分稍稀疏；前沟缘脊明显。中胸盾片均匀隆起，无盾纵沟。小盾片较强隆起，刻点粗大；除基侧角外，无侧脊。后小盾片横形，具细密的刻点。中胸侧板具较均匀的刻点；中胸侧板凹点穴状，周围少许光滑；胸腹侧脊细而明显，约伸达中胸侧板高的0.5处。后胸侧板下缘脊非常强大，前部呈片状凸起。并胸腹节均匀圆隆起，仅存一根横线状的端横

图15-1 体 Habitus

图 15-2 头部正面观 Head, anterior view

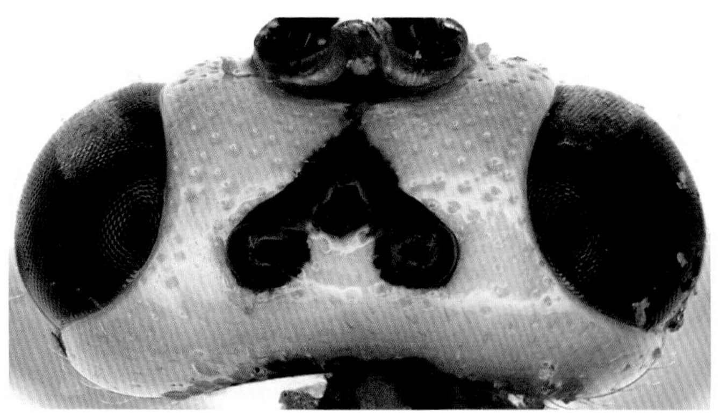

图 15-3 头部背面观 Head, dorsal view

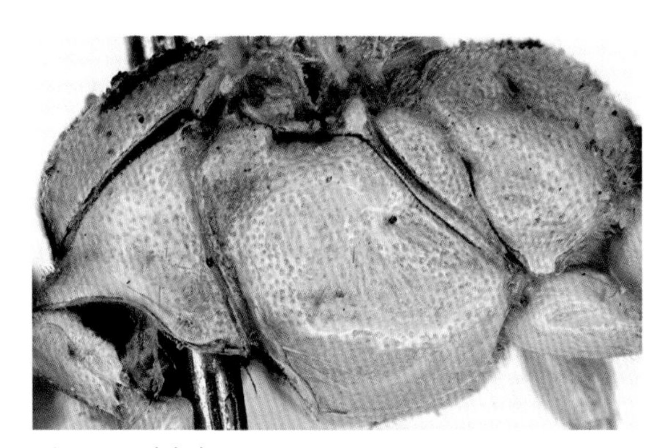

图 15-4 胸部侧面 Mesosoma, lateral view

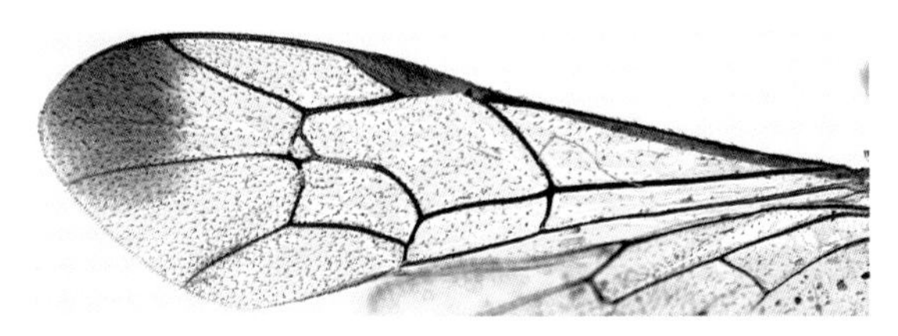

图 15-5 前翅 Fore wing

图 15-6 并胸腹节 Propodeum

脊；具弱浅的中纵凹；气门斜缝状，位于并胸腹节的基部约0.4处。足胫节和跗节外侧具细棘刺，各跗节端缘具环生的强棘刺。爪简单。翅稍带褐色透明，外端具深色斑；小脉位于基脉稍外侧；小翅室斜四边形，具长柄，柄长短于小翅室的高；第2回脉约位于它的下外侧0.4处；外小脉在中央稍下方曲折；后小脉约在下方1/4处曲折；后盘脉无色。

腹部两侧缘几乎平行。第1～3节背板基部约2/3具稀疏的浅细刻点，端部约1/3光滑；其余背板表面几乎光滑无刻点。第1节背板基部中央光滑光亮，侧缘向基端均匀稍收敛（变狭窄）；长约为端宽的1.5倍；无背中脊；背侧脊仅基部具弱痕；气门圆形，约位于基部0.3处。第2节背板基部稍收窄，长约为端宽的1.1倍。第3、4节背板两侧缘平行，前者约等于第2节的长与宽，后者稍短于且窄于第3节背板。下生殖板大，末端向后稍超过腹部末端。产卵器鞘细长。产卵器上下均匀，具亚端背凹。

体黄色。触角柄节和梗节黑色，柄节背侧和腹侧、梗节腹侧均具黄斑；鞭节基部褐黑色，中部以后褐色（末节端部色深）。上颚端齿，唇基凹，额基部中央，3个单眼周围，头顶后部中央的横斑，前胸侧板后部，

图 15-7　腹部背板 Tergites

中胸盾片与前胸背板上缘之间侧缝、中叶及侧叶上的3纵斑，盾前沟及翅基内侧，并胸腹节亚基部两侧的小斑，各足转节、胫节和腿节上的纵斑，腹部第1、2节背板基部的“人”字形粗斑（第1节背板“人”字形斑的基柄显著长），第2～4节背板基部中央的横三角斑，产卵器鞘，均为黑色；第2节背板人字形斑下方，第3节背板中部的横斑，第4、5节背板基半部，均为红褐色；后足胫节腹侧带黄褐色，各足跗节黄褐色；翅痣及翅端的大斑褐色，翅脉褐黑色。

正模 ♀，内蒙古毛乌素沙柳林地，1300m，1984-08-10，邵强华。

词源　本新种名源于模式标本采集地名。

本新种与朝鲜色姬蜂*Syzeuctus coreanus* Uchida, 1928近似，可通过下列特征区别：本新种并胸腹节具端横脊；中胸侧板和中胸腹板完全黄色；腹部背板黄色，第1节背板具后部分叉的黑色纵带，第2节背板具中部向前尖隆起的黑色带；其它背板具不规则红褐色斑和不明显黑色斑。朝鲜色姬蜂：并胸腹节无端横脊；中胸侧板后部和中胸腹板大部分黑色；腹部背板黑色，端缘具黄色横带。

图 15-8　腹部端部侧面 Apical portion of metasoma, lateral view

图 15-9　产卵器端部 Apical portion of ovipositor

（九）黑茧姬蜂属 *Exetastes* Gravenhorst, 1829

Exetastes Gravenhorst, 1829:395. Type-species: *Ichneumon fornicator* Fabricius.

全世界已知167种及亚种，我国已知24种及亚种。

16 黑茧姬蜂 *Exetastes adpressorius adpressorius* (Thunberg, 1822)（图16：1-6）

Ichneumon adpressorius Thunberg, 1822:254.

♂ 体长约8.5 mm。前翅长约6.5 mm。

颜面具非常稠密的细刻点；中央纵向隆起，上方中央具1弱纵瘤。唇基具细革质状表面，基部具与颜面相似的刻点；端半部几乎无刻点；端缘中央具凹刻。上颚端齿较短，2端齿约等长。颚眼距约为上颚基部宽的0.7倍。上颊明显向后收敛。侧单眼间距约为单复眼间距的1.9倍。触角几乎等于体长，鞭节48节。后头脊完整。

中胸盾片具稠密均匀的细刻点，无盾纵沟。盾前沟宽阔、光滑。中后胸侧板具稠密均匀但较头部稍粗的刻点；胸腹侧脊背端约伸达中胸侧板高的0.6处；后胸侧板下缘脊完整，前部强烈片状隆起。翅稍褐色，透明；小脉与基脉相对；小翅室大，四边形，第1肘间横脉明显短于第2肘间横脉，第2回脉约在它的下方中央处与之相接；后小脉明显外斜，约在上部0.2处曲折。爪简单。并胸腹节均匀隆起，表面粗糙，具不规则的网状皱；端部具短纵皱；端横脊

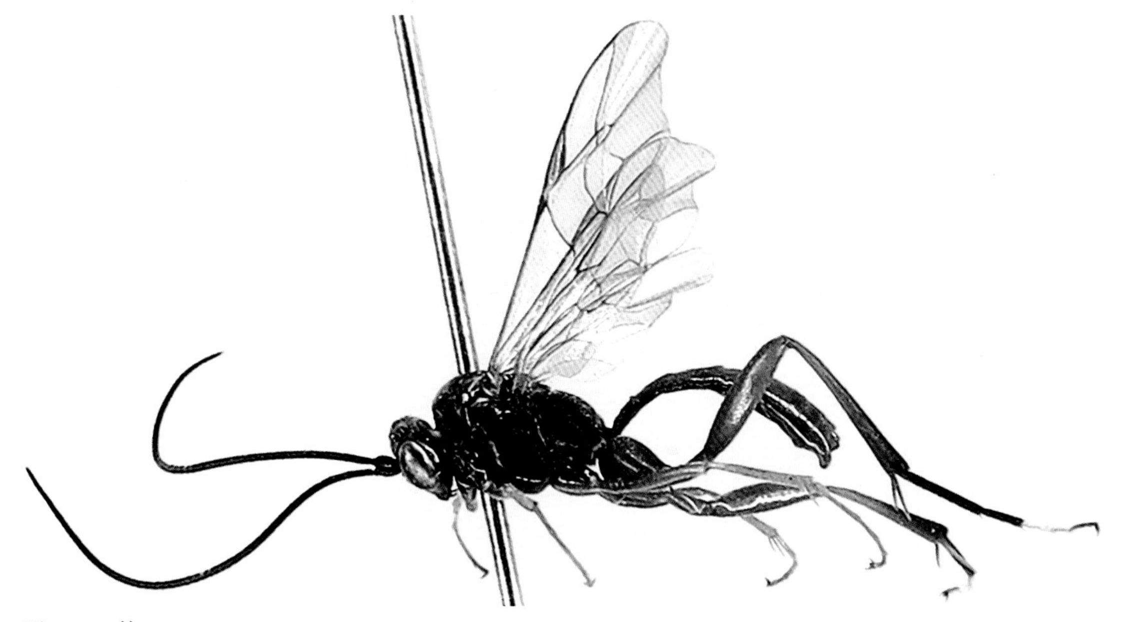

图 16-1 体 Habitus

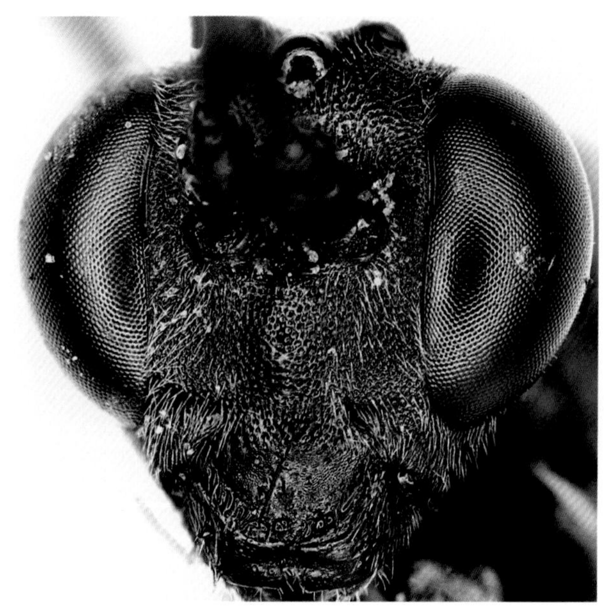
图 16-2 头部正面观 Head, anterior view

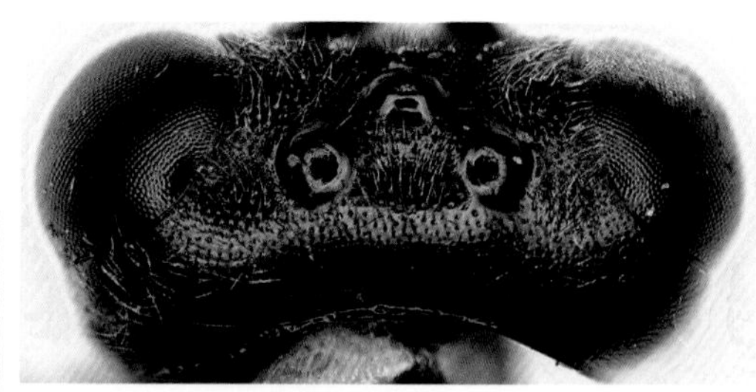
图 16-3 头部背面观 Head, dorsal view

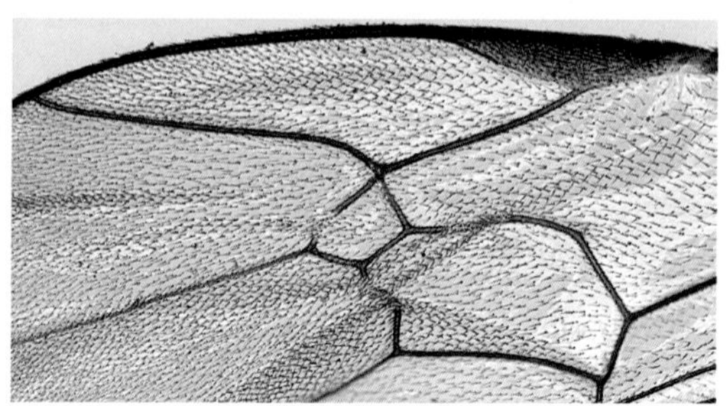
图 16-5 小翅室 Areolet

图 16-4 胸部侧面 Mesosoma, lateral view

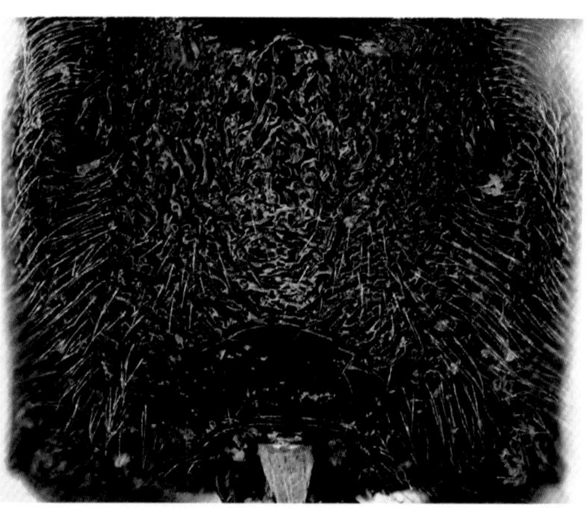
图 16-6 并胸腹节 Propodeum

中段明显；外侧脊细弱完整；气门椭圆形。

腹部第1节背板长约为端宽的1.9倍，均匀向基部变狭；气门小，圆形，约位于背板中部。第2节背板长约为端宽的0.8倍。

头胸部黑色，腹部和足红褐色。触角鞭节第14～15节背侧稍带黄色；前中足基节背侧黑色；后足胫节端部，跗节第1、2节和第5节黑色；跗节第3、4节白色。翅痣黄褐色，翅脉褐色。

寄主 据记载，寄主为：委夜蛾*Caradrina* sp.、缕委夜蛾*Hoplodrina alsines* (Brahm)、影夜蛾*Lygephila* sp.等。

分布 中国（新疆），俄罗斯，捷克，斯洛伐克，匈牙利，瑞典。

观察标本 1♂，新疆乌鲁木齐，1993-09-26，盛茂领。

17 卡黑茧姬蜂 *Exetastes adpressorius karafutonis* Uchida, 1928（图 17：1−7）

Exetastes karafutonis Uchida, 1928:267.

♀ 体长7.5～8.5 mm。前翅长5.0～5.5 mm。产卵器鞘长1.0～1.2 mm。

颜面具稠密的细刻点；中央纵向隆起，上方中央具1较弱的纵瘤。唇基具革质细状表面；端缘中央具微弱的凹刻。上颚2端齿约等长。颚眼距约为上颚基部宽的0.7 倍。上颊向后

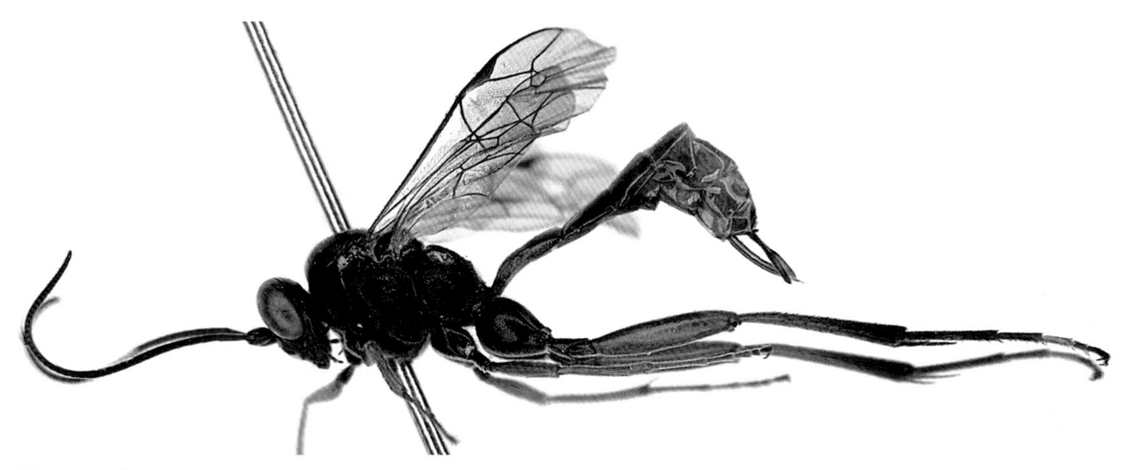

图 17-1 体 Habitus

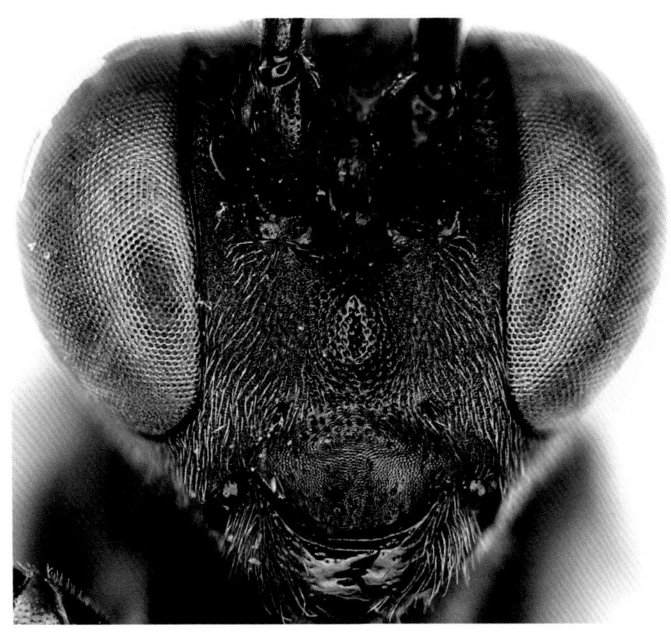

图 17-2 头部正面观 Head, anterior view

图 17-3 上颊 Gena

图 17-4　胸部侧面 Mesosoma, lateral view

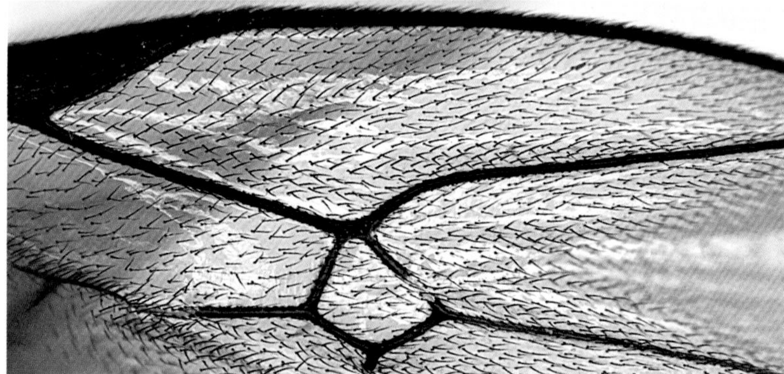

图 17-5　小翅室 Areolet

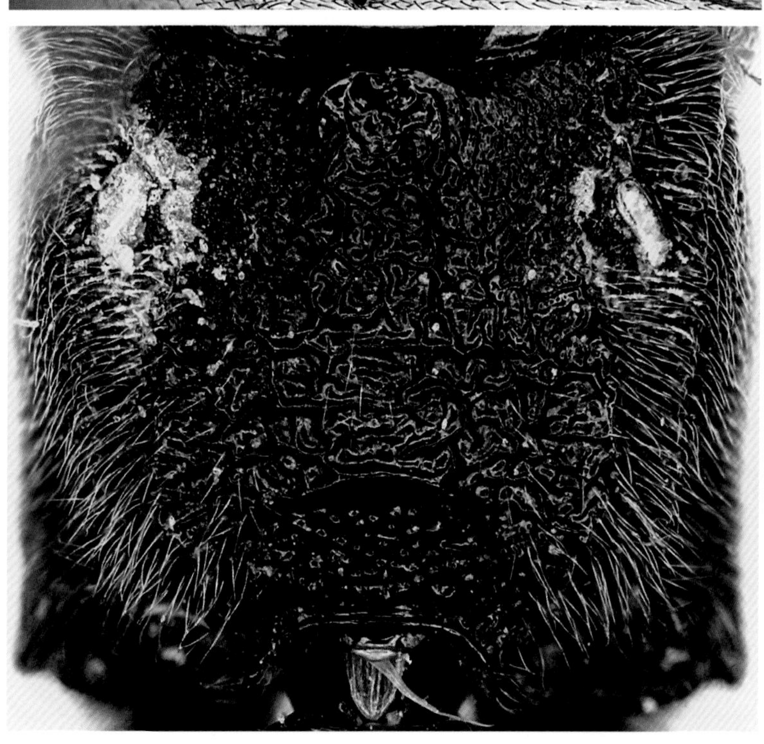

图 17-6　并胸腹节 Propodeum

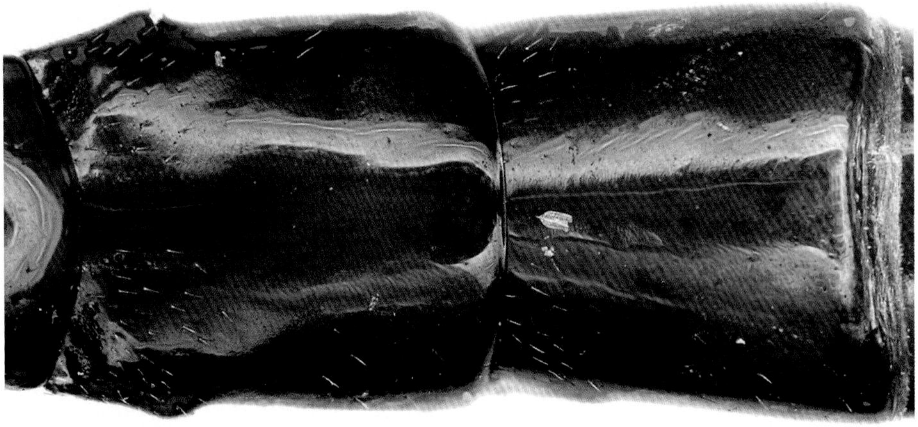

图 17-7 腹部第 2 ～ 3 节背板 Tergites 2-3

强烈收敛。侧单眼间距约为单复眼间距的1.3 倍。额几乎平坦，具稠密的细刻点。触角明显短于体长，鞭节49节。

前胸背板侧凹上方具较弱的斜细皱，其余部分具稠密的细刻点。中胸盾片具稠密均匀的细刻点；无盾纵沟。盾前沟宽阔、光滑。小盾片具稠密的浅细刻点。中后胸侧板具稠密均匀的刻点。翅稍褐色，透明；小脉与基脉相对；小翅室大，四边形，第1肘间横脉稍短于第2肘间横脉；后小脉明显外斜，约在上部0.15处曲折。后足基节具均匀的细刻点；爪基部具栉齿。并胸腹节均匀隆起，表面粗糙，具不规则的网状粗皱；外侧脊和侧纵脊细弱；端横脊中段明显；端部两侧具短皱；气门椭圆形。

腹部端部侧扁。第1节背板长约为端宽的2.1倍，逐渐向基部变狭；气门小，卵圆形，约位于背板中部。第2节背板侧缘近平行，长约为端宽的1.8倍。第3节背板长约等于端宽。产卵器鞘短，基部细柄状。产卵器强壮，稍上弯，亚端部具1小背凹。

头胸部黑色，腹部和足红褐色；触角鞭节第9～15节背侧黄白色；下唇须端半部黄褐色。前胸背板后上角的小斑及小盾片端半部黄色；足基节和转节黑色；后足胫节端部、跗节第1、2及第5节黑色，第3、4节带白色（背侧带黑色）。翅基片外缘褐色。

变异 宁夏标本唇基端半部红褐色，前中足基节腹侧、转节背侧和后足的基节和转节红褐色，后足各跗节基半部红褐色，端半部或多或少黑色。

♂ 体长约7.5 mm。前翅长约6.0 mm。触角鞭节46节。前中足基节下侧、转节，后足基节的大纵斑红褐色；后足跗节第3、4节白色，第5节红褐色。

分布 内蒙古、宁夏、山西；蒙古，俄罗斯。

观察标本 1♀，山西太原，1994-06-06，盛茂领；2♀♀，宁夏盐池，2015-06-29，盛茂领；1♂，宁夏盐池， 2015-06-16，盛茂领；1♀，内蒙古准格尔旗，2007-07-01，盛茂领。

18 互助黑茧姬蜂，新亚种 *Exetastes fornicator huzhuensis* Sheng & Sun, ssp.n.（图 18：1－9）

♂ 体长15.2 mm。前翅长10.5 mm。触角长14.9 mm。

颜面具稠密的粗刻点和黄褐色长毛；上缘中央具1小瘤突；中央圆形强隆起；颜面宽约为长的2.0倍。唇基宽约为长的1.6倍；光滑光亮，具稀刻点；中央至外缘光滑光亮，端缘具1排暗褐色毛。上颚上端齿稍长于下端齿。颊区细革质状表面。颚眼距约等长于上颚基部宽。上颊具稠密粗刻点和黄褐色长毛。侧单眼间距约为单复眼间距的0.7倍。额具稠密的粗刻点和黄褐色长毛；触角窝上方明显凹陷，光滑光亮。触角鞭节59节。后头脊完整。

胸部具非常稠密的粗刻点和黄褐色长毛。无盾纵沟。小盾片圆形稍隆起，光滑光亮，具稀疏且粗大的刻点和黄褐色长毛。后小盾片圆形隆起，基半部光滑光亮无刻点，端半部具稠密细刻点和黄褐色毛。中胸侧板的刻点相对粗大，中央隆起，隆起前方至中胸背板前缘深凹。镜面区几乎不明显。后胸侧板圆形隆起，质地同中胸侧板。翅稍带褐色，透明；小脉与

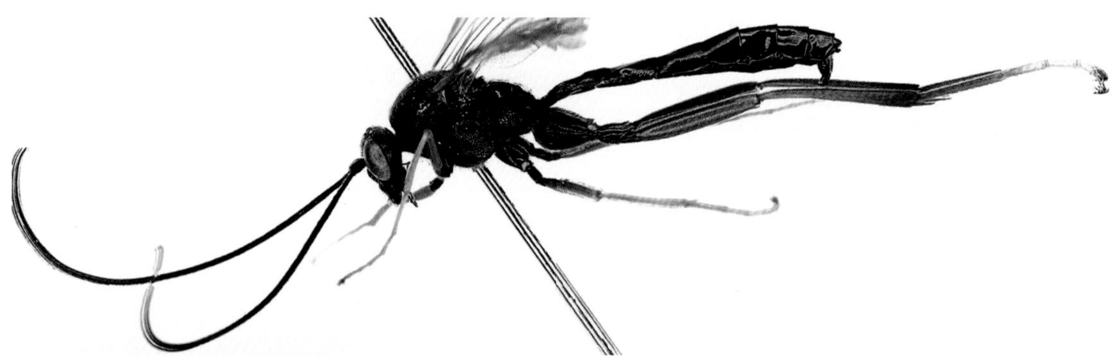

图 18-1 体 Habitus

图 18-2 头部正面观 Head, anterior view

图 18-3 头部背面观 Head, dorsal view

图 18-4 上颊 Gena

图 18-5 中胸盾片和小盾片 Mesoscutum and scutellum

图 18-6 胸部侧面 Mesosoma, lateral view

基脉对叉；小翅室四边形，第1肘间横脉稍短于第2肘间横脉；后小脉强烈外斜，约在上部0.2处曲折。爪基部具几根细密的栉齿。并胸腹节圆形隆起，具稠密粗刻点和黄褐色长毛，中央具不规则皱；端区的刻点非常稀疏，具弱细皱；气门长缝状。

腹部第1节背板长约为端宽的2.3倍；气门圆形，突出，位于基部约0.4处；光滑光亮，具稀疏细毛点和黄褐色毛。第2节背板长约为端宽的1.4倍，具稀疏细毛点和褐色短毛。第3节及以后各节背板光滑光亮，具稠密细毛点和褐色短毛。

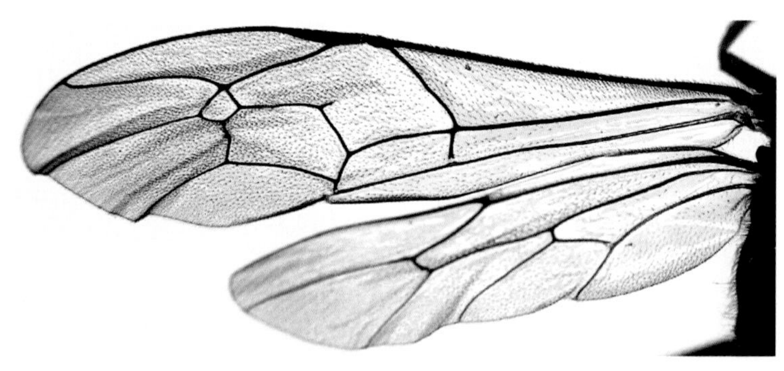

图 18-7 翅 Wings

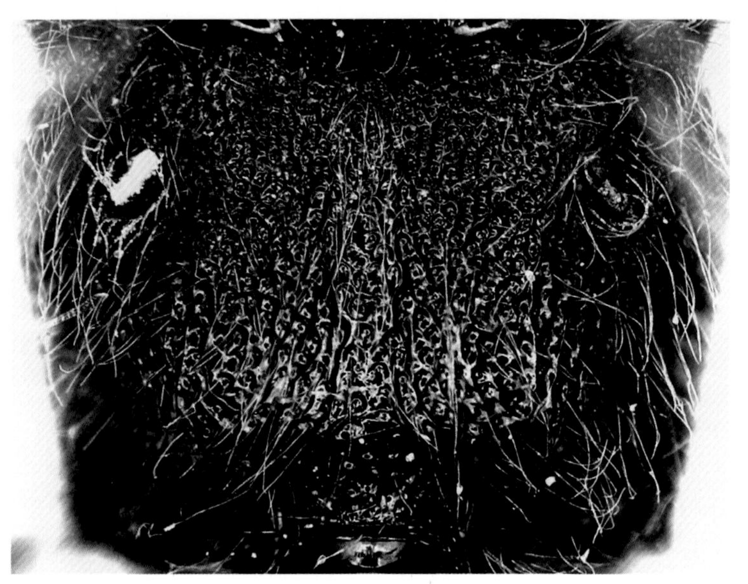

图 18-8 并胸腹节 Propodeum

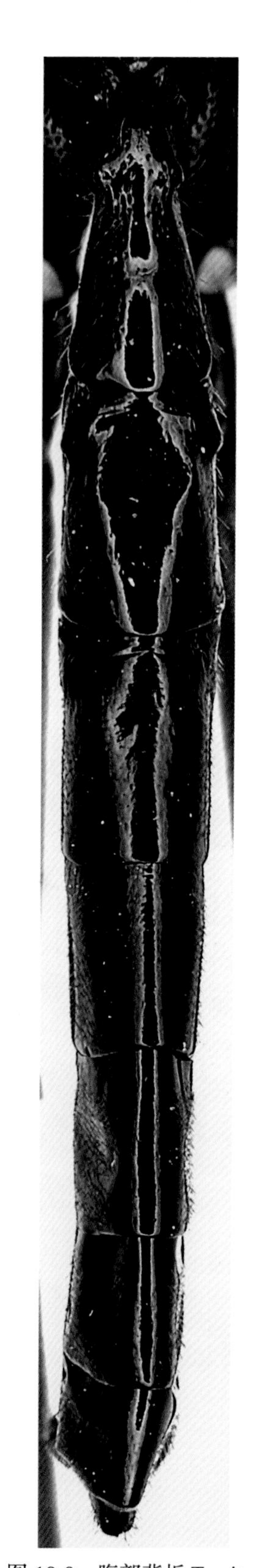

图 18-9 腹部背板 Tergites

体黑色，下列部分除外：前中足（基节和转节黑色，腿节黄褐色至红褐色）黄褐色。后足基节和转节黑色；腿节、胫节（末端暗褐色）褐色；跗节第2节端半部和第3、4节白色；第1节、第2节基部和第5节褐色；翅痣、翅脉褐色至暗褐色。

正模♂，青海互助，2011-06-26，李涛。

词源 本新种名源于模式标本采集地名。

本新种与米黑茧姬蜂*E. fornicator miniatus* Uchida, 1928近似，可通过下列特征区别：本新种额和头顶具稠密的褐色长毛；翅透明；腹部第2节背板长为宽的1.4倍；第3及其后各节背板强烈侧扁；后足跗节第2节端半部和第3、4节白色。米黑茧姬蜂：额和头顶正常，无长毛；翅褐色；腹部第2节背板长为宽的1.1倍；端部背板稍侧扁；后足跗节全部褐黑色。

19 米黑茧姬蜂 *Exetastes fornicator miniatus* Uchida, 1928（图 19：1－6）

Exetastes miniatus Uchida, 1928: 269.

♀ 体长约 13.5 mm。前翅长约 11.0 mm。触角长约14.0 mm。产卵器鞘长约1.5 mm。

头部具稠密的黄褐色短毛。颜面具细革质状表面和非常稠密的细刻点，中央稍纵隆起；上缘中央具1弱的纵瘤。唇基基部中央稍隆起，具与颜面相近的稠密的细刻点；端部较平，具细革质粒状表面和稀浅的粗刻点；端缘较薄。上颚上端齿稍长于下端齿。颚眼距约为上颚

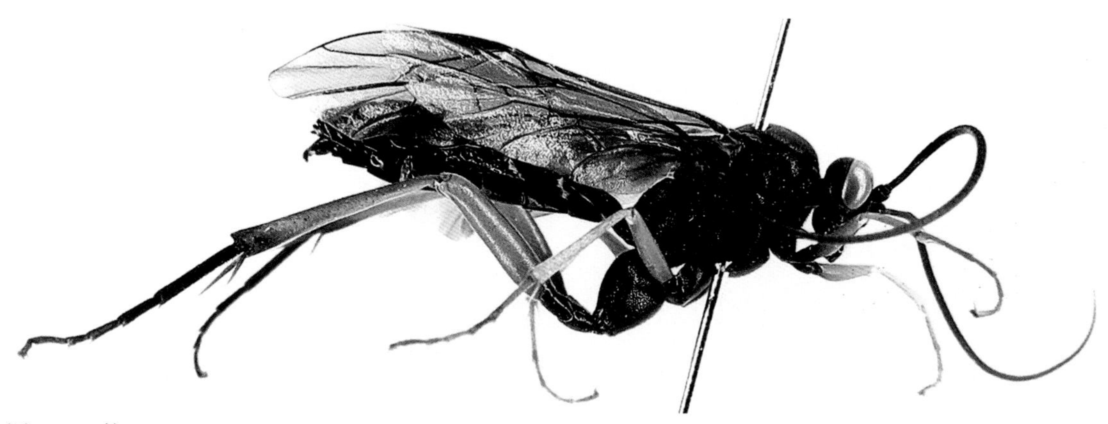

图 19-1 体 Habitus

图 19-2 头部正面观 Head, anterior view

图 19-3 中胸盾片 Mesoscutum

图 19-4　胸部侧面 Mesosoma, lateral view

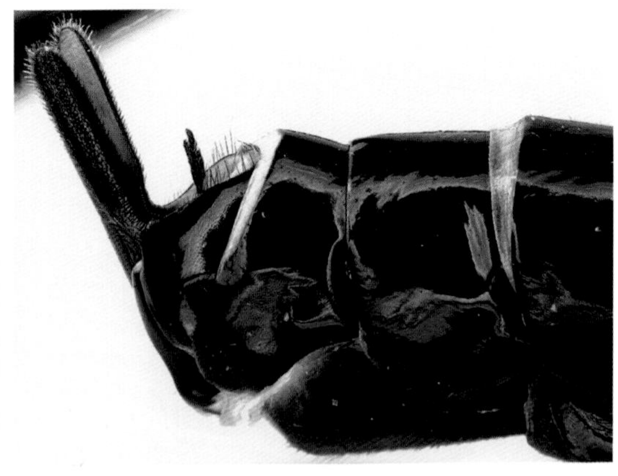

图 19-6　腹部端部侧面观 Apical portion of metasoma, lateral view

图 19-5　腹部第 2～8 节背板 Tergites 2-8

基部宽的0.5倍。上颊具细革质粒状表面和稠密的细刻点，向后均匀收敛。侧单眼间距约等于单复眼间距。额具稠密的细皱刻点。触角鞭节74节。

胸部具细革质粒状表面和稠密的细刻点。无前沟缘脊。中胸盾片均匀隆起，无盾纵沟。胸腹侧脊约达中胸侧板高的0.6处；镜面区小，光亮。翅浅褐色，透明；小脉位于基脉外侧；小翅室大，斜四边形，具结状短柄，第1肘间横脉显著短于第2肘间横脉；后小脉强烈外斜，约在上部0.2处曲折。爪基半部具栉齿。并胸腹节具稠密模糊的粗皱；外侧脊完整；端横脊具弱痕；气门长缝状。

腹部第1节背板长约为端宽的2.5倍，向基部均匀变狭。第2节及以后背板具细革质状表面。第2节背板梯形，长约为端宽的1.1倍。第3节背板倒梯形，长约为基部宽的1.2倍、约为端宽的1.4倍。产卵器鞘亚基部较细，长约为后足胫节长的0.33倍。产卵器粗短，稍上弯，具亚端背凹。

体黑色。前中足腿节端半部、胫节和跗节（背侧带黑褐色）红褐色。

分布　辽宁、内蒙古、陕西；朝鲜，日本，俄罗斯。

观察标本　1♂，内蒙古呼和浩特，1995-09-02，盛茂领；1♂，内蒙古东胜，2006-09-04，杨奋勇；1♀，辽宁桓仁老秃顶子，2011-09-28，集虫网；1♀1♂，陕西吴起，2013-08-13～24，集虫网。

20 细黑茧姬蜂 *Exetastes gracilicornis* Gravenhorst, 1829（图 20：1-10）

Exetastes gracilicornis Gravenhorst, 1829:429.

♀ 体长13.5～14.5 mm。前翅长10.0～11.0 mm。触角长11.5～12.0 mm。产卵器鞘长1.0～1.2 mm。

颜面具稠密的细刻点，上缘中央具1小瘤突。上颚粗壮，上端齿约等于下端齿；颚眼距约为上颚基部宽的0.45～0.5倍。侧单眼间距约为单复眼间距的0.7～0.8倍。额具稠密的细横皱和细刻点。触角鞭节58～59节。

胸部具非常稠密的皱状粗刻点。前沟缘脊不明显。无盾纵沟。胸腹侧脊约达中胸侧板高的0.55处；无镜面区。翅黄褐色，透明；小脉与基脉相对或位于其稍外侧；小翅室四边形，第1肘

图 20-1　体 Habitus

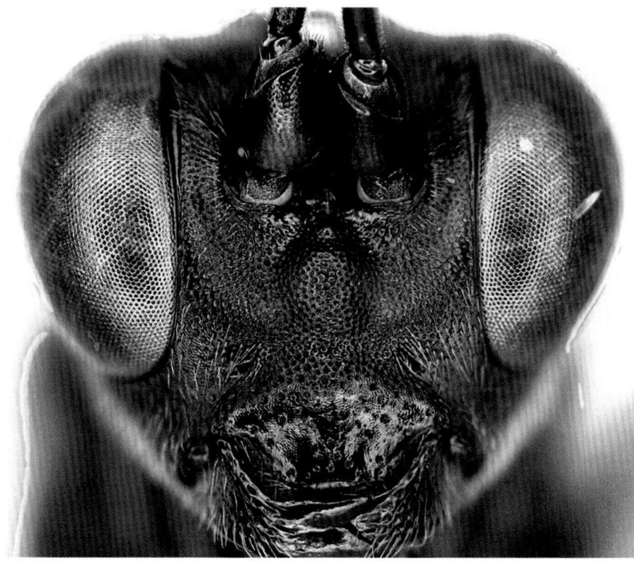

图 20-2　头部正面观 Head, anterior view

图 20-3 头部背面观 Head, dorsal view

图 20-4 中胸盾片 Mesoscutum

间横脉稍短于第2肘间横脉；后小脉强烈外斜，约在上部0.1～0.15处曲折。爪基部具细密的栉齿。并胸腹节具稠密模糊的不规则粗皱，外侧脊仅基半部和侧纵脊具弱痕；气门长缝状。

腹部第1节背板长约为端宽的2.2～2.4倍，均匀向基部变狭；气门圆形，突出。第2节背板长约为端宽的0.9～1.0倍。第3节背板侧缘几乎平行，长约为宽的0.9～1.0倍。第3节及以后背板侧扁。产卵器鞘长为后足胫节长的0.14～0.2倍。产卵器粗短，具亚端背凹。

体黑色，下列部分除外：触角第1鞭节端半部及第2、3鞭节红褐色，鞭节中段背面黄白色。前胸背板后上角、颈前缘，翅基片，小盾片，腹部第5～7节背板端缘中央黄色；唇基端半部，下颚须，下唇须（基部黑色），腹部第1节背板（除基部）或仅端缘，第2、3节背板，第4节背板前部或大部红色。前中足（除基节和第1转节），后足第2转节、腿节基半部、胫

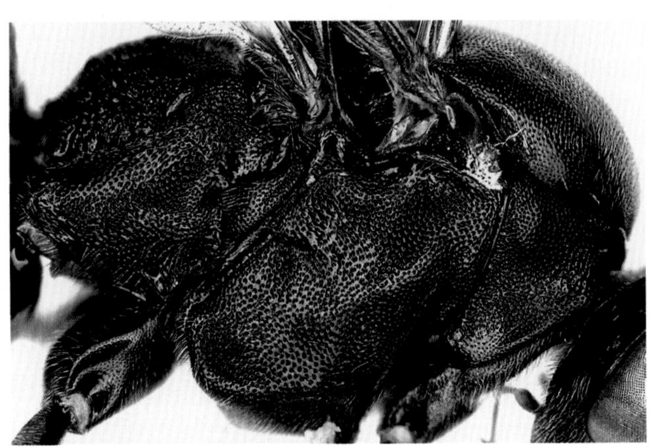
图 20-5 胸部侧面 Mesosoma, lateral view

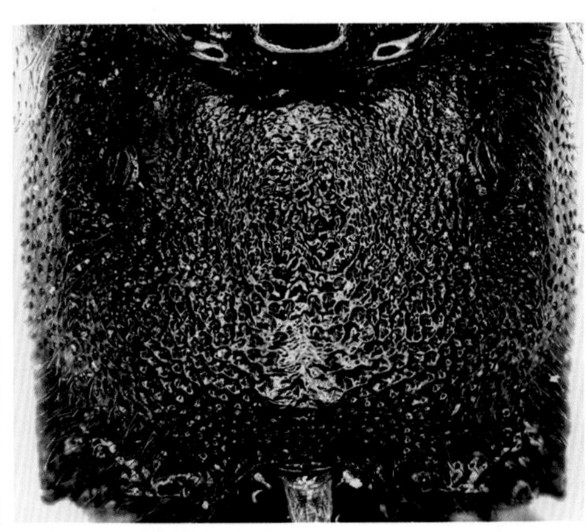
图 20-6 并胸腹节 Propodeum

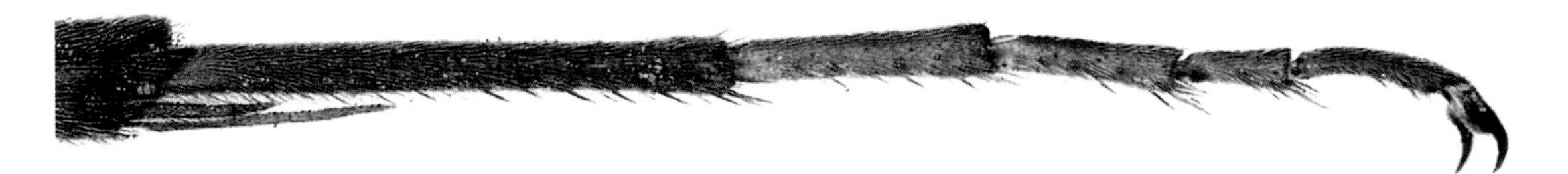

图 20-7 后足跗节 Hind tarsus

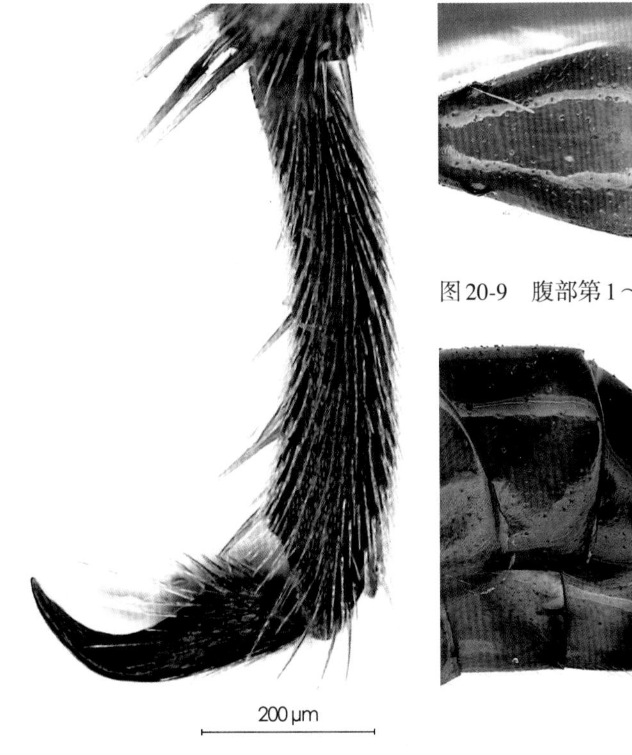

图 20-8 爪 Claw

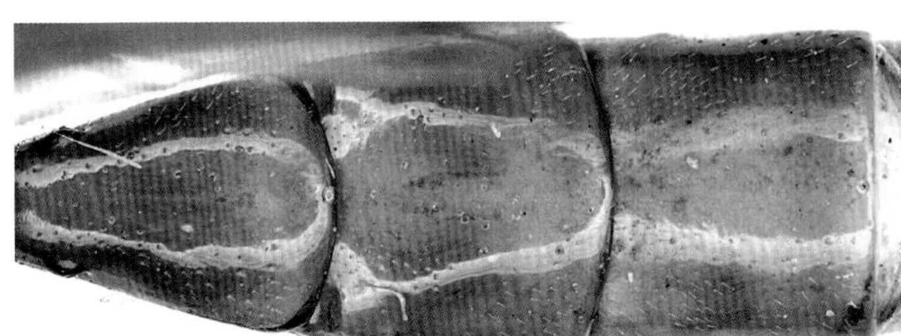

图 20-9 腹部第 1～3 节背板 Tergites 1-3

图 20-10 腹部端部侧面 Apical portion of metasoma, lateral view

节（端部黑色）、第1和5跗节红色，后足第2、3、4跗节黄白色。有些个体各足胫节基半部带黄色。

寄主 国外报道的寄主：宽胫夜蛾*Protoschinia scutosa* Denis *et* Schiffermuller、俗灰夜蛾*Lacanobia suasa* (Denis *et* Schiffermüller)。

分布 辽宁、宁夏；蒙古，俄罗斯，奥地利，法国，德国，匈牙利，意大利，西班牙，土耳其。

观察标本 1♀，辽宁清原，1991-06，宋友文；1♀，辽宁本溪，1998-06-12，盛茂领；1♀，辽宁沈阳，2001-05-31，盛茂领；3♀♀，辽宁宽甸，500 m，2001-06-01～04，盛茂领、孙淑萍；1♀，辽宁白石砬子自然保护区，1000 m，2001-06-03，孙淑萍；2♀♀11♂♂，宁夏盐池，2009-08-10，吴金霞。

21 印黑茧姬蜂 *Exetastes inquisitor* Gravenhorst, 1829（图 21：1－6）

Exetastes inquisitor Gravenhorst, 1829:419.

♀ 体长11.0～12.5 mm。前翅长8.5～9.0 mm。产卵器鞘长2.0～2.5 mm。

颜面具细革质状表面和稠密的细刻点，上缘中央具1弱纵瘤。唇基宽约为长的1.7～1.8倍。上颚上端齿稍短于下端齿。颊区具细革质粒状表面和稀疏的刻点；颚眼距约为上颚基部宽的0.6～0.7 倍。上颊向后均匀收敛，后上部稍宽。侧单眼间距约为单复眼间距的1.3～1.4倍。额平坦，具稠密的细刻点，触角鞭节45～47节。

胸部具非常稠密的细刻点。无前沟缘脊。中胸盾片无盾纵沟。中胸侧板刻点较中胸盾片稍粗；胸腹侧脊约达中胸侧板高的0.65处；无镜面区。翅褐色，透明；小脉位于基脉外侧，二者之间的距离约为小脉长的0.3倍；小翅室大，斜四边形，具结状短柄，第1肘间横脉稍短于第2肘间横脉；外小脉约在下方0.3处曲折；后小脉强烈外斜，约在上部0.2处曲折。足胫节和跗节外侧具成排的刺状刚毛；爪基半部具栉齿。并胸腹节具稠密模糊的粗皱，基半部侧方具稠密的刻点，端部具短皱；外侧脊完整；端横脊具弱痕；气门长缝状。

腹部第1节背板长约为端宽的1.6～1.7倍；气门圆形，突出，约位于该节背板中央稍前方。第2节及以后背板呈细革质状表面。第2节背板长约为端宽的0.8倍。第3节背板倒梯形，长约为基部宽的 0.9 倍、约等于端宽；第3节端部及其后各节侧扁。产卵器鞘长约为后足胫节长的0.6倍。产卵器粗短，稍上弯，具亚端背凹。

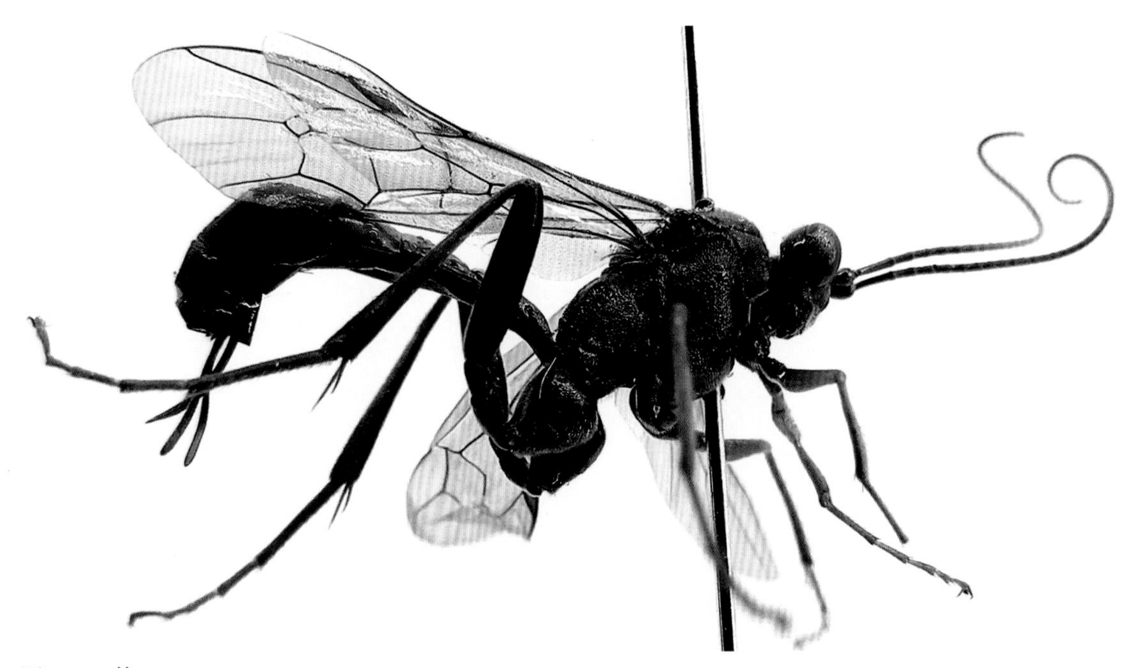

图 21-1 体 Habitus

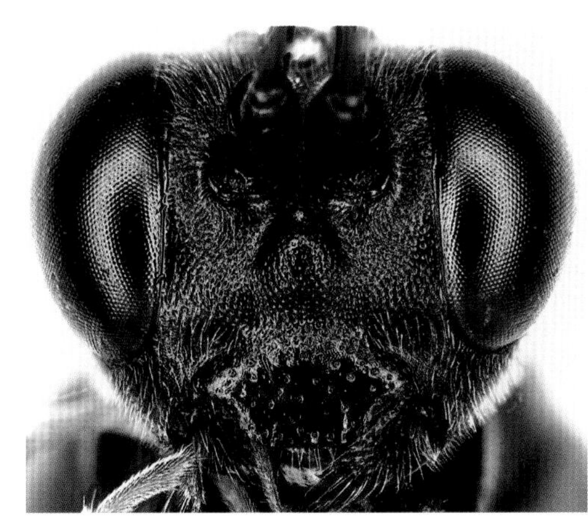
图 21-2 头部正面观 Head, anterior view

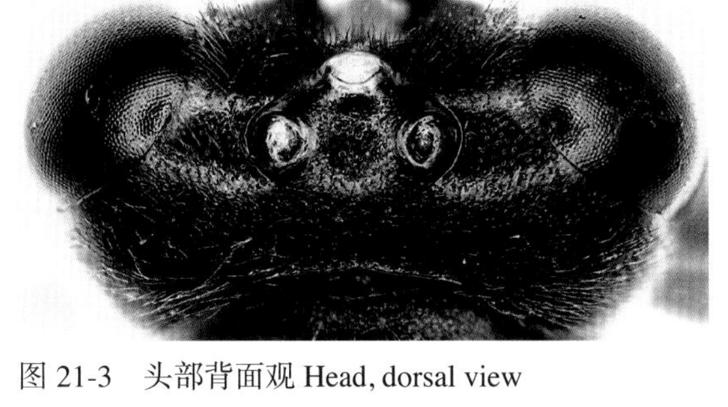
图 21-3 头部背面观 Head, dorsal view

图 21-4 中胸盾片 Mesoscutum

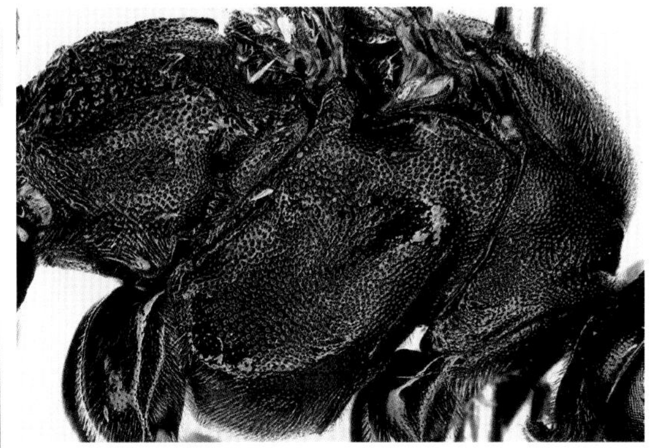
图 21-5 胸部侧面 Mesosoma, lateral view

图 21-6 腹部第 2～3 节背板 Tergites 2-3

体黑色；唇基中部红褐色，有些个体颜面中央具2个红褐色小圆斑。下唇须和下颚须端部，前中足腿节端半部腹侧、胫节和跗节（背侧带黑褐色），后足第2～4跗节黄褐色。腹部第1节端部，第2～3节，第4节背板基部或至第5节背板全部红褐色；翅基片带黄褐色。产卵器鞘端部及产卵器红褐色。

♂ 体长11.0～12.5 mm。前翅长9.0～9.5 mm。触角鞭节50节。足基节和转节黑色，前中足黄褐色（腿节背侧红褐色），后足红褐色（腿节和胫节端部带黑色，有的个体第2～4跗节色稍浅）。

分布 宁夏、甘肃、新疆；蒙古，欧洲。

观察标本 5♀♀16♂♂，宁夏盐池，2009-08-06～10，吴金霞；1♀2♂♂，新疆巩留，1996-07-05，卞锡元。

22 长足黑茧姬蜂 *Exetastes longipes* Uchida, 1928（中国新记录）（图 22：1-8）

Exetastes longipes Uchida, 1928:271.

♀ 体长约14.0 mm。前翅长约11.0 mm。产卵器鞘长约1.5 mm。

颜面具细革质状表面和稠密的刻点，上方中央具1弱纵瘤。唇基宽约为长的2.0倍；基部横隆起，具与颜面相似的刻点。上颚2端齿约等长。颚眼距约为上颚基部宽的0.5倍。上颊具与颜面近似的质地，强烈向后收敛。头顶后部中央具较稠密的刻点；侧单眼间距约为单复眼间距的0.8倍。触角鞭节75节。

中胸盾片具稠密均匀的细刻点；无盾纵沟。小盾片具与中胸盾片相似的刻点。后小盾片光滑。中后胸侧板具稠密均匀的刻点；镜面区小。翅透明；小脉位于基脉稍外侧；小翅室大，四边形，第1肘间横脉稍短于第2肘间横脉；外小脉在下方0.3处曲折；后小脉在上部0.2处曲折。后足胫节短于腿节与转节长度之和。并胸腹节均匀隆起，端横脊不完整；表面粗糙，具不规则的网状皱；端部具短皱；气门长椭圆形。

腹部第1节背板长约为端宽的2.6倍，中央纵向及端部光滑，基部侧面具稠密的皱纹及粗刻点；背中脊基部具痕迹；气门小，卵圆形；第2节及以后背板光滑光亮；第2节背板长约为端宽的1.4倍；第3节背板长约为端宽的1.3倍，约为基部宽的1.1倍。产卵器鞘约为后足胫节长的3.2倍。产卵器短，亚端部具背凹。

体黑色，仅前中足腿节端部及胫节和跗节棕褐色。

♂ 体长12.0～13.0 mm。前翅长10.0～11.0 mm。触角明显长于体长。并胸腹节基部和侧方具稠密的粗刻点，端部具粗皱。体黑色；颜面（上缘中央黑色，具3条黑色纵斑，或纵斑不明显）、唇基、上颚（端齿黑色）、下唇须和下颚须、翅基片、小盾片、前中足（基节

图 22-1 体 Habitus

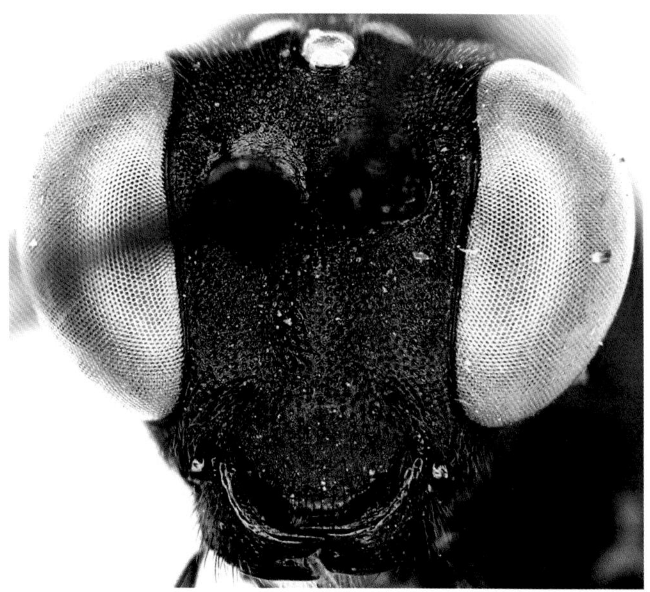

图 22-2 头部正面观 Head, anterior view

图 22-3 中胸盾片 Mesoscutum

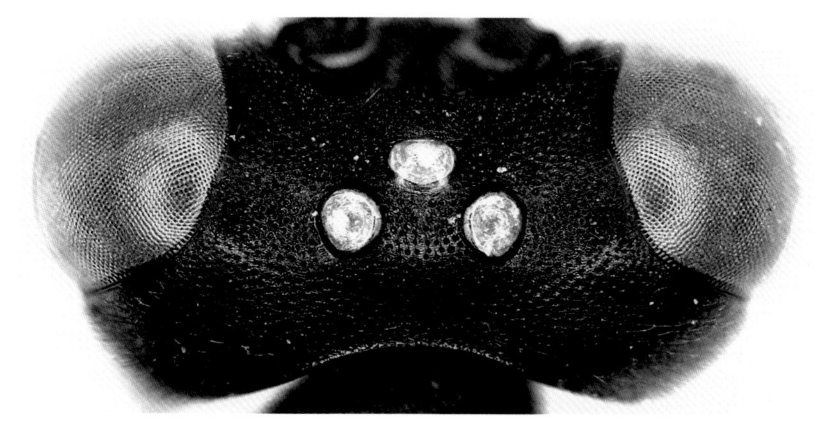

图 22-4 头部背面观 Head, dorsal view

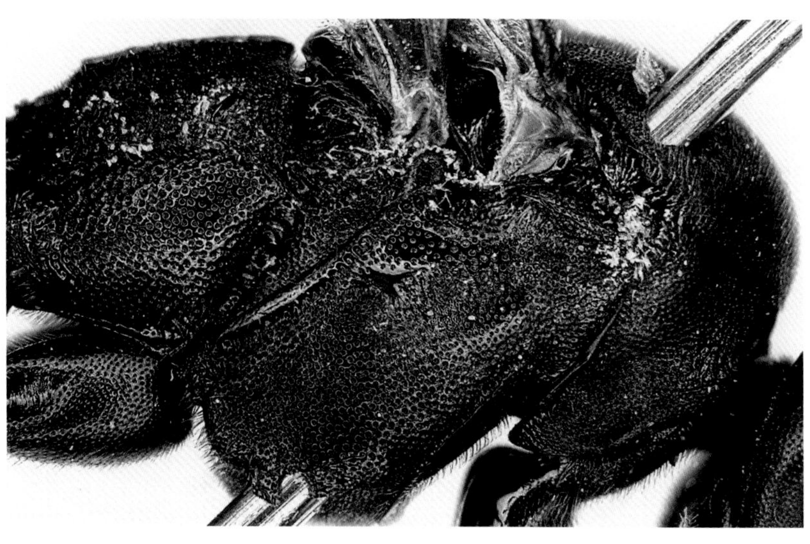

图 22-5 胸部侧面 Mesosoma, lateral view

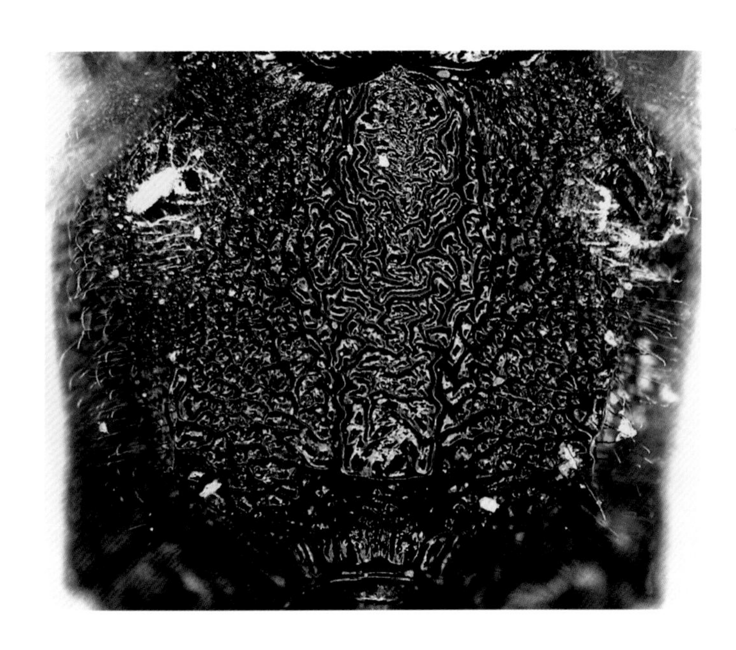

和转节背侧黑色，腿节背侧带红褐色）黄色。

寄主 据记载，主要为夜蛾科和灯蛾科昆虫。

分布 辽宁、宁夏；日本。

观察标本 3♂♂，宁夏六盘山，2005-09-01～08，集虫网；1♀，辽宁桓仁老秃顶子，2011-09-28，集虫网。

图 22-6 并胸腹节 Propodeum

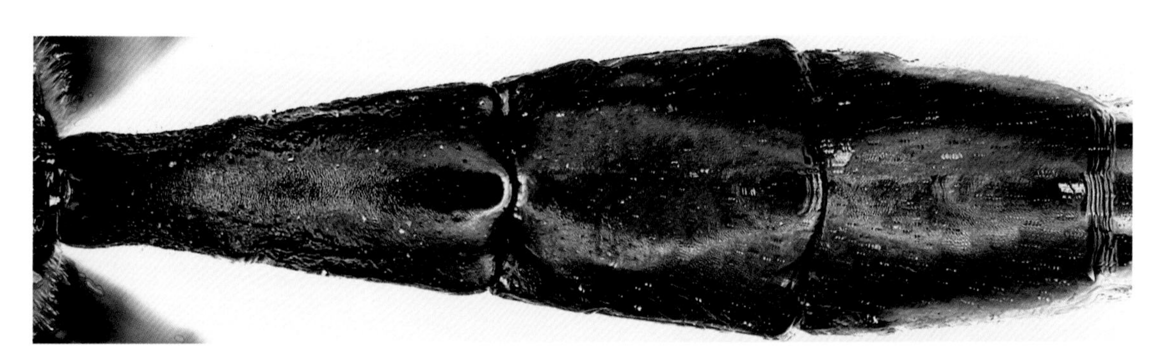

图 22-7 腹部第1～3节背板 Tergites 1-3

图 22-8 腹部端部侧面 Apical portion of metasoma, lateral view

23 显黑茧姬蜂 *Exetastes notatus* Holmgren, 1860（图 23：1－6）

Exetastes notatus Holmgren, 1860:153.

♂ 体长约10.5 mm。前翅长约8.0 mm。

颜面具非常稠密的细刻点；上方中央具1较弱的瘤。唇基端缘中央具弱凹刻。上颚2端齿约等长。上颊向后部显著增宽。头顶和额具稠密的刻点；侧单眼间距约为单复眼间距的0.9倍。触角稍长于体长，鞭节48节。

胸部具稠密的刻点；无盾纵沟。镜面区非常小，但明显。翅带褐色，透明；小脉位于基脉稍外侧；残脉短；小翅室大，四边形，第1肘间横脉明显短于第2肘间横脉，第2回脉约在它的下方中央稍内侧与之相接，外小脉约在下方0.3处曲折；后小脉明显外斜，约在上部0.1处曲折。爪基部具细栉齿。并胸腹节均匀隆起，具稠密的粗刻点；端横脊弱；具浅的中纵

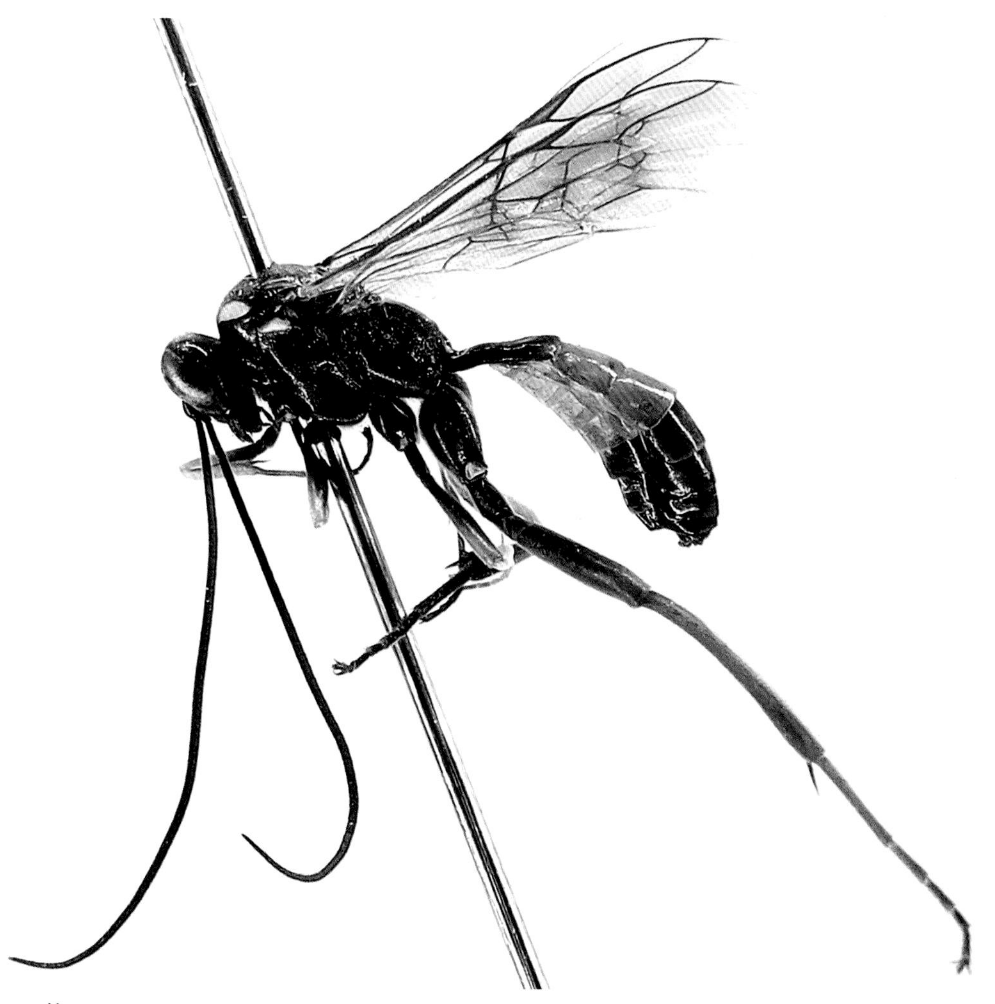

图 23-1　体 Habitus

凹；端部两侧具短纵皱；气门长椭圆形。

腹部侧扁，具不明显的微细刻点和短毛。第1节背板长约为端宽的2.0倍，均匀向基部变狭；第2节背板长约为端宽的0.9倍；第3节背板两侧近平行，长约为宽的0.9倍。

体黑色。中胸盾片前缘两侧的长形斑、翅基下脊、小盾片黄色。前中足基节和转节、腿节背侧基半部黑色，其余红褐色；后足黑色，仅腿节背侧基部红褐色。腹部第1节背板端部，第2、3节背板，第4节背板端缘红褐色。翅痣黄褐色，翅脉暗褐色。

寄主 已记录的寄主有碧银冬夜蛾*Cucullia argentea* (Hüfnagel)、嗜蒿冬夜蛾 *C. artemisiae* (Hüfnagel)、蒿冬夜蛾*C. fraudatrix* Eversmann。

分布 北京、内蒙古、宁夏；蒙古，俄罗斯，欧洲。

观察标本 1♂，内蒙古达茂，1995-09-02，盛茂领。

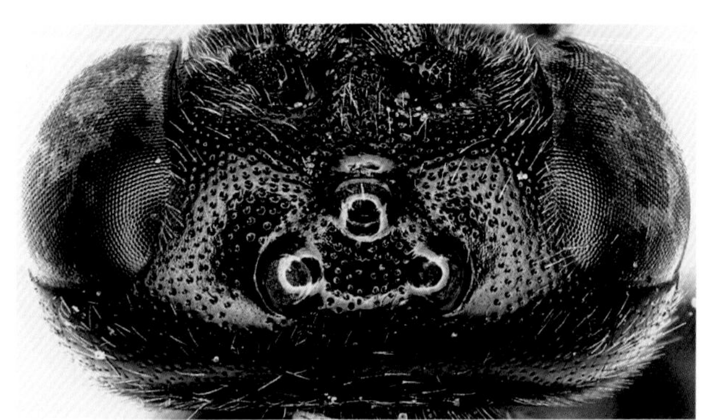

图 23-2 头部背面观 Head, dorsal view

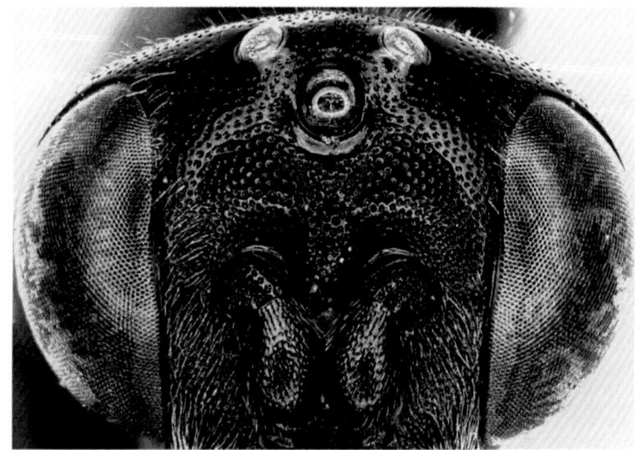

图 23-3 额 Frons

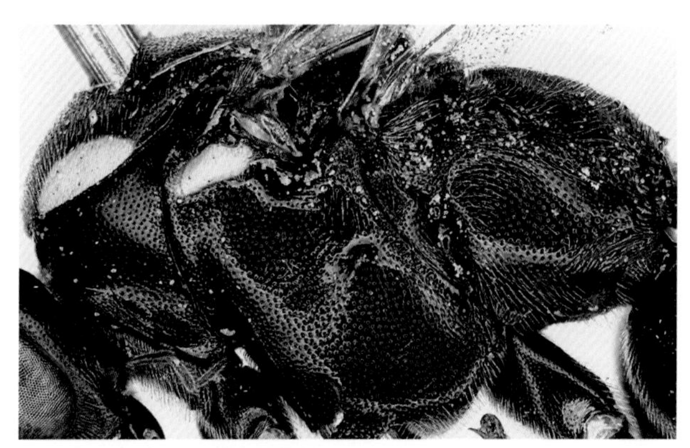

图 23-4 胸部侧面 Mesosoma, lateral view

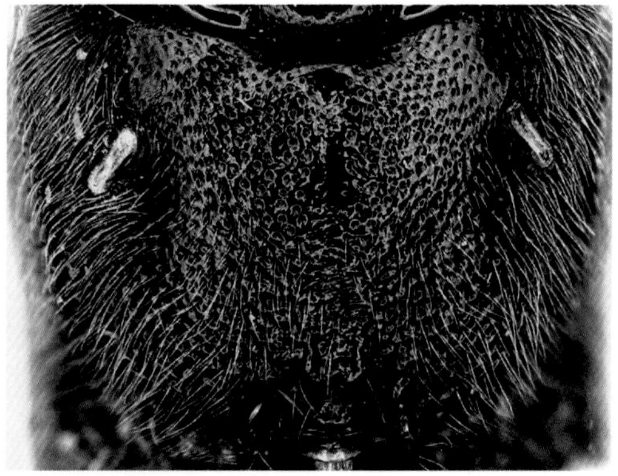

图 23-5 并胸腹节 Propodeum

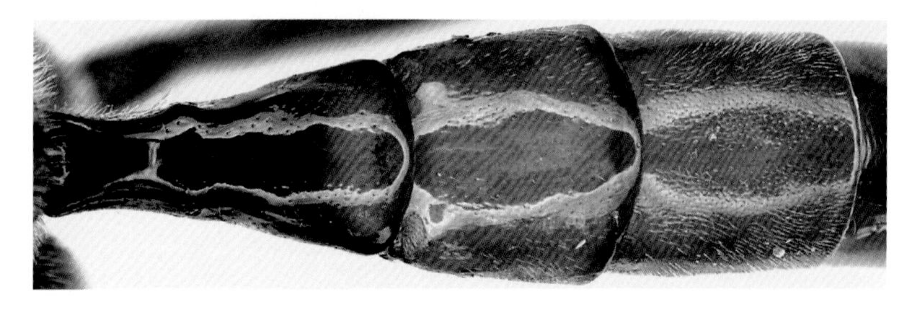

图 23-6 腹部第 1 ～ 3 节背板 Tergites 1-3

24 盐池黑茧姬蜂，新种 *Exetastes yanchiensis* Sheng & Sun, sp.n.（图 24：1−10）

♀ 体长11.0～11.5 mm。前翅长8.0～8.5 mm。产卵器鞘长0.5～1.0 mm。

颜面宽约为长的1.6倍，具细革质状表面和非常稠密的刻点，中央明显隆起；上缘中央具1纵瘤；触角窝外侧具纵凹沟。唇基宽约为长的1.6倍，亚基部横棱状隆起，基部具与颜面近似的细刻点；中部和端半部较平，具细革质状表面和几个稀疏不均的细刻点及弱皱；端缘中央稍凹陷。上颚粗壮，基部具模糊的弱皱和稠密的长形刻点，上端齿稍短于下端齿。颊区具细革质粒状表面和稠密的浅细刻点；颚眼距约为上颚基部宽的0.75倍。上颊具细革质粒状表面和稠密的细刻点，强烈向后收敛，后上部加宽。头顶质地同上颊，后部中央刻点较稠密；单眼区稍抬高，具不明显的细中纵沟；侧单眼间距约为单复眼间距的1.6倍。额较平坦，具非常稠密的细刻点。触角柄节显著膨大，端缘明显斜截；鞭节56节，第1～5鞭节长度之比依次约为5.3：2.4：2.0：2.0：1.8，向后渐短渐细。后头脊完整，下端在上颚基部上方与口后脊相遇。

胸部具非常稠密且较头部稍粗的刻点。无前沟缘脊。中胸盾片均匀隆起，无盾纵沟。小盾片较强隆起。后小盾片光滑。中胸侧板相对较平，刻点较中胸盾片稍粗；胸腹侧脊约达中胸侧板高的0.6处；镜面区不明显；中胸侧板凹坑状。后胸侧板的刻点与中胸侧板相近，下部具斜细皱；后胸侧板下缘脊前部呈耳状突出，具稀疏细横皱。翅暗褐色，透明度较弱；小脉位于基脉外侧，二者之间的距离约为小脉长的0.3倍；残脉短；小翅室大，斜四边形，具结状短柄，第1肘间横脉明显短于第2肘间横脉，第2回脉在它的下方约中央处与之相接；外小脉

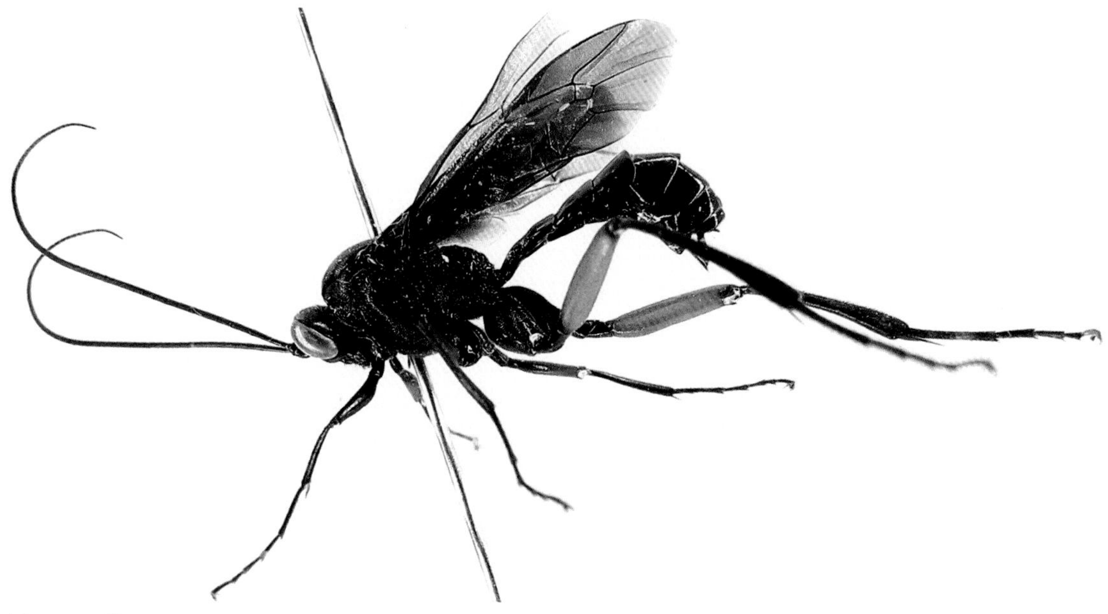

图 24-1　体 Habitus

图 24-2　头部正面观 Head, anterior view

图 24-3　上颊 Gena

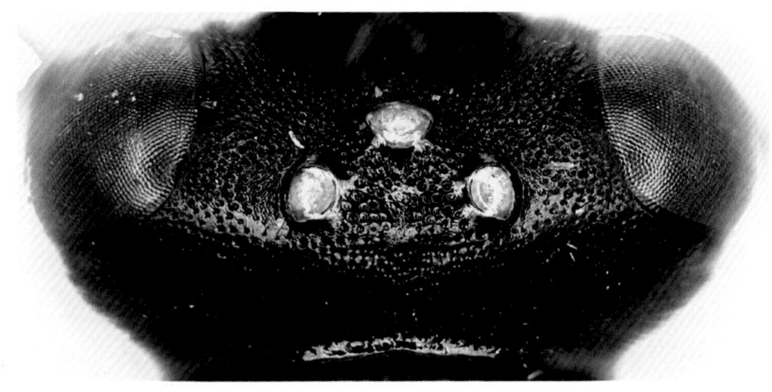

图 24-4　头部背面观 Head, dorsal view

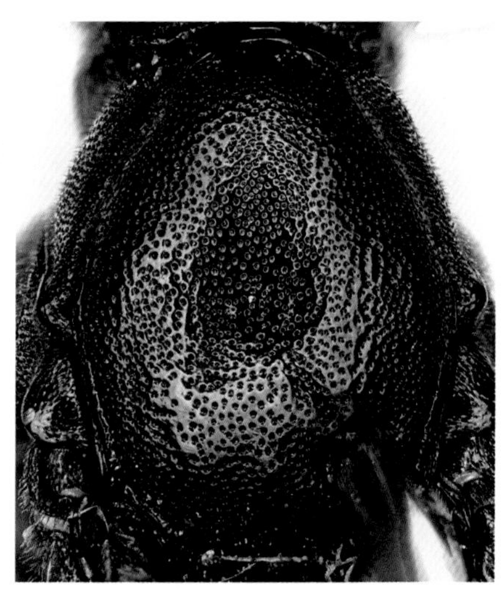

图 24-5　中胸盾片 Mesoscutum

内斜，约在下方0.3处曲折；后小脉强烈外斜，约在上部0.15处曲折。足细长，基节外侧具稠密刻点，胫节和跗节外侧具成排的刺状刚毛；后足胫节稍短于腿节与转节长度之和；后足第1～5跗节长度之比依次约为3.7∶1.7∶1.1∶0.7∶1.1；爪基半部具细栉齿。并胸腹节具稠密模糊不规则的粗皱；中纵脊和侧纵脊细弱，明显；端横脊弱且模糊不清；气门长缝状，约位于基部0.3处。

腹部背板具光滑的细革质状表面，有光泽。第1节背板长约为端宽的1.7倍，均匀向基部变狭，基部中央深凹；背中脊基部可见，基部与气门之间具背侧脊；气门大，圆形，约位于该节背板中央稍前部。第2节背板梯形，长约为端宽的0.8倍。第3节背板两侧近平行，长约为宽的0.7倍；第3节端部及其后部的背板侧扁。产卵器鞘短，约为后足胫节长的0.22倍。产卵器粗壮。

图 24-6　胸部侧面 Mesosoma, lateral view

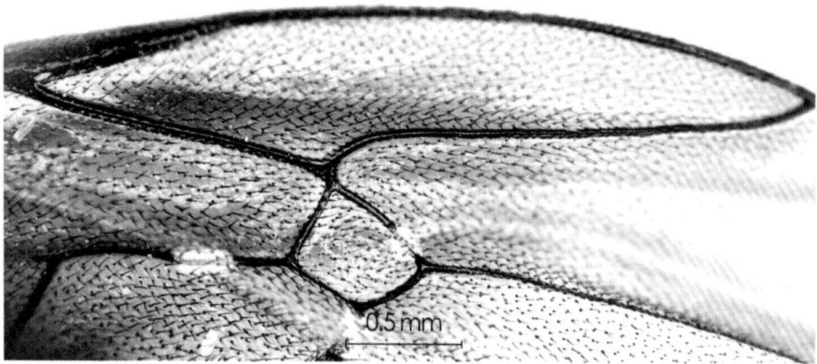

图 24-7　小翅室 Areolet

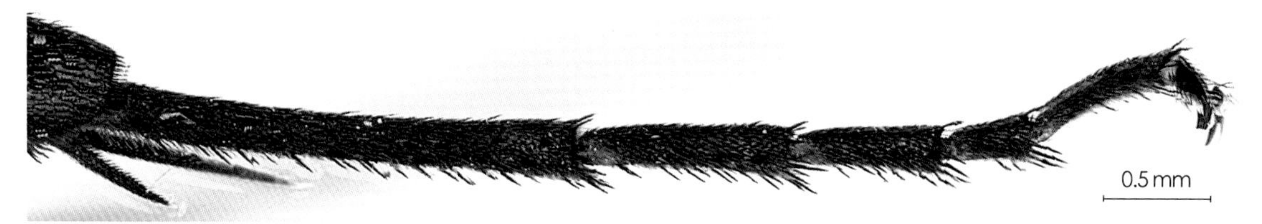

图 24-8　后足跗节 Hind tarsus

图 24-9　并胸腹节 Propodeum

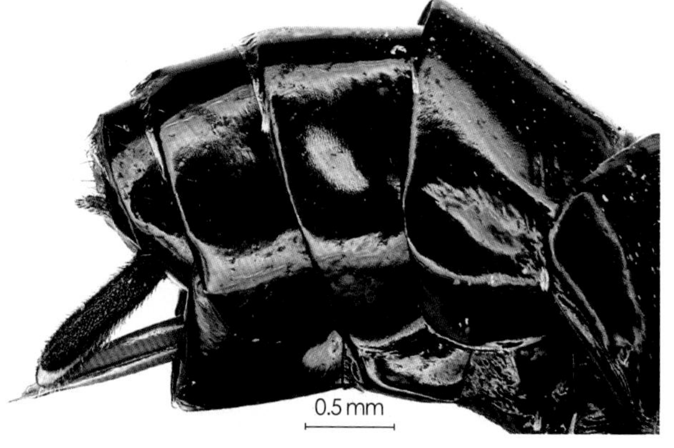

图 24-10　腹部端部侧面 Apical portion of metasoma, lateral view

体黑色，仅后足腿节红褐色。翅暗褐色，翅痣红褐色，翅脉黑色。

♂　体长约14.0 mm。前翅长约9.0 mm。触角鞭节53节。

正模♀，宁夏盐池哈巴湖，2010-07-12，宗世祥。副模，1♀，记录同正模；1♂，宁夏盐池，2009-09-15，宗世祥。

词源　本新种名源于模式标本采集地名。

本新种与股黑茧姬蜂*Exetastes femorator* Desvignes, 1856近似，可通过下列特征区别：并胸腹节粗糙，中纵脊处纵隆起；雌性翅暗褐色，稍透明，小脉明显后叉；产卵器鞘长约为后足胫节长的1/4；腹部背板完全黑色。股黑茧姬蜂：并胸腹节几乎光滑，具清晰的刻点；雌性翅几乎无色，透明，小脉与基脉对叉；产卵器鞘长约为后足胫节长的1/3；腹部第2～3节背板暗红褐色。

（十）曲脊姬蜂属 *Apophua* Morley, 1913

Apophua Morley, 1913:213. Type-species: *Apophua carinata* Morley.

该属的种类寄生鳞翅目昆虫：螟蛾科Pyralidae、尺蛾科Geometridae、枯叶蛾科Lasiocampidae、毒蛾科Lymantriidae、夜蛾科Noctuidae、舟蛾科Notodontidae、袋蛾科Psychidae、卷蛾科Tortricidae、巢蛾科Yponomeutidae等，也寄生鞘翅目的卷象科Attelabidae、天牛科Cerambycidae等的种类（Yu et al., 2012）。

全世界已知38种，我国已知9种。

25　双点曲脊姬蜂 *Apophua bipunctoria* (Thunberg, 1822)（图 25：1－7）

Ichneumon bipunctoria Thunberg, 1822. Mémoires de l'Académie Imperiale des Sciences de Saint Petersbourg, 8:281.

♀　体长约12.0 mm。前翅长约8.0 mm。产卵器鞘长约6.5 mm。

颜面具稠密不清晰的刻点，上方中部稍纵隆起。唇基明显隆起，具稀疏的带毛刻点；中部稍下方横向隆起；端缘较薄，中段直。上颚上端齿稍长于下端齿。上颊强烈向后收敛。头顶后部自复眼背缘连线至后头脊强烈倾斜。额具稠密的横行粗皱刻点。触角鞭节49节。后头脊背方中央间断，下部强烈波状弯曲。

前胸背板下前部弧形外凸；前部光滑光亮，后部具密刻点，侧凹内具稀疏的短横皱；前

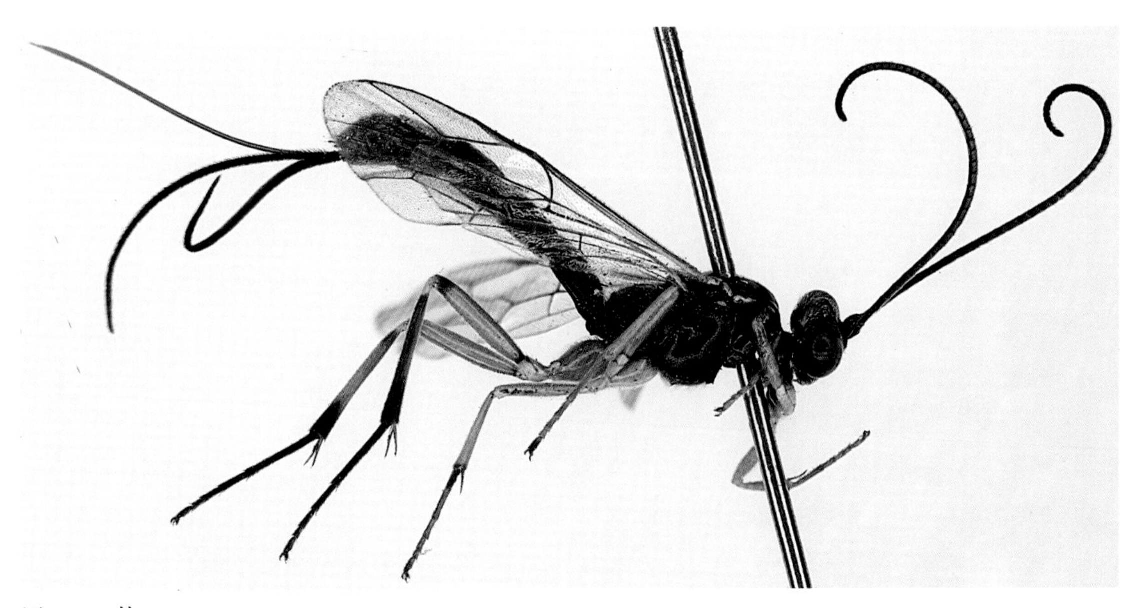

图 25-1　体 Habitus

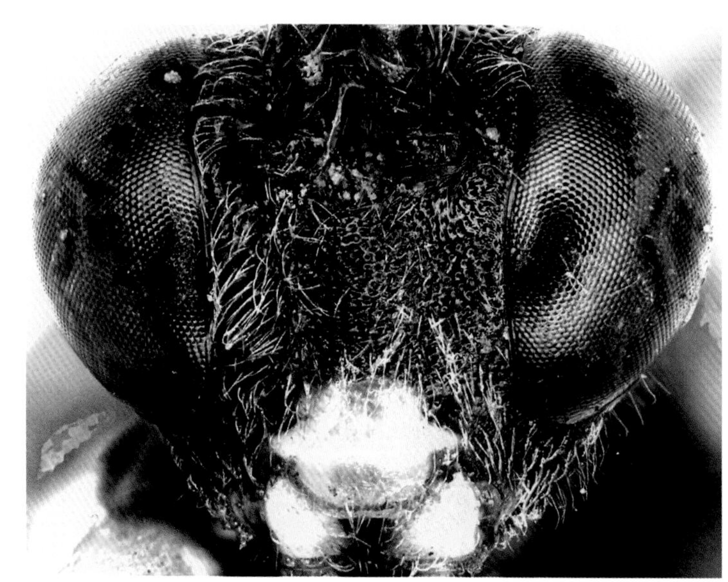

图 25-2 头部正面观 Head, anterior view

图 25-3 头部背面观 Head, dorsal view

沟缘脊强壮，背端伸达前胸背板上缘。中胸侧板具清晰且较中胸盾片稀疏的刻点；胸腹侧脊弯曲，背端伸达中胸侧板高的2/3处；镜面区小，光滑光亮。后胸侧板上部具清晰的粗刻点，下部具稠密的粗皱。翅稍带褐色，透明；小脉位于基脉外侧；无小翅室，第2回脉明显位于肘间横脉外侧；外小脉明显内斜，约在下方0.35处曲折；后小脉约在下方0.25处曲折。爪具栉齿。并胸腹节半圆形隆起，具清晰稠密的粗刻点和黄褐色短毛；端横脊强壮；外侧脊完整；气门圆形。

腹部第1～4节背板具稠密的粗刻点。第1节背板长约为端宽的1.3倍，背中脊伸达端缘，背侧脊、腹侧脊几乎伸达端缘；端半部具1条清晰的中纵脊。第2～4节背板长约等于或稍短于端宽，各具1对深斜沟。第2～3节基部各具1条中纵脊。第5、6节背板基部较光滑、中后部具毛细刻点。第7、8节背板光滑，端部具细毛。产卵器具亚端背凹。

体黑色。触角鞭节背侧黑褐色，腹侧红褐色；柄节、梗节腹侧，唇基，上唇，上颚（端齿红褐色），颊及上颊前缘，下唇须，下颚须，前胸背板下前角、上方的横斑及后上角，翅基片，翅基下脊，小盾片（基部中央黑褐色），后小盾片，前中足基节、转节，均为鲜黄色。前中足黄褐色（腹侧黄色，中足末跗节黑褐色）；后足基节和转节红褐色（后侧带黄

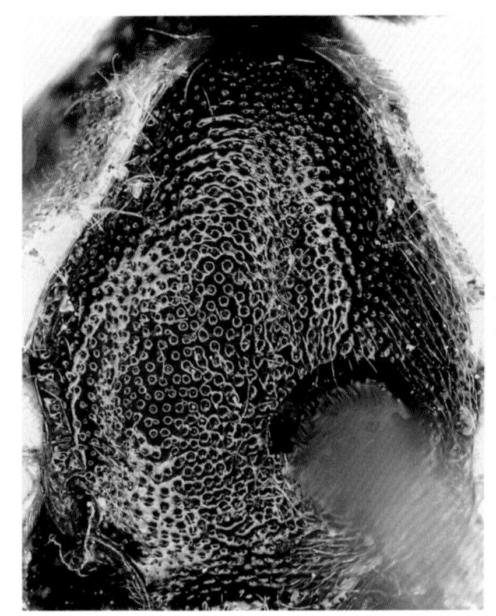

图 25-4　中胸盾片 Mesoscutum

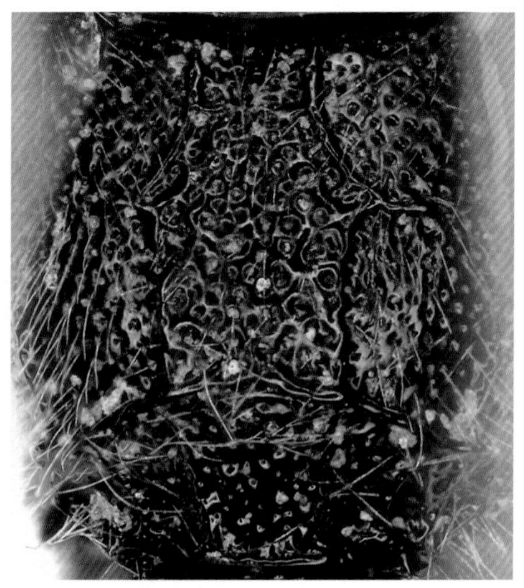

图 25-5　并胸腹节 Propodeum

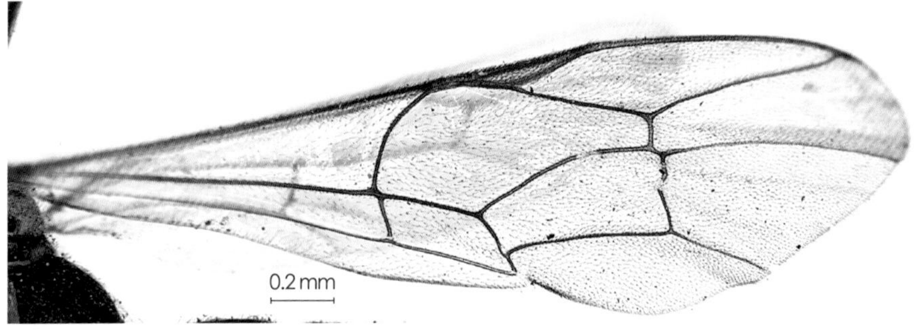

25-6　前翅 Fore wing

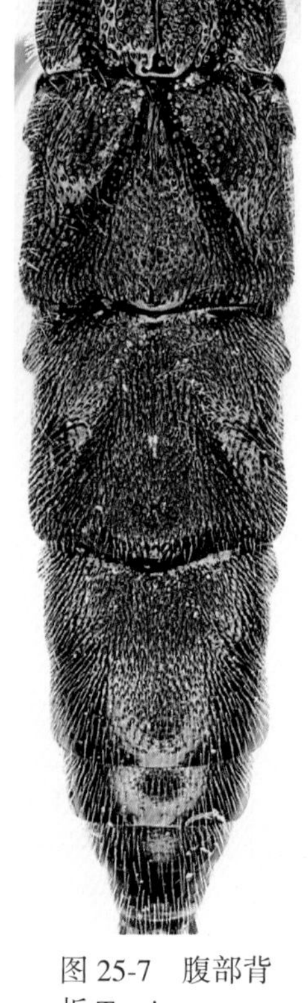

图 25-7　腹部背板 Tergites

色），腿节红色（基部和端部黑褐色），胫节基部黄色、背侧黑色、腹侧红褐色，跗节黑色。翅痣褐色，翅脉褐黑色。

寄主　据记载（Yu et al.，2012），寄主主要有：伞短鞘天牛*Molorchus umbellatarum* (Schreber)、欧洲梢小卷蛾*Rhyacionia buoliana* (Denis & Schiffermüller)、荚蒾光卷蛾*Aphelia viburnana* Fabricius、玫瑰黄卷蛾*Archips rosanus* (L.)、苹花象*Anthonomus pomorum* L.等。

分布　青海、陕西、新疆、辽宁、吉林、黑龙江、河南；蒙古，朝鲜，日本，俄罗斯，乌克兰，保加利亚，法国，德国，匈牙利，拉脱维亚，爱沙尼亚，捷克，斯洛伐克，立陶宛，奥地利，丹麦，摩尔多瓦，芬兰，挪威，西班牙，荷兰，波兰，罗马尼亚，英国，瑞典，瑞士。

观察标本　1♀，辽宁新宾，1997-06，刘俊卿；6♀♀，辽宁新宾，2005-08-01～04，盛茂领；2♀♀，新疆乌鲁木齐，1993-09-19，盛茂领；1♀，青海互助北山，2010-08-03，盛茂领；4♀♀，陕西商洛，2009-07-03，王培新；1♀，河南嵩县白云山，1400 m，2003-07-27，刘功成；1♀1♂，黑龙江林口，2012-08-06，李涛；1♀，吉林长白山，2008-08-28，盛茂领。

（十一）雕背姬蜂属 *Glypta* Gravenhorst, 1829

Glypta Gravenhorst, 1829:3. Type-species: *Glypta sculpturata* Gravenhorst.

本属是非常大的属，全世界已知454种。我国种类也很丰富，但目前仅知10种，很多种待鉴定。该属已知的寄主达280多种。这里介绍1种。

---

26 红腹雕背姬蜂 *Glypta rufata* Bridgman, 1887（图 26：1–9）

Glypta rufata Bridgman, 1887:378.

Glypta rufata Bridgman, 1887. Sheng & Sun, 2010:89.

♀ 体长8.5～9.8mm。前翅长6.0～7.5mm。产卵器鞘长4.5～5.0mm。

颜面具稠密的刻点，上部中央具纵突起。唇基基部具较颜面稀疏的刻点。上颚上端齿稍长于下端齿。颚眼距约等长于上颚基部宽。头顶具均匀的刻点，侧单眼间距约为单复眼间距的1.9倍。触角短于体长；鞭节37节。后头脊下端伸达上颚基部，背方中央间断。

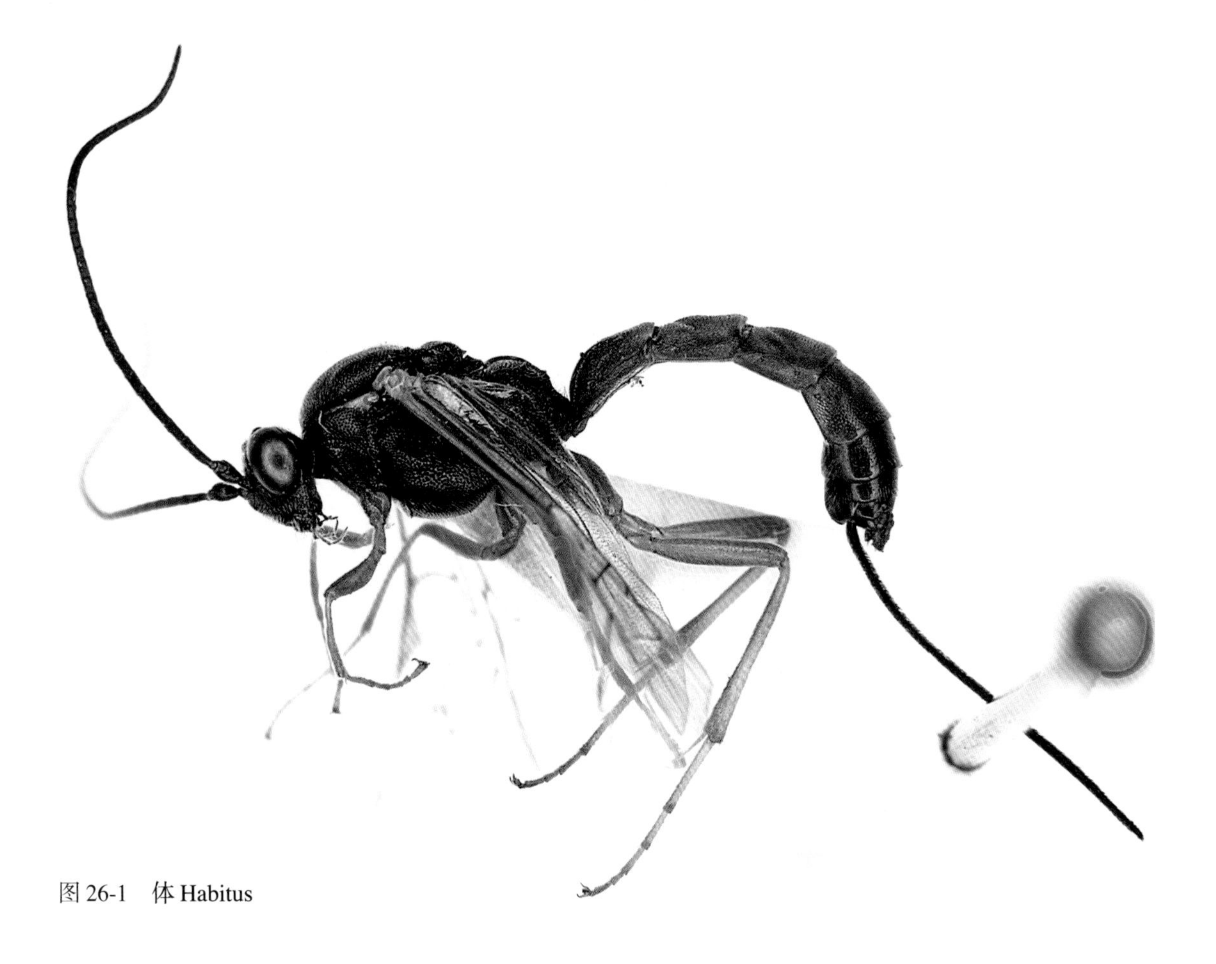

图 26-1 体 Habitus

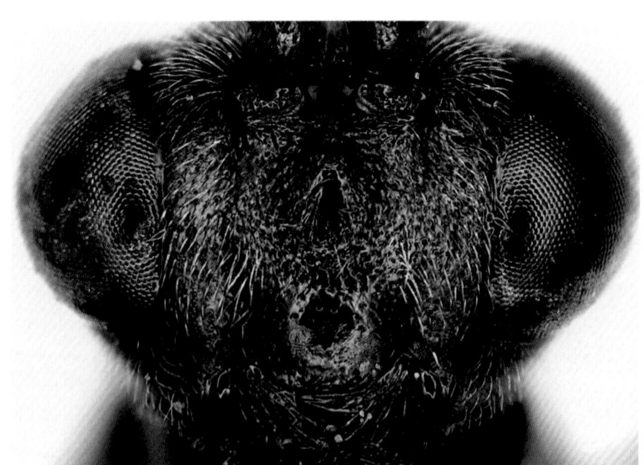

图 26-2　头部正面观 Head, anterior view

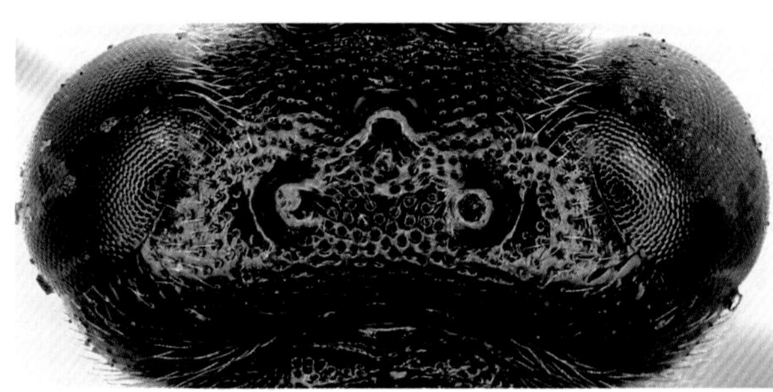

图 26-3　头部背面观 Head, dorsal view

图 26-4　中胸盾片和小盾片
Mesoscutum and scutellum

胸部具均匀稠密的刻点。前胸背板侧凹内具弱横皱。中胸盾片盾纵沟弱。中胸侧板中下部稍隆起；胸腹侧脊约达中胸侧板高的2/3处；镜面区小。并胸腹节约呈半圆形隆起，具强壮的分脊；中纵脊基段近平行；气门圆形。翅稍带褐色，透明；小脉位于基脉的外侧；二者之间的距离约为小脉长的1/4；无小翅室；第2回脉在肘间横脉的外侧相接，二者之间的距离约等于肘间横脉长；后小脉约在下方1/3处曲折。爪具稀栉齿。

腹部第1节背板背面较拱起，约等长于端宽；背中脊强壮，伸达该节中部之后。第2～4节背板各具1对由基部中央伸向侧后方的深斜沟。产卵器鞘长约为后足胫节长的2.0倍。

头胸部黑色；唇基端部和上颚上缘带暗红褐色；触角鞭节端部腹侧暗褐色；前胸背板后上缘和翅基片黄色；下唇须、下颚须、足、腹部（第8节及产卵器鞘黑色除外）红褐色。

寄主　沙蒿同斑螟*Homoeosoma* sp.（螟蛾科Pyralidae），幼虫内寄生蜂。

寄主植物　沙蒿*Artemisia desertorum* Spreng。

分布　中国（内蒙古），哈萨克斯坦，俄罗斯，匈牙利，德国，英国，保加利亚，芬兰，摩尔多瓦，捷克，斯洛伐克，罗马尼亚。

观察标本　1♀，内蒙古巴彦浩特，2007-08-30，杨忠岐；2♀♀，内蒙古巴彦浩特，2007-09-05～20，赵建兴。

图 26-5　胸部侧面 Mesosoma, lateral view

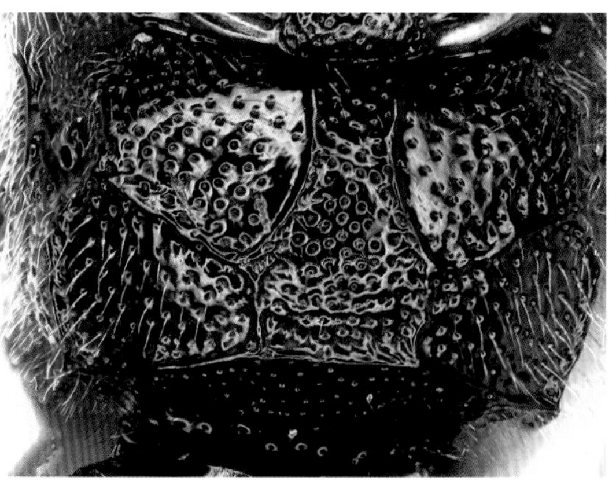

图 26-6　并胸腹节 Propodeum

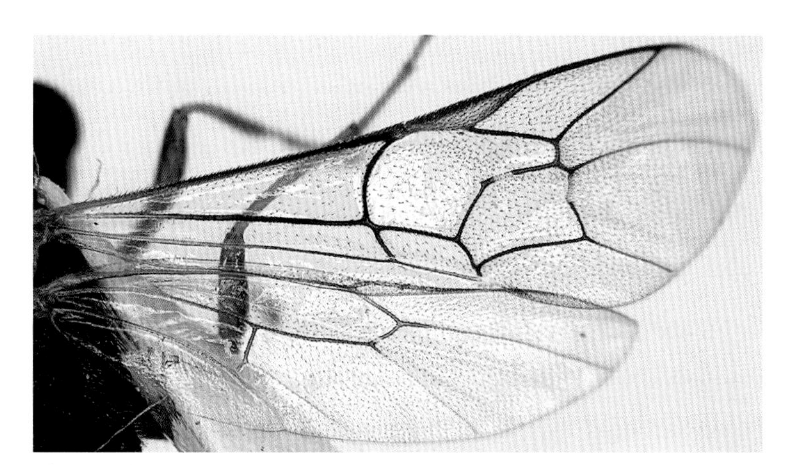

图 26-7　翅 Wings

图 26-9　腹部端部侧面 Apical portion of metasoma, lateral view

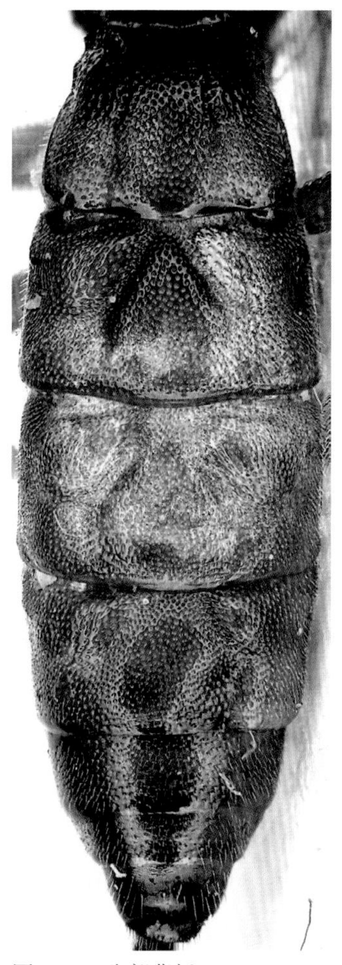

图 26-8　腹部背板 Tergites

四、缝姬蜂亚科 Campopleginae

本亚科含66属，2128种；我国已知25属，142种。寄主为鳞翅目、膜翅目叶蜂类、鞘翅目钻蛀害虫等。分属检索表可参考何俊华等（1996）、Townes（1970）、Khalaim & Kasparyan (2007)、Gupat (1974, 1977, 1980)等的著作。

（十二）高缝姬蜂属 *Campoplex* Gravenhorst, 1829

Campoplex Gravenhorst, 1829:453. Type-specis: *Ichneumon difformis* Gmelin, 1790.

全世界已知217种，我国已知13种。寄主种类主要隶属于：鞘蛾科Coleophoridae、麦蛾科Gelechiidae、螟蛾科Pyralidae、卷蛾科Tortricidae、巢蛾科Yponomeutidae等(Aubert, 1983; Horstmann 1985, 2008b; Kusigemati, 1987; Shaw & Aeschlimann, 1994; Yu et al., 2016),

---

27　斑螟高缝姬蜂 *Campoplex bazariae* Sheng, 2014（图 27：1－4）

Campoplex bazariae Sheng, 2014: 45.

♀　体长约7.5～8.0 mm。前翅长约5.5～5.8 mm。产卵器鞘长约2.7～2.9 mm。

复眼内缘无明显的凹痕，向下方稍收敛。颜面稍隆起，具细革质状质地和稠密的粗刻点，最狭处的宽约为颜面和唇基合长的0.9倍；亚侧缘稍纵凹。唇基光亮，具非常稀的刻点，端缘稍呈弱弧形前突，稍隆起呈弱边缘。上颚宽短，中部具粗刻点；上端齿与下端齿等长。颊稍凹，稍粗糙呈不清晰的粒状表面，颚眼距约为上颚基部宽的0.30～0.34倍。上颊几乎光滑，具稀且细弱的刻点，后部明显收敛；背面观，长约为复眼横径的0.6倍。头顶具细粒状表面和非常细且不清晰的细浅刻点；单眼区稍抬高，具清晰的刻点；侧单眼间距约为单复眼间距的1.6～1.7倍；单复眼间距约为侧单眼直径的1.0～1.2倍。额几乎平，粗糙，具稠密不清晰的浅刻点。触角鞭节37节。后头脊完整，背面弱弧形拱起，下端伸抵上颚基部。

前胸背板侧凹内具稠密的斜皱；后上部具稠密不规则的粗刻点，刻点间距为刻点直径的0.2～0.5倍；上缘处具稠密的细刻点；具清晰的前沟缘脊。中胸盾片均匀隆起，具清晰的刻点（中央稍稀），刻点间距为刻点直径的0.2～2.5倍；盾纵沟仅具浅弱痕。小盾片丘形隆起，具稠密清晰的细刻点，刻点间距为刻点直径的0.2～0.5倍。后小盾片梯形隆起，具稠密清晰的细刻点，前面具明显的横沟。中胸侧板具清晰的刻点，刻点间距为刻点直径的0.2～2.5倍；在镜面区的前下侧具稠密的斜皱；镜面区几乎横方形，光滑光亮；胸腹侧脊背端约伸达前胸侧板后缘高的中部（约0.5处）；中胸侧板凹呈一浅短的横沟状。中胸腹板具与中胸侧

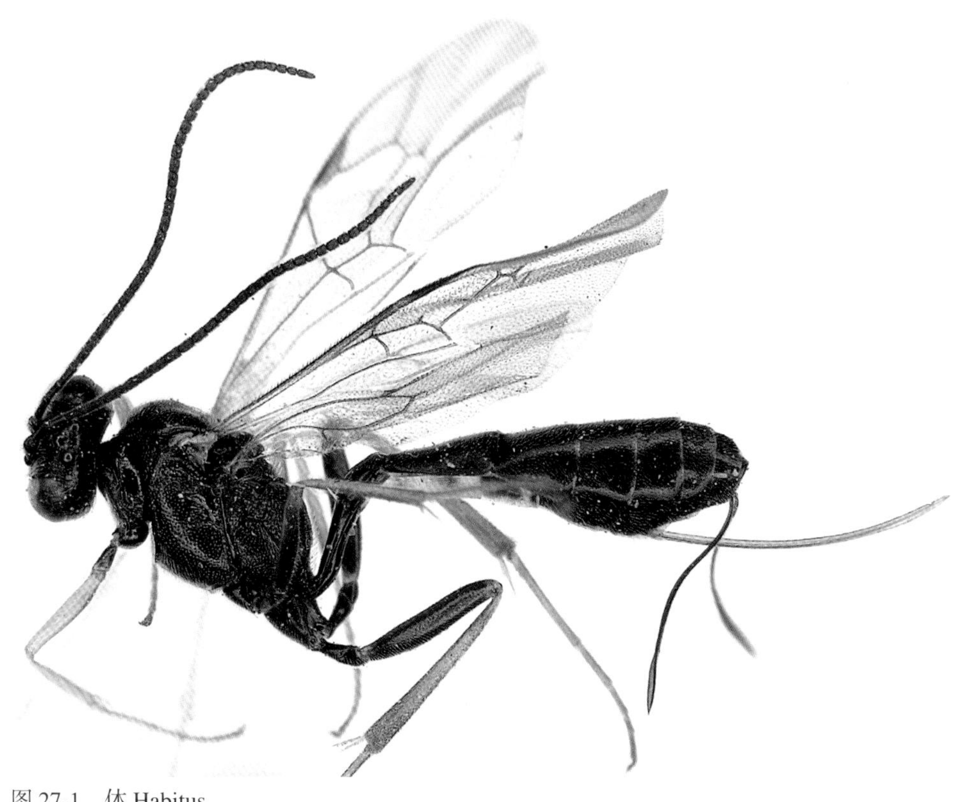

图 27-1 体 Habitus

板相似的刻点，后横脊完整，强壮。后胸侧板稍隆起，具与中胸侧板相似的刻点，但相对更稠密；后胸侧板下缘脊完整、强壮。翅稍带褐色，透明；小脉明显位于基脉外侧；小翅室斜四边形；具长柄，柄长为第1肘间横脉长的0.7～0.9倍；第2回脉在它的下方外侧约0.3处与之相接；第2回脉稍内斜；外小脉明显内斜，约在中央曲折；后小脉上段几乎垂直，下段外斜，上段约为下段长的3.0倍。后足腿节、胫节、跗节长度比为：7.5∶10.0∶12.5。爪瘦长；前足爪基部具稀且细弱的栉齿；后足爪基部具稠密但细弱的栉齿。并胸腹节第1外侧区和第2外侧区合并；中区与端区合并（但分界明显可见）；基区小，倒梯形，长大于最大宽，光滑光亮；中区光滑光亮，仅后部具不清晰的横皱，分脊在它的中央或中央稍后方相接；端区几乎呈斜平面（不纵凹），具稠密清晰的横皱；第1侧区光滑，具清晰的细刻点；第2侧区倒三角形，稍粗糙，具不清晰且不规则的皱；第3侧区具斜横皱；外侧区具稠密且不清晰的细刻点；气门小，长椭圆形，与外侧脊之间由横脊相连；距外侧脊的距离小于自身长径，距侧脊的距离大于自身长径。并胸腹节端部约伸达后足基节基部1/4处。

腹部第1节长约为端宽的2.9倍；基部亚圆筒形，侧缝位于中部；自基部至端部明显且均匀隆起，光滑光亮；气门约位于后部0.4处。其后背板具细革质状表面。第2节背板长约为端宽的1.25～1.43倍。第3节之后的背板侧扁。第6、7节背板端缘中央具三角形深凹。产卵器鞘稍向上弯曲，长约为后足胫节长的1.25倍；约为腹部后部7节长之和的0.65～0.75倍。

图 27-2　头部正面观 Head, anterior view

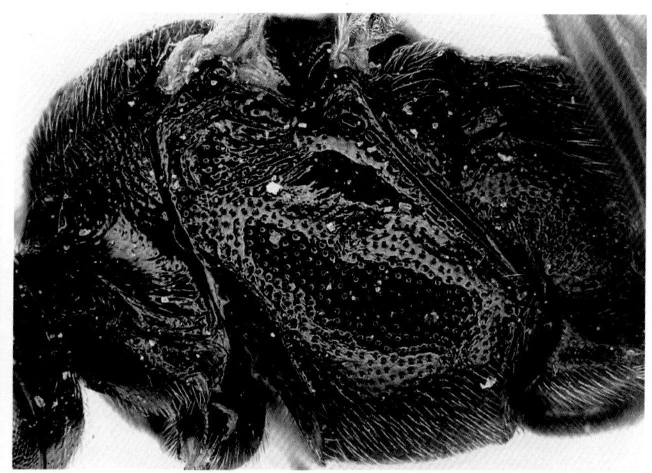

图 27-3　胸部侧面 Mesosoma, lateral view

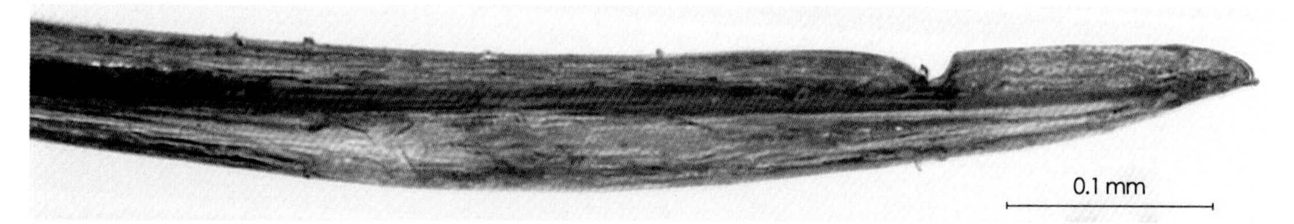

图 27-4　产卵器端部 Apical portion of ovipositor

体黑色。下颚须和下唇须黑褐色；上颚中部暗褐色或上缘中部具黄褐色斑；翅基片鲜黄色；所有的基节和转节（前足第1转节端缘带褐色除外）黑色；前足腿节，中后足腿节背面和腹面端部红褐色；中后足腿节腹面基半部或更多和后足腿节端部黑色；前中足胫节（外侧稍带黄色）和跗节褐色至暗褐色；后足胫节腹面红褐色，背面和跗节暗褐色；腹部第2节腹板，第3节侧面和第4～6节端缘黄灰白色；翅痣中央暗褐色周围黑褐色；翅脉褐黑色。

♂　体长约8.2 mm。前翅长约6.0 mm。额中部具稠密的横皱。抱握器端部尖角状。上颚中部红褐色。翅基片黄色，中央不均匀的黑褐色；中后足跗节暗褐色。

茧　长约7.5mm。直径约2.5mm。圆筒形，两头圆，灰白色。

寄主　灰钝额斑螟*Bazaria turensis* Ragonot, 1887 (鳞翅目Lepidoptera螟蛾科Pyralidae)。内寄生、单寄生。

寄主植物　唐古特白刺*Nitraria tangutorum* Bobrov (蒺藜科Zygophyllaceae)。

分布　青海。

观察标本　1♀，青海都兰巴隆，2850 m，2014-04-28，盛茂领；1♀（正模）2♀♀（副模），青海都兰巴隆，2850 m，36° 09.65'N, 97° 27.42'E，2014-07-20，张艳玲；1♀1♂（副模），青海都兰巴隆，2850 m，36° 09.65'N, 97° 27.42'E，2013-08-28，盛茂领；1♂（副模），青海都兰巴隆，2850 m，36° 09.65'N, 97° 27.42'E，2014-09-15，张艳玲；1♀，青海都兰巴隆，2015-06-12，盛茂领。

28 柠条高缝姬蜂，新种 *Campoplex caraganae* Sheng & Sun, sp.n.（图 28：1–10）

♀ 体长约34.0 mm。前翅长约3.5 mm。产卵器鞘长约1.2mm。

头部宽稍大于胸宽。复眼内缘向下方稍收敛。颜面具稠密均匀的细粒状表面，下方宽约为长的1.6倍；中央纵向稍隆起。唇基中部稍隆起，具与颜面相似的质地，亚端缘较平、具稍粗的刻点，端缘中央微弱地弧形（几乎平）。上颚较短，基部相对光滑；上端齿稍长于下端齿。颊具与颜面相似的细粒状质地，颚眼距约为上颚基部宽的0.5倍。上颊表面细革质状，具稠密不清晰的细刻点，中部稍隆起；侧观其长约为复眼横径的0.67倍。头顶具细革质状表面；单眼区稍隆起；侧单眼间距约为单复眼间距的2.0倍。额在触角窝上方稍凹，表面细革质状，侧方具不明显的细皱。触角明显短于体长；鞭节22节，各节长均大于自身直径；第1～5节长度之比依次约为1.0：0.9：0.8：0.7：0.7。后头脊完整。

前胸背板前缘相对光滑，侧凹宽、具较均匀的斜细皱；后上部具不明显的细刻点和弱细皱。中胸盾片均匀隆起，具稠密均匀的微细刻点，无盾纵沟。小盾片狭长、舌状，表面较隆起，具细革质状表面和不明显的细刻点。后小盾片稍隆起。中胸侧板具细革质状表面

图 28-1 体 Habitus

图 28-2　头部正面观 Head, anterior view

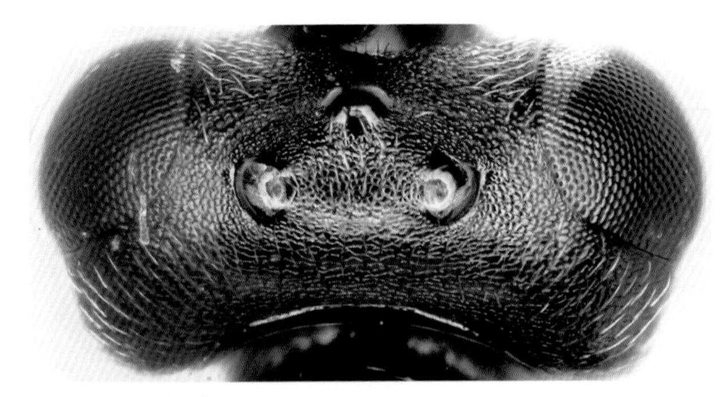

图 28-3　头部背面观 Head, dorsal view

图 28-4　触角 Antenna

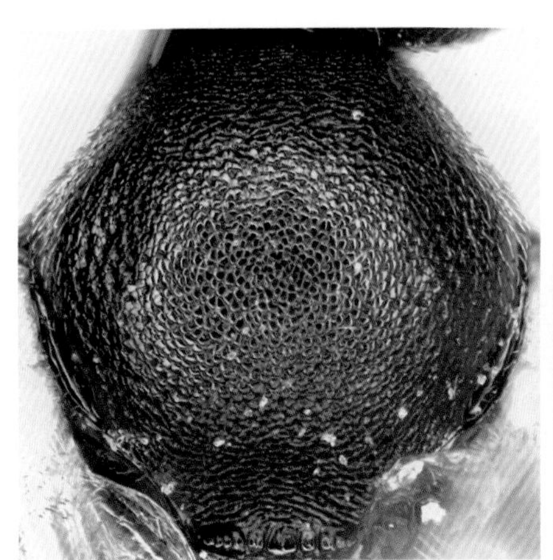

图 28-5　中胸盾片 Mesoscutum

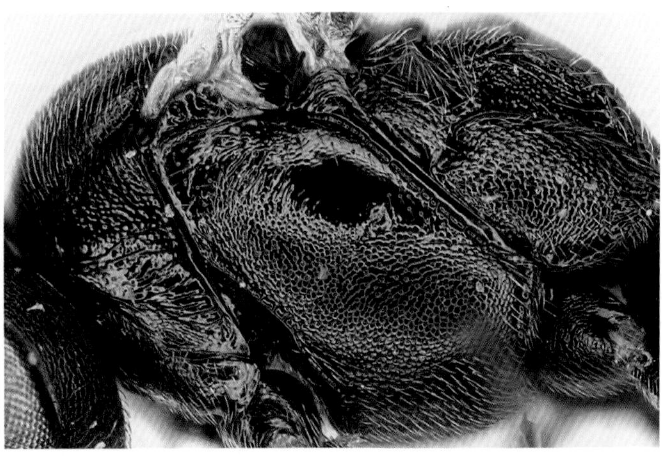

图 28-6　胸部侧面 Mesosoma, lateral view

和不明显的细刻点；胸腹侧脊细而明显，背端伸达前胸侧板后缘中央处；翅基下脊下方中部具稠密的斜细皱，后上角明显斜向凹陷，并具一光滑的稍凸起的镜面区。后胸侧板具稠密均匀的斜细皱。翅稍带褐色，透明；小脉与基脉相对；小翅室四边形，具长柄；第2肘间横脉稍长于第1肘间横脉；第2回脉位于它的下方中央稍外侧；外小脉约在中央曲折；后中脉后部强烈弓曲，后小脉不曲折。足细长，基节短锥形；后足第1～5跗节长度之比依次约为2.5∶1.1∶1.0∶0.6∶0.7；爪基部具稀且细的栉齿。并胸腹节前部明显隆起；基横脊外段缺，分脊明显，中段前突；基区狭小，向后显著收敛；基区和中区合并成葫芦状，上部具不清晰的细刻点，中后部具稠密的细横皱；无端横脊；侧纵脊和外侧脊清晰；侧区具细革质状表面和不明显的细皱刻点；外侧区具稠密不规则的弱细皱；气门细小，圆形，约位于基部0.35处。

腹部第1节呈光滑的细革质状表面，基半部细柄状，端半部明显膨大，长约为端宽的2.0倍，背面中央具弱浅的中纵凹；背侧脊基部可见；气门小，圆形，约位于端部0.35处。第2节及以后背板具细革质状表面和稀疏的白色短毛；第2节背板梯形，长约为端宽的0.88倍。第3节背板两侧近平行，长约为宽的0.7倍；以后背板向后渐收敛。产卵器鞘约与后足胫节等长；产卵器稍上弯，背瓣具亚端背凹。

体黑色，下列部分除外：触角柄节、梗节腹侧，上颚（端齿暗红褐色），下唇须，下颚须，前中足（基节、转节大部分、第5跗节或多或少黑色）均为黄至黄褐色；后足腿节端部

图 28-7 后足爪 Hind claw

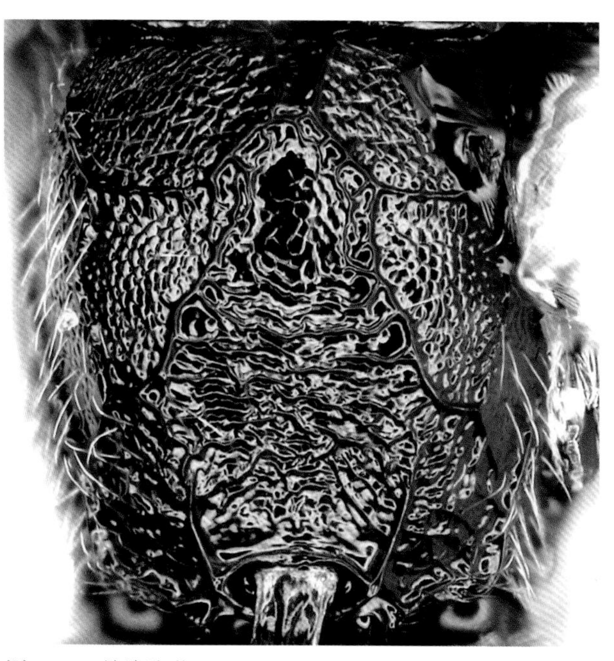

图 28-8 并胸腹节 Propodeum

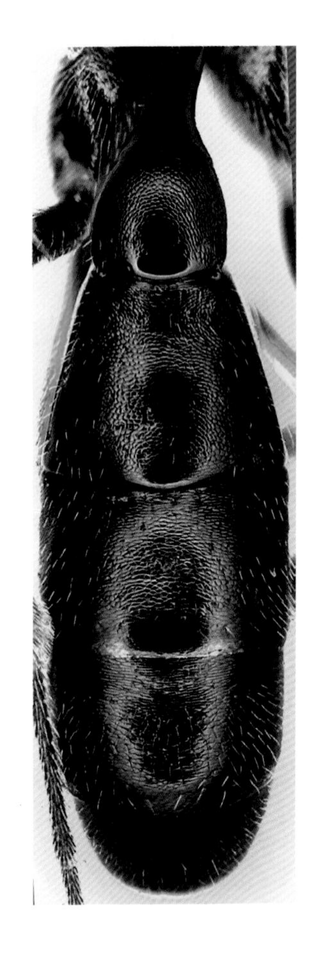

带黑褐色；后足胫节基部和中部黄褐色，亚基部和端部及跗节褐黑色；翅基片黄色；翅脉，翅痣黄褐色。

寄主 柠条蓑蛾幼虫（蓑蛾科Psychidae）。

寄主植物 柠条*Caragana intermedia* Kuang & H.C. Fu。

正模♀，内蒙鄂托克旗，2014-11-05，盛茂领。

词源 本新种名源于寄主植物名。

本新种与斑螟高缝姬蜂*C. bazariae* Sheng, 2014相似, 可通过下列特征区别：本新种腹部第1节长约为端宽的2.0倍；第2节背板长约为端宽的0.88倍；第6、7节背板端缘无明显的凹；产卵器鞘约与后足胫节等长；后足跗节褐黑色。斑螟高缝姬蜂：腹部第1节长约为端宽的2.9倍；第2节背板长约为端宽的1.25～1.43倍；第6、7节背板端缘中央具三角形深凹；产卵器鞘稍向上弯曲，长约为后足胫节长的1.25倍；后足跗节暗褐色。

图 28-9 腹部背板 Tergites

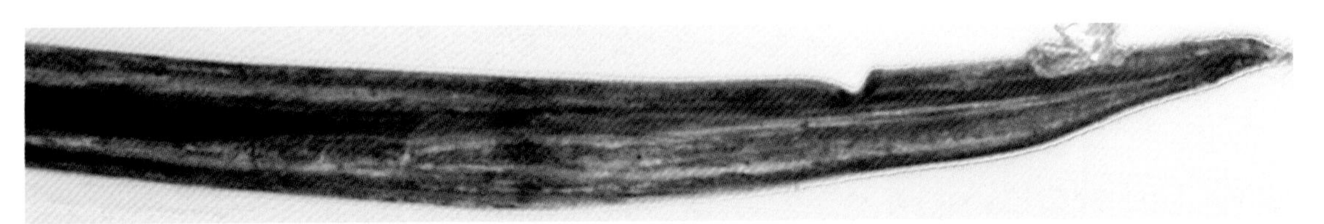

图 28-10 产卵器端部 Apical portion of ovipositor

（十三）棱柄姬蜂属 *Sinophorus* Förster, 1869

Sinophorus Förster, 1869: 153. Type-species: (*Limneria canarsiae* Ashmead, 1898) = *validus* Cresson, 1864.

主要鉴别特征 具小翅室；并胸腹节中区和端区合并，形成宽中纵凹；并胸腹节末端未伸达后足基节中部；腹部第1节基半部或多或少呈棱状，腹侧脊位于中部稍下方；产卵器鞘长为腹端高的1.4～3.0倍。

已知118种，我国已知14种。已知寄主160多种。

29 斑螟棱柄姬蜂 *Sinophorus bazariae* Sheng, 2015（图 29：1－8）

Sinophorus bazariae Sheng, 2015:270.

♀ 体长约5.5 mm。前翅长约4.0 mm。产卵器鞘长约1.0 mm。

头部宽约等于胸宽，复眼内缘在靠近触角窝处具不明显的凹痕。颜面具皮革状质地，向下方稍收敛，下方宽稍短于颜面和唇基的合长（约0.92倍）；中部纵向稍隆起，中部具清晰的细刻点；触角窝下方稍纵凹；侧缘相对光滑、具细粒状表面。唇基中部稍隆起，具与颜面相似的质地和非常稀且弱的细刻点，端缘光滑光亮、中段弧形前突。上颚向端部稍收敛；基部较光滑，具稀疏不明显的细刻点；上端齿和下端齿等长。颊稍凹，具细粒状表面，颚眼距

图 29-1 体 Habitus

图 29-2 头部正面观 Head, anterior view

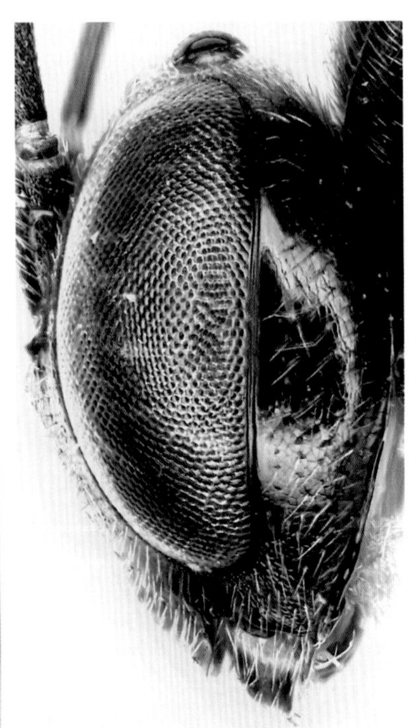
图 29-3 上颊 Gena

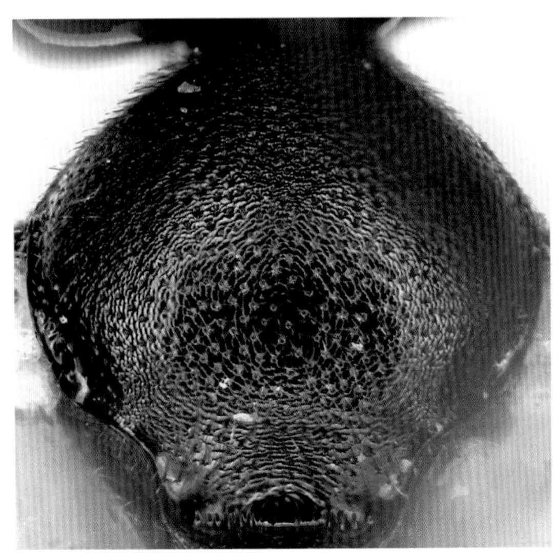
图 29-4 中胸盾片 Mesoscutum

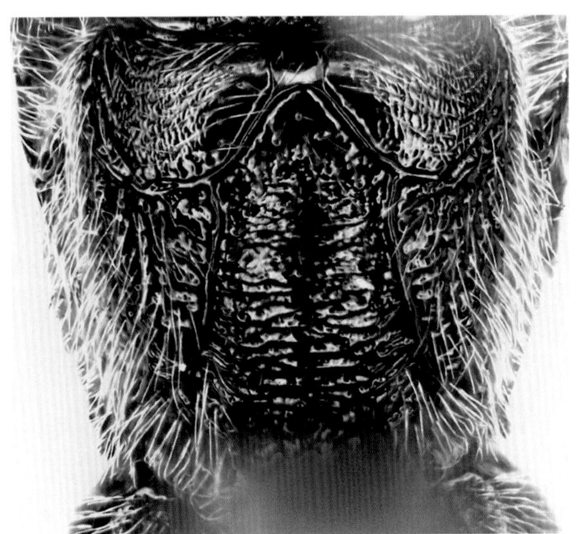
图 29-5 并胸腹节 Propodeum

图 29-6 胸部侧面
Mesosoma, lateral view

约为上颚基部宽的0.4倍。上颊光滑，具稀且细弱的刻点，向后上方明显收敛；侧面观，长约为复眼最大横径的0.8倍。头顶具细革质粒状表面，亚后缘稍横凹；单眼区稍抬高，侧单眼间距约为单复眼间距的1.7倍；单复眼间距约等于侧单眼直径。额稍粗糙，下方中部（触角窝上方）凹。触角柄节端面几乎平截；鞭节29节。后头脊完整，下端几乎伸抵上颚基部。

前胸背板下方光滑光亮；侧凹内及后部中央具较稠密的斜细横皱；后上部具稠密的细刻点；前沟缘脊非常弱。中胸盾片均匀隆起，前部具不均匀且弱的细刻点，后部具清晰均匀的刻点；无盾纵沟。盾前沟前侧斜平，后侧较陡直。小盾片较强隆起，具稠密的细刻点。后小盾片横隆起，前侧面具明显的凹陷。中胸侧板上部自中胸侧板凹至翅基下脊具稠密的斜纵皱，中下部具细皮革状质地和清晰的细刻点；镜面区横形，光滑光亮；胸腹侧脊明显，背端伸达中胸侧板前缘的中部之上（约0.6处）；中胸侧板凹呈一浅横沟状，后部与中胸侧缝连接。中胸腹板后横脊完整，中段非常强壮，明显高于两侧。后胸侧板稍隆起，具均匀稠密清晰的细刻点；后胸侧板下缘脊完整、强壮，隆起呈边缘状。翅稍带褐色，透明；小脉几乎与基脉对叉（稍外侧）；小翅室四边形，几乎具柄，两肘间横脉几乎等长；第2回脉在它的下方中央与之相接；外小脉明显内斜，约在下方0.4处曲折；后中脉稍拱起，后小脉稍外斜，在靠近下端处不明显的曲折；后盘脉无色；后足腿节长约为最大直径的4.2倍；后足跗节第1节端部明显变粗，长约为端部最宽处的9.5倍；爪细弱，无明显的栉齿。并胸腹节具完整的基横脊、中纵脊和外侧脊；分脊弧形下弯；基区小，光滑，倒梯形；合并的中区和端区深纵凹，中部具弱横皱；第1侧区几乎光滑，具清晰的细刻点；外侧区粗糙，具稠密且不清晰的细刻点；气门小，圆形，与外侧脊之间由横脊相连。

腹部第1～3节背板几乎光滑光亮，其后的背板端半部及侧方具稀疏的短毛。第1节背板长约为端宽的2.1倍；柄部细；后柄部显著膨大；背侧脊完整；气门小，圆形，约位于端部0.4处；腹面亚基部光滑光亮，明显隆起。第2节背板长约为端宽的1.1倍，亚基部具浅的横凹痕；窗疤小，长椭圆形，距基缘的距离约为其长径的0.5倍。第3～5节背板侧缘平行，具细皮革质状表面；第3、4节背板几乎等长；第3节背板长约为宽的0.9倍。第4节背板长约为基部宽的0.85倍。产卵器鞘长约与腹部第1节背板等长，约为后足腿节长的0.8倍，约为后足胫节长的0.6倍；产卵器直，背瓣具亚端背缺刻。

体黑色，下列部分除外：上颚基部浅黄色，靠近端齿处红褐色，端齿黑褐色。下唇须、下颚须污黄色。所有的基节黑色；前中足腿节暗褐色，胫节外侧浅黄色，内侧褐色，跗节浅黄色，端节大部分褐黑色；后足基节和转节黑色；后足腿节外侧褐黑色，内侧暗红色；后足胫节基部和中段大部乳白色，亚基部暗褐色，端部褐黑色；中后足跗节第1节大部分和其余各节基部浅黄色，端部褐黑色。翅基片浅黄色，翅痣黄褐色，翅脉黑褐色。

茧 长卵形，长约7.5mm，灰白色，由绢丝形成；内层光滑的薄膜状。

寄主 灰钝额斑螟*Bazaria turensis* Ragonot, 1887 (鳞翅目Lepidoptera螟蛾科Pyralididae)。

寄主植物 唐古特白刺*Nitraria tangutorum* Bobr.。

分布 青海。

观察标本 1♀（正模），青海都兰巴隆，2013-09-29，盛茂领；1♀（副模）3♀♀2♂♂，青海都兰巴隆，2013-08-28，盛茂领。

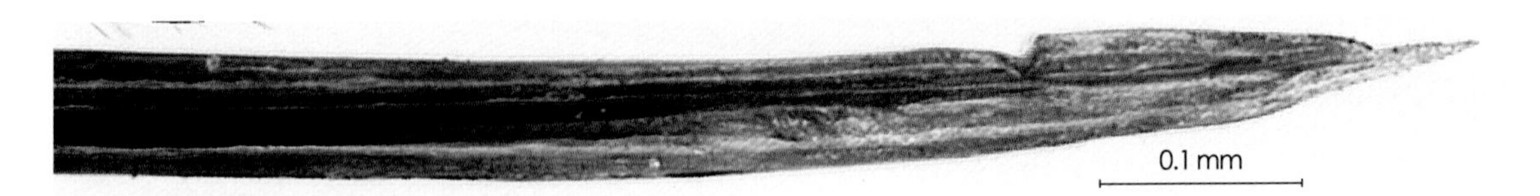

图 29-7 产卵器端部 Apical portion of ovipositor

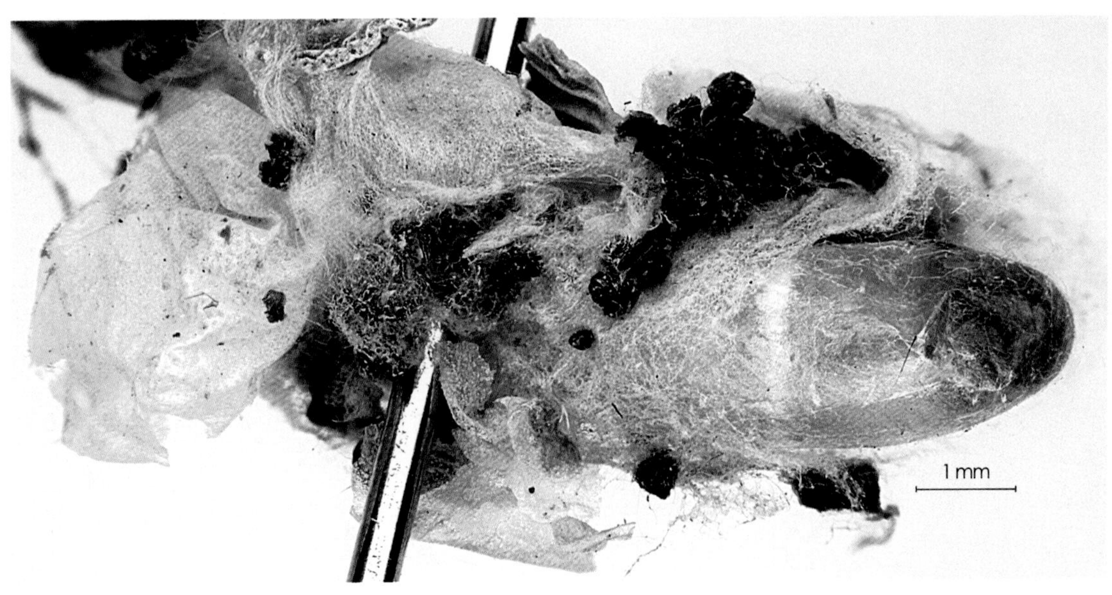

图 29-8 茧 Cocoon

30 鄂尔多斯棱柄姬蜂，新种 *Sinophorus erdosicus* Sheng & Sun, sp.n.（图 30：1−10）

♀ 体长约6.5mm。前翅长约4.5mm。产卵器鞘长约3.0mm。

复眼内缘在触角窝处微弱凹陷。颜面宽约为长的1.0倍，中央微弱隆起，具不清晰的细皱刻点。唇基稍隆起，具模糊的细革质粒状表面，边缘具几个稍粗的刻点，端缘几乎平直。上颚细革质状，具稀疏的毛细刻点，2端齿几乎等长。颊区具粗皱，颚眼距约为上颚基部宽的0.45倍。上颊明显向后收敛，呈细革质状表面。头顶具与上颊相似的质地，后部强烈向后收敛，后缘中央具不明显的细线状横纹；单眼区稍抬高，具浅中纵沟；侧单眼间距约为单复眼间距的1.2倍。额稍粗糙，具细革质皱粒状表面；下半部稍凹，具非常细弱的横皱。触角鞭节35节，第1～5节长度之比依次约为2.0∶1.4∶1.3∶1.2∶1.1。后头脊完整。

前胸背板前缘具细革质状表面，侧凹及其后部具稠密的斜细纵皱，后上部具模糊的细皱表面。中胸盾片均匀隆起，具非常稠密的网状细刻点，后部具细皱，后缘具细横皱，盾纵沟非常弱。小盾片稍隆起，具非常稠密的细刻点。后小盾片稍隆起，呈细革质粒状表面。中胸侧板和中胸腹板具清晰稠密的细刻点；中胸侧板前上部具细斜纵皱；胸腹侧脊背端伸达中胸侧板前缘中部；镜面区小，具光泽。中胸腹板后横脊中段完整强壮。后胸侧板具稠密的细网皱和细刻点。翅稍褐色，透明；小脉与基脉相对；小翅室四边形，具柄，第2肘间横脉稍长

图 30-1
体 Habitus

于第1肘间横脉；第2回脉约位于它的下方中央稍内侧；外小脉约在下方0.4处曲折。前中足胫节明显膨大（基部细）；后足第1～5跗节长度之比依次约为5.4：2.7：1.7：1.0：1.2。爪具稀但强壮的栉齿。并胸腹节具稠密的细皱粒状表面，基半部稍隆起；基横脊明显，中央稍前突；基区小，表面细革质状；端横脊中段缺，中区和端区合并，向后部呈一深阔的纵凹槽，

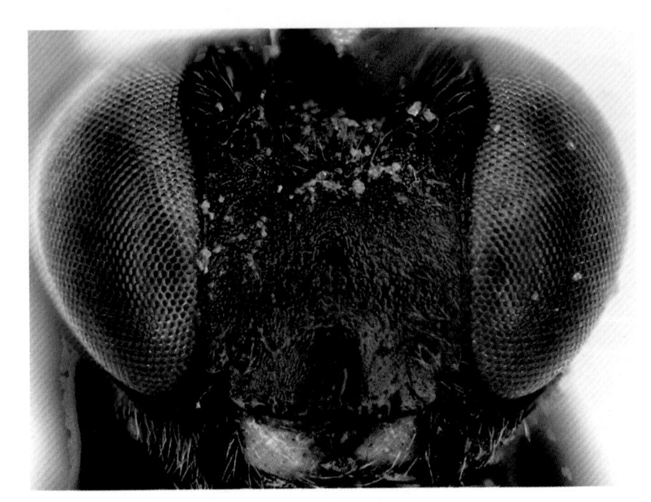

图 30-2 头部正面观 Head, anterior view

图 30-4 触角 Antenna

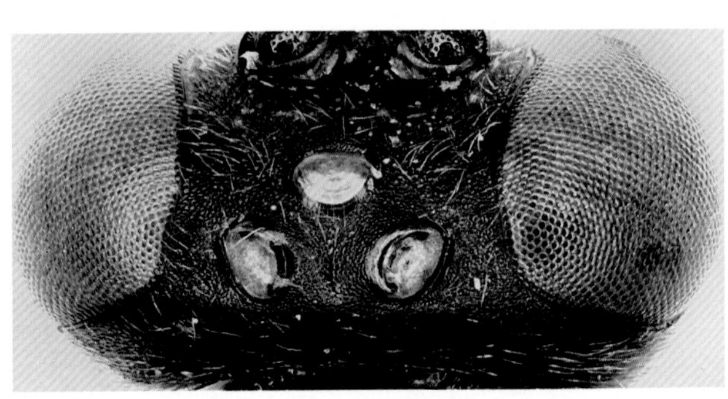

图 30-3 头部背面观 Head, dorsal view

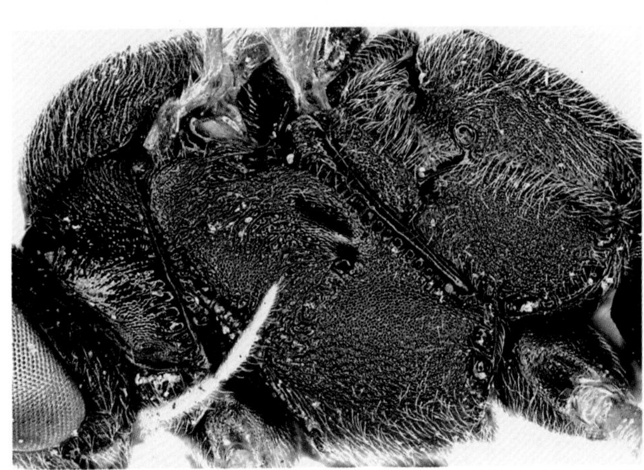

图 30-5 胸部侧面 Mesosoma, lateral view

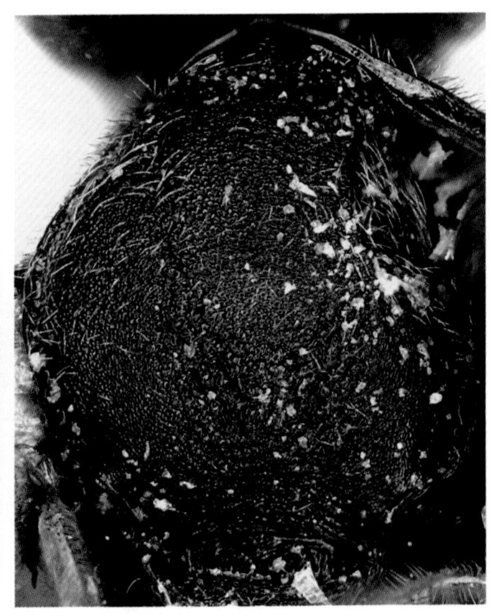

图 30-6 中胸盾片 Mesoscutum

凹槽的中后部具稠密的细横皱；端部两侧具不规则的粗皱；中纵脊基段显著；侧纵脊和外侧脊完整；气门卵圆形。

腹部背板具细革质状表面。第1节基部多少呈棱柱形，长约为端宽的4.0倍；背板基半部光滑光泽，端部约0.4明显隆起并膨大；气门小，圆形，突出，约位于端部0.35处。第2节背板长约为端宽的1.5倍。第3节及以后背板侧扁。产卵器鞘长约为后足胫节长的1.4倍，约为腹端厚度的1.9倍。产卵器稍上弯，亚端部具小背缺刻。

体黑色，下列部分除外：触角鞭节端半部带暗褐色；上颚（端齿黑褐色）、下颚须、下唇须、翅基片及前翅翅基黄褐色；前中足（基节黑色）黄褐至红褐色，后足（基节和第1转节黑色，腿节背侧、胫节基部和端部带黑褐色）暗红褐色；翅痣褐色，翅脉黄褐色；腹部第3节及以后背板背侧黑褐色，两侧红褐色。

正模♀，内蒙古鄂尔多斯，2008-07-03，盛茂领。

词源 本新种名源于模式标本采集地名。

本新种与黑棱柄姬蜂*S. nigrus* Sheng, 2015近似，可通过下列特征区别：后足爪至少基部2/3具栉齿，至少具4个大齿（图30-8）；腹部第1节背板长约4.0倍于端宽；后足部分褐黑色；翅痣褐色。黑棱柄姬蜂：后足爪仅基部具2～3栉齿；腹部第1节背板长3.0～3.1倍于端宽；后足全部或几乎全部黑色；翅痣黑色。

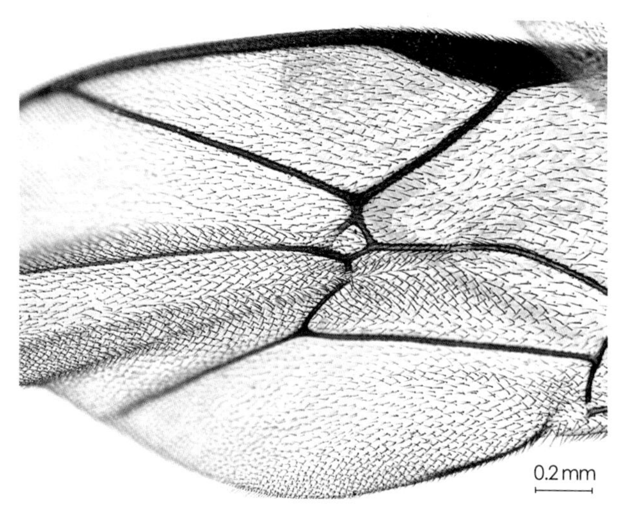

图 30-7 小翅室 Areolet

图 30-8 爪 Claw

图 30-9 腹部第 1 ～ 2 节背板 Tergites 1-2

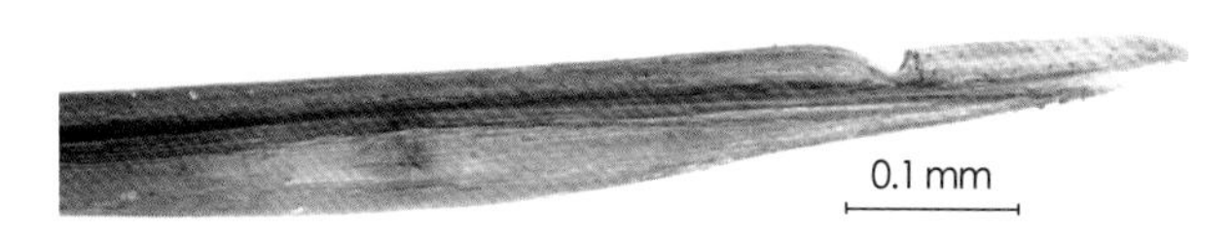

图 30-10 产卵器端部 Apical portion of ovipositor

31 黄棱柄姬蜂 *Sinophorus xanthostomus* (Gravenhorst, 1829)（中国新记录）（图 31：1－7）

Campoplex xanthostomus Gravenhorst, 1829:460.

♀ 体长约7.0 mm。前翅长约5.5 mm。产卵器鞘长约2.3 mm。

复眼内缘在触角窝处微弱凹陷。颜面向下方稍收敛，中央稍隆起，具稠密的细刻点和不清晰的细斜纵皱。唇基稍隆起，具稠密的细刻点。上颚2端齿几乎等长。颊区具细革质状表面，颚眼距约为上颚基部宽的0.55倍。上颊均匀向后收敛，呈细革质状表面。头顶质地与上颊相似；单眼区明显抬高；侧单眼间距约为单复眼间距的1.8倍。额几乎平，下半部中央具稠密的细横皱，侧缘及上半部两侧细革质状，具1中纵脊。触角鞭节36节，第1～5节长度之比依次约为1.4∶1.0∶1.0∶0.9∶0.8。后头脊完整。

前胸背板前部狭窄，紧靠侧凹；侧凹下部具细斜皱，后上部具细革质状表面和不明显

图 31-1　体 Habitus

图 31-2　头部正面观 Head, anterior view

的浅细刻点。中胸盾片具均匀的细刻点，端部具细横皱。中胸侧板和中胸腹板具稠密的细刻点；中胸侧板前上角和翅基下脊后下方具稠密的斜纵皱；胸腹侧脊伸达中胸侧板前缘近中部；镜面区小。后胸侧板具稠密的细刻点和斜细皱。翅褐色，透明；小脉位于基脉外侧，二者之间的距离约为小脉长的0.15倍；小翅室四边形，具长柄，2肘间横脉几乎等长；第2回脉约位于它的下方中央稍内侧；外小脉内斜，约在下方0.3处曲折；后小脉不曲折。爪基部具细栉齿。并胸腹节具稠密不规则的粗皱，基半部稍隆起；基区小，光滑；端横脊中段缺；中区和端区合并区呈一深阔的纵凹槽，具稠密的粗横皱；中纵脊强壮；侧纵脊端半部较弱，外侧脊完整；气门卵圆形。

腹部第1节基部多少呈棱柱形；背板几乎光滑光亮，后柄部明显隆起并膨大；气门小，圆形，突出，约位于端部0.3处。第2节及以后背板具细革质状表面和不明显的微细刻点；第2

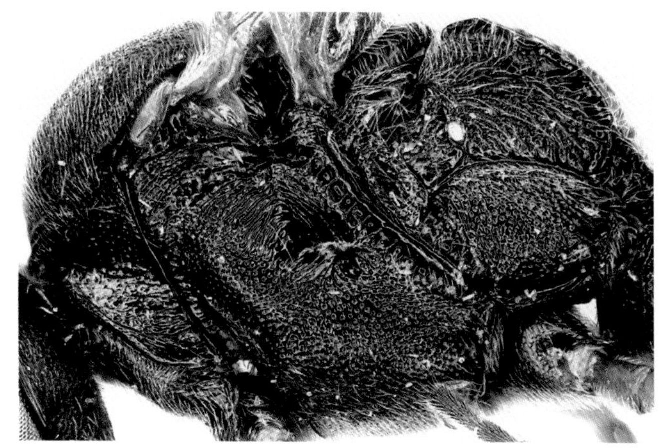

图 31-3　胸部侧面 Mesosoma, lateral view

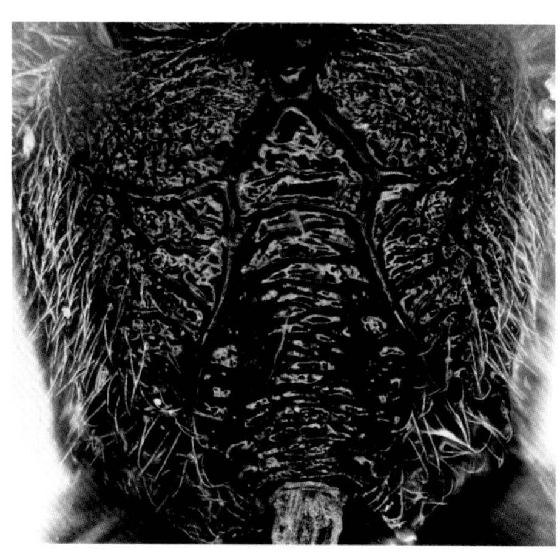

图 31-4　并胸腹节 Propodeum

节背板长约为端宽的0.77倍。第3节背板长约为基部宽的0.73倍，约为端宽的0.81倍。产卵器鞘长约为后足胫节长的1.15倍，约为腹端厚度的3.3倍。产卵器稍上弯，亚端部具背缺刻。

体黑色，下列部分除外：触角鞭节端半部带暗褐色；上颚（端齿黑褐色）、下颚须、下唇须、翅基片黄褐色；足红褐色；基节黑色，胫节基部浅色，后足跗节黑褐色；翅痣黄褐色，翅脉褐色。

寄主 已知寄主20余种，隶属于麦蛾科Gelechiidae、夜蛾科Noctuidae、螟蛾科Pyralidae、粉蝶科Pieridae、斑蛾科Zygaenidae等危害林农业及草原的害虫。

分布 中国（宁夏）；俄罗斯，哈萨克斯坦，拉脱维亚，欧洲等。

观察标本 1♀，宁夏盐池，2009-09-15，李月华。

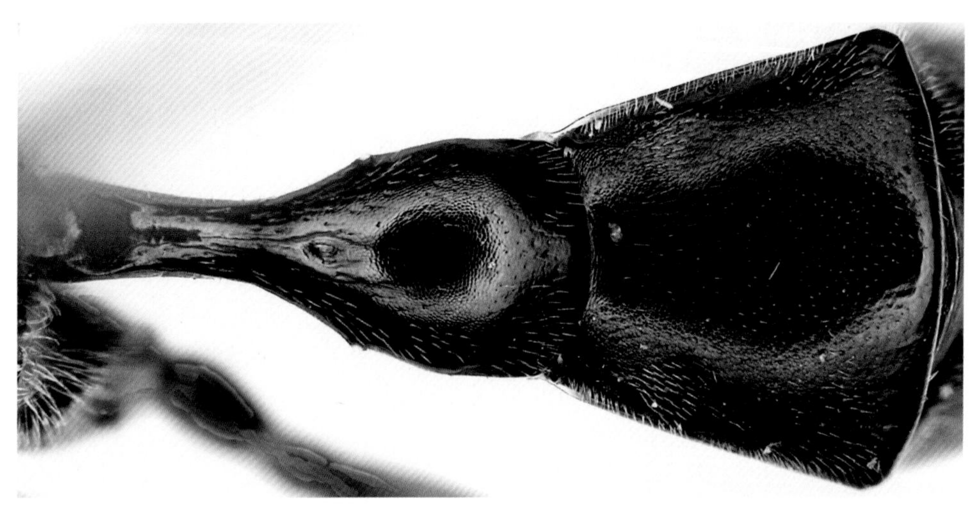

图 31-5 腹部第 1 ～ 2 节背板 Tergites 1-2

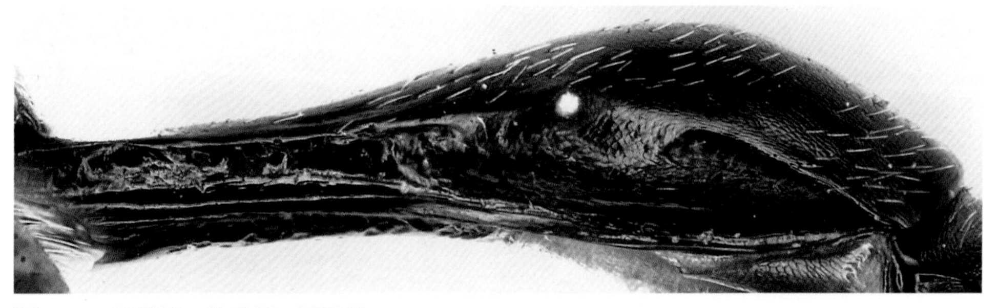

图 31-6 腹部第 1 节背板，侧面观 Tergite 1, lateral view

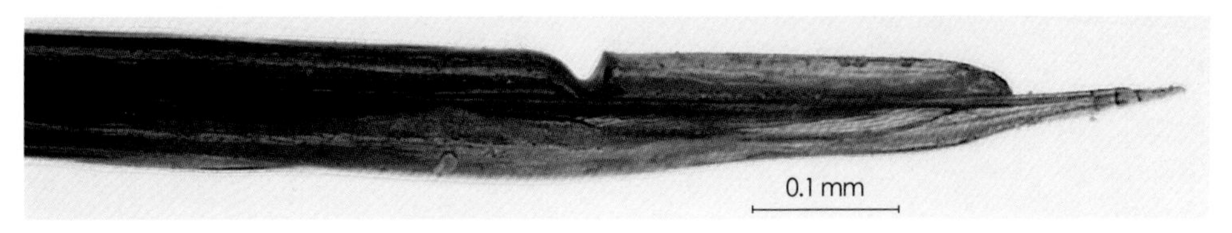

图 31-7 产卵器端部 Apical portion of ovipositor

五、分距姬蜂亚科 Cremastinae

主要鉴别特征 胫距与跗节着生在不同的表面，二者之间由骨质化的几丁质片分隔；中胸腹板后横脊完整；并胸腹节分区完整或几乎完整；腹部大部分强度侧扁。

本亚科含35属，我国已知5属。我国已知属检索表可参考作者的著作（盛茂领、孙淑萍，2010）。

（十四）分距姬蜂属 *Cremastus* Gravenhorst, 1829

Cremastus Gravenhorst, 1829:730. Type-species: *Cremastus spectator* Gravenhorst.

全世界已知130种，我国已知3种。

32 胫分距姬蜂 *Cremastus crassitibialis* Uchida, 1940（图 32：1－9）

Cremastus crassitibialis Uchida, 1940:29.

♀ 体长6.0～7.0 mm。前翅长4.0～4.5 mm。产卵器鞘长4.2～5.0 mm。

颜面侧缘近平行；具稠密的刻点；中央纵向稍隆起，上部中央具1纵瘤。唇基明显隆起，较光滑，基部具非常稀疏的微细刻点，端部几乎无刻点。上颚细革质状质地，上端齿长于下端齿。颚眼距约与上颚基部宽相等。侧单眼间距约为单复眼间距的2.0倍。额具细革质状表面，下半部深凹，上半部具细刻点。触角明显短于体长；鞭节36～37节。后头脊细弱，表面中央磨损。

图 32-1 体 Habitus

图 32-2　头部正面观 Head, anterior view

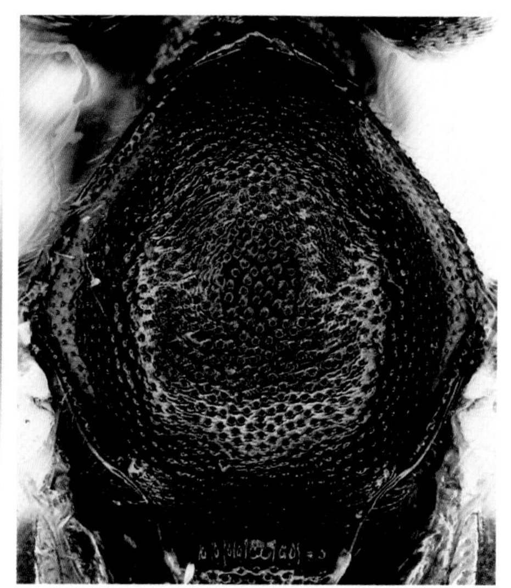
图 32-3　中胸盾片 Mesoscutum

图 32-4　胸部侧面 Mesosoma, lateral view

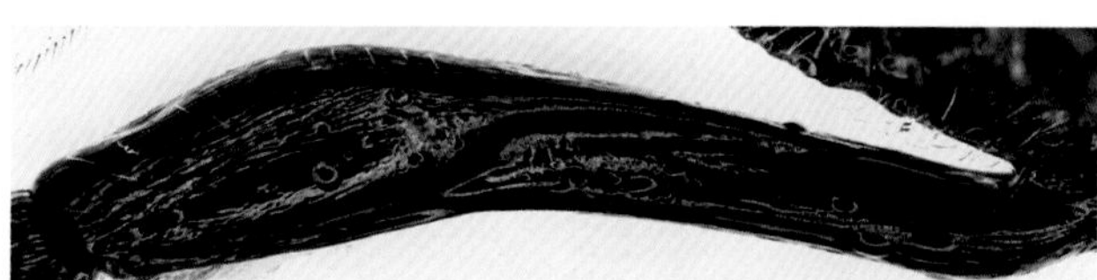
图 32-6　腹部第 1 节背板 , 侧面观 Tergite 1, lateral view

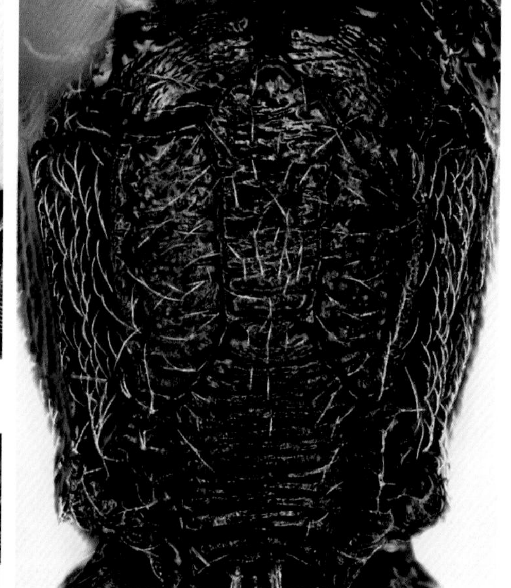
图 32-5　并胸腹节 Propodeum

前胸背板侧凹和中后部具稠密的细刻点。中胸盾片均匀隆起，具稠密且较均匀的细刻点。胸腹侧脊伸达翅基下脊前缘；镜面区小而光亮。翅稍褐色，透明；小脉位于基脉稍内侧；无小翅室；第2回脉位于肘间横脉的外侧，二者之间的距离约为肘间横脉长的0.3倍；外小脉在上方0.35处曲折；后小脉在下方0.4处曲折。爪非常小，尖细，爪基部具稀栉齿。并胸腹节具稠密的细横皱和稀浅的刻点；分区完整；基区小，较光滑，显著向后方收敛；中区较长，前宽后窄，长约为最宽处的1.8倍，分脊位于前部约0.3处。气门小，卵圆形。

腹部第1节背板长约为端宽的4.1倍；光滑光亮；端半部背面两侧具清晰稠密的细纵纹；

气门小，近圆形，约位于端部0.25处。第2节背板长约为端宽的2.5倍，约为第1节背板长的0.8倍；具细革质状表面，两侧具与第1节背板端半部相似的细纵纹。第3节以后的背板强烈侧扁；第3节背板基部具细革质状表面和弱的细纵纹，端半部及以后的背板相对光滑。产卵器鞘长约为后足胫节长的1.5倍；产卵器细弱，端部矛状。

体黑色，下列部分除外：复眼周缘、上颚、上颊前上部黄色；唇基端半部及颊区（或不明显）红褐色；下唇须和下颚须黄至黄褐色；前胸背板前上角（或不明显）和腹部第2节背板或和其余背板端部具红褐色小斑；足黄褐至暗褐色，后足基节和转节黑色。翅基片及前翅翅基浅色，翅脉褐色，翅痣黄褐至黑褐色。

♂ 体长5.5～7.0 mm。前翅长3.5～4.0 mm。触角鞭节33～35节。复眼周缘（颜面眼眶下段、颊眼眶和上颊眼眶下段或缺）、唇基端半部、上颚（除端齿）黄色。前中足主要为黄色，基节基部、转节和腿节背侧黑色；后足基节、转节和腿节黑色，腿节背侧及胫节和跗节黄色。

寄主 柠条绿虎天牛*Chlorophorus caragana* Xie & Wang, 2012（寄主新记录）。

分布 宁夏，内蒙古。

观察标本 2♀♀1♂，内蒙古呼和浩特，1995-09-02，盛茂领；1♂，内蒙古东胜，2006-06-19，杨奋勇；6♀♀，宁夏盐池，2009-08-10～17，吴金霞；3♀♀，宁夏盐池，2009-09-15，李月华；22♀♀1♂，宁夏盐池哈巴湖，2010-08-02～09-06，宗世祥；1♀，宁夏灵武，2011-08-21，张燕如；3♀♀，宁夏中卫孟家湾，2014-08-17，盛茂领；2♂♂，内蒙古鄂托克旗，2015-05-20，李涛；2♀♀，宁夏盐池，2015-07-28～08-04，盛茂领；1♀（正模），内蒙古锡林郭勒盟，1939-06-06, K. Tsuneki。

图 32-7 腹部第 2 节背板 Tergite 2

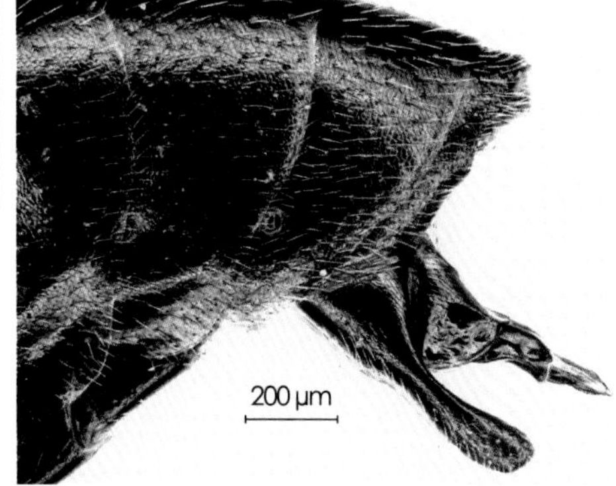

图 32-8 腹部端部侧面 Apical portion of metasoma, lateral view

图 32-9 产卵器端部 Apical portion of ovipositor

33 视分距姬蜂 *Cremastus spectator* Gravenhorst, 1829（中国新记录）（图33：1–8）

Cremastus spectator Gravenhorst, 1829：740.

♀ 体长8.0～9.0 mm。前翅长5.0～5.5 mm。产卵器鞘长2.0～2.5 mm。

颜面侧缘近平行，具稠密的细刻点；上部中央具1纵瘤。唇基光滑，基部具稀疏的细刻点，端部几乎无刻点。上颚上端齿稍短于下端齿。颚眼距约为上颚基部宽的1.1倍。上颊狭，具细革质状表面和稠密的细毛。头顶呈细革质状表面，后部具不明显的毛细刻点；侧单眼间距约为单复眼间距的1.8倍。额上部具细刻点，下部稍凹且光滑具光泽。触角鞭节36～37节，第1～5鞭节长度之比依次约为2.0：1.8：1.7：1.6：1.3。后头脊明显，上部中央下凹。

前胸背板具稠密的斜细纵纹和细刻点；前沟缘脊明显。中胸盾片均匀隆起，具稠密且均匀的细刻点；盾纵沟不明显。小盾片稍隆起，具与中胸盾片相近的细刻点；基半部侧脊显著。中胸侧板具非常稠密的细刻点；胸腹侧脊伸达翅基下脊前缘；镜面区小。后胸侧板具

图33-1
体 Habitus

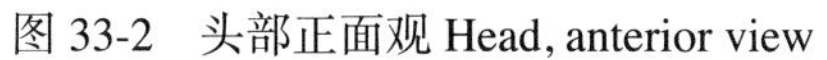
图 33-2　头部正面观 Head, anterior view

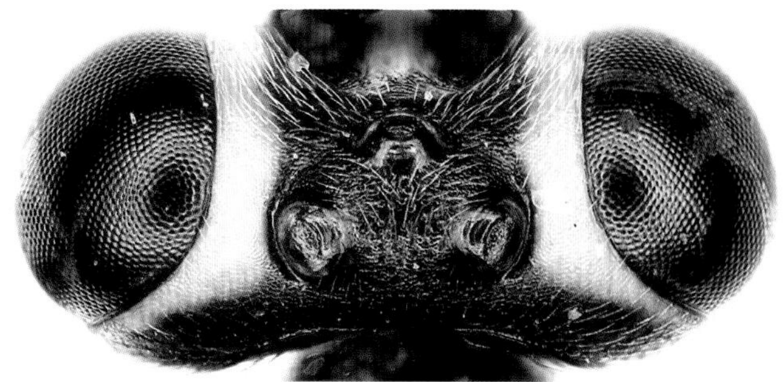
图 33-3　头部背面观 Head, dorsal view

稠密的细刻点。翅稍褐色，透明；小脉与基脉相对；无小翅室；第2回脉位于肘间横脉的外侧，二者之间的距离约为肘间横脉长的0.3倍；外小脉约在中央曲折；后小脉约在下方0.4处曲折。足细长；后足第1～5跗节长度之比依次约为3.0：1.3：0.8：0.4：0.6；爪非常小，爪基部具稀栉齿。并胸腹节分区完整；基区小，较光滑，向后方收敛；中区长，前部稍宽，长约为最宽处的1.5倍，分脊约位于前部0.3处。第1侧区和第1外侧区具稠密的细刻点，其他区域具稠密的细横皱和细刻点（中区的皱较弱）；气门小，卵圆形。

腹部第1节背板长约为端宽的4.0倍，光滑光亮；基半部细柄状，后柄部显著膨大；背面稍隆起，端半部背面具清晰稠密的细纵纹；气门小，圆形，约位于端部0.3处。第2节背板长形，中部稍宽，长约为中部宽的3.1倍；具细革质状表面和稠密的细纵纹。第3节及以后的背板强烈侧扁；第3节背板基部具细革质状表面和非常弱的细纵纹、端半部及以后的背板几乎光滑。产卵器鞘长约为后足胫节长的1.2～1.3倍；产卵器强壮，具1亚端背凹。

体黑色，下列部分除外：下唇须、下颚须、触角鞭节褐色（背侧色深），柄节和梗节腹侧黄色至黄褐色；复眼周缘、上颚（除端齿）、唇基、颊及上颊前上部，黄色；颜面下方

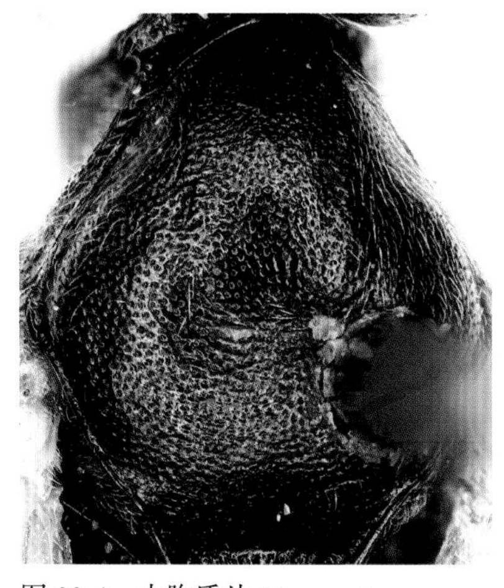
图 33-4　中胸盾片 Mesoscutum

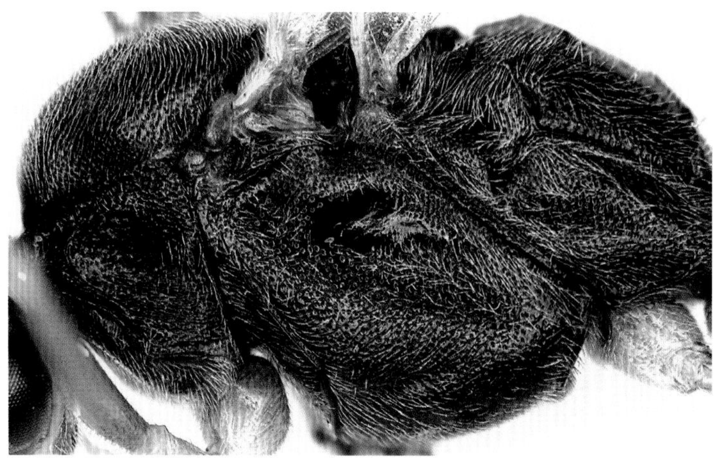
图 33-5　胸部侧面 Mesosoma, lateral view

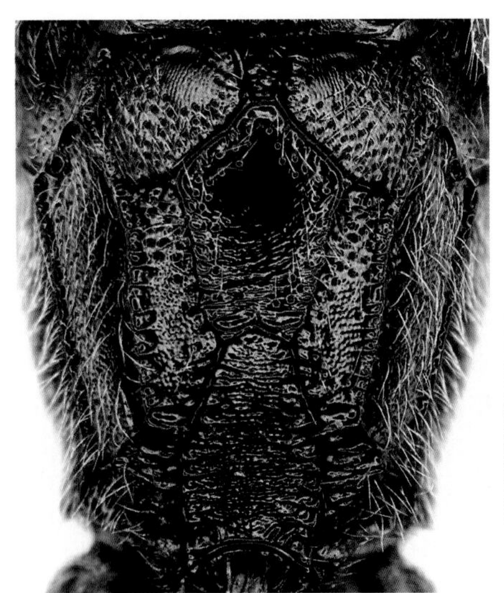

图 33-6　并胸腹节 Propodeum

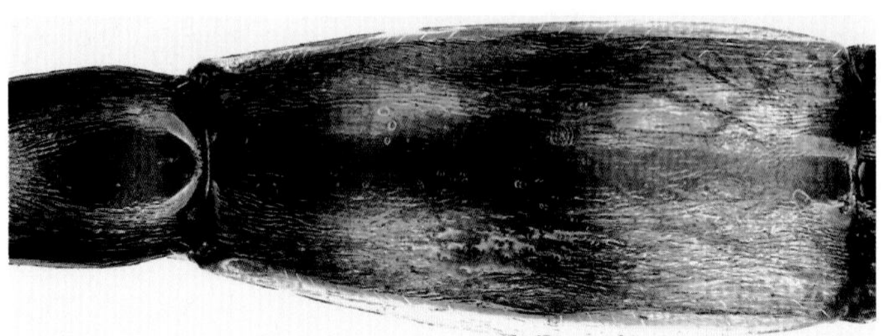

图 33-7　腹部第 2 节背板 Tergite 2

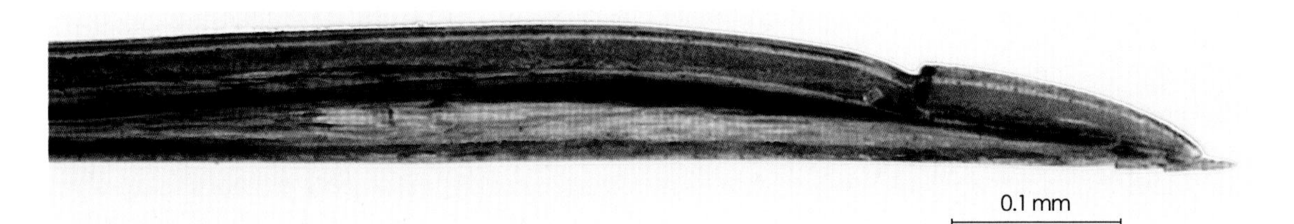

图 33-8　产卵器端部 Apical portion of ovipositor

中央具1黄褐色至红褐色小斑；腹部第1节背板端部、第2节背板大部分、其余背板或多或少具红褐色斑；足黄褐至红褐色，胫节背侧具白色纵斑，前中足腹侧浅黄色，后足基节基部黑色；翅基片及前翅翅基黄白色；翅痣黑褐色，翅脉褐色。

♂　体长6.0～7.0 mm。前翅长4.0～4.5 mm。触角鞭节37～38节。颜面大部分黄色，触角窝及内侧和上缘中央的小斑黑色。前中足基节和转节带黄白色，后足基节和第1转节黑色。腹部中段的红褐色斑显著。

寄主　柠条绿虎天牛*Chlorophorus caragana* Xie & Wang, 2012（寄主新记录）。

分布　宁夏、内蒙古；蒙古，俄罗斯，欧洲。

观察标本　13♂♂，宁夏盐池，2009-08-10～17，吴金霞；11♀♀2♂♂，宁夏盐池，2005-06-02～07-28，盛茂领；7♂♂，宁夏石嘴山大武口，2005-08-11～12，孙淑萍、盛茂领；4♂♂，宁夏盐池，2009-09-15，李月华；11♂♂，宁夏中卫孟家湾，2014-08-17，盛茂领；1♂，内蒙古呼和浩特，1995-09-02，盛茂领；1♀14♂♂，宁夏盐池哈巴湖，2010-08-02～09-06，宗世祥。

六、秘姬蜂亚科 Cryptinae

本亚科的特征可参考相关著作（Townes，1970a；何俊华等，1996；盛茂领等，2009，2010，2013；赵修复，1976）。

该亚科含3族，403属，5080种；我国已知119属，353种。

（十五）耗姬蜂属 *Trychosis* Förster, 1869

Trychosis Förster, 1869:187. Type-species: *Cryptus ambigua* Tschek.

已知44种，我国已知3种。

34 择耗姬蜂 *Trychosis legator* (Thunberg, 1822)（中国新记录）（图34：1–6）

Ichneumon legator Thunberg, 1822:268.

♀ 体长5.0～10.5 mm。前翅长4.0～7.5 mm。产卵器鞘长1.2～1.5 mm。

复眼内缘向下方稍收窄。颜面具稠密的细皱纹和刻点，中部稍隆起，上方中央稍凹、具1不明显的小瘤突。唇基中部隆起，基部具细横皱，端部具刻点，端缘中段弱弧形前突。上

图 34-1 体 Habitus

图 34-2 头部正面观 Head, anterior view

颚宽短；上端齿长于下端齿。颊区具细革质状表面；颚眼距约为上颚基部宽的0.9～1.0倍。上颊具清晰稠密的细刻点，强烈向后收敛。侧单眼间距约为单复眼间距2.0倍。额具稠密模糊的皱；具1细弱的中纵脊。触角鞭节23～28节。后头脊完整。

前胸背板上部具细刻点，后缘和下部具横皱；前沟缘脊弱。中胸盾片具清晰的细刻点；无盾纵沟。中胸侧板具稠密的刻点；镜面区具刻点。后胸侧板稍隆起，具稠密的刻点。翅带褐色，透明；小脉位于基脉外侧，二者之间的距离约为小脉长的0.4～0.5倍；小翅室五边形，2肘间横脉几乎平行；第2回脉在它的下方中央与之相接；后小脉在中央稍下方曲折。后足特别长，胫节和跗节具成排的短刺状刚毛；爪强壮、基部具稀疏的栉状毛。并胸腹节具稠密的粗皱刻点；基部在基横脊之前光滑光亮；基横脊强壮；端横脊中部消失；气门长裂口状。

图 34-3 胸部侧面 Mesosoma, lateral view

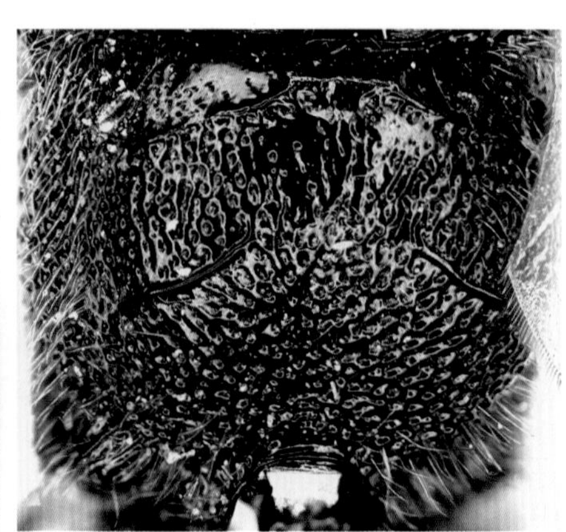

图 34-4 并胸腹节 Propodeum

腹部第1节背板细柄状，长约为端宽的2.7～2.8倍，柄部向基部稍收窄，后柄部向后逐渐加宽；光滑光亮，几乎无刻点，侧方具毛；背中脊基部具弱痕，无背侧脊和腹侧脊；气门小，圆形，稍突出，约位于背板端部0.25处。第2节及以后背板具细革质状表面和不明显的细毛刻点；第2节背板长约为端宽的0.8～0.9倍；第3节背板侧缘近平行（基部稍窄），长约为宽的0.7～0.8倍。产卵器鞘长约为后足胫节长的0.3倍。产卵器直，端部尖矛状。

体黑色，下列部分除外：触角鞭节腹侧或带褐色；上颚端齿基部（或不明显），下颚须（基节和末节色深），前中足腿节外侧或多或少及端部、胫节和跗节（背侧黑褐色），后足转节端部、腿节和胫节基部，腹部第1节背板端半部至第4节（端部黑色）背板红褐色；翅痣褐色至褐黑色，翅脉褐黑色。

♂ 体长4.5～8.0 mm。前翅长3.5～6.5 mm。触角鞭节23～25节。后足腿节、胫节和跗节不同程度带红褐色。

寄主 寄主不详；在宁夏和内蒙古西部的柠条林内很容易采集到。

分布 宁夏、内蒙古；朝鲜，俄罗斯，欧洲等。

观察标本 4♀♀15♂♂，宁夏盐池（柠条林），2009-07-02～08-17，吴金霞；1♂，宁夏盐池，2009-09-15，李月华；2♀♀1♂，宁夏彭阳，2011-07-30，王荣；2♀♀，宁夏盐池，2015-06-02～07-07；1♀，内蒙古鄂托克旗（柠条林），2015-06-06，熊自成。

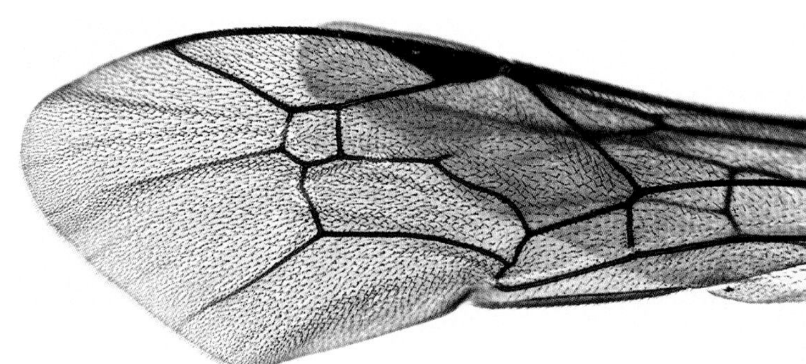
图 34-5 前翅 Fore wing

图 34-6 腹部背板 Tergites

（十六）美姬蜂属 *Meringopus* Förster, 1869

Meringopus Förster, 1869: 186. Type-species: *Cryptus recreator* Fabricius.

已知28种，我国已知6种及亚种。

35 喀美姬蜂 *Meringopus calescens calescens* (Gravenhorst, 1829)（图 35：1–5）

Cryptus calescens Gravenhorst, 1829:548.

♀ 体长11.0～14.5 mm。前翅长8.5～9.5 mm。产卵器鞘长4.0～6.0 mm。

颜面宽约为长的2.0倍；具细革质状表面和清晰的细刻点，中央纵向稍隆起，亚中央宽纵凹。唇基沟明显。唇基大部分具较稀疏的细刻点，中央稍隆起；端部较平坦（或呈浅横凹），光滑光亮；端缘平直。上颚强壮，基部具细刻点，亚端部具细纵皱，上端齿长于下端齿。颊区具革质细粒状表面和不清晰的细刻点。颚眼距约为上颚基部宽的1.4倍。上颊较光滑，具稀疏的细刻点，向后方渐收敛。头顶具稠密且不均匀的细刻点，后部中央略呈稠密模糊的细纵皱；侧单眼外缘具凹沟，侧单眼外侧呈细革质状表面、刻点稀疏；单眼区稍抬高，具细刻点；侧单眼间距约为单复眼间距的0.9倍。额上半部相对平坦，具不规则的细横皱；下半部深凹陷、光滑光亮，具1细中纵脊。触角长丝状，向端部渐变细；柄节明显膨大，具模糊的细皱刻点，端缘显著斜截；鞭节46～47节，第1～5鞭节长度之比依次约为1.7：0.9：0.7：0.6：0.5。后头脊完整强壮。

图 35-1　体 Habitus

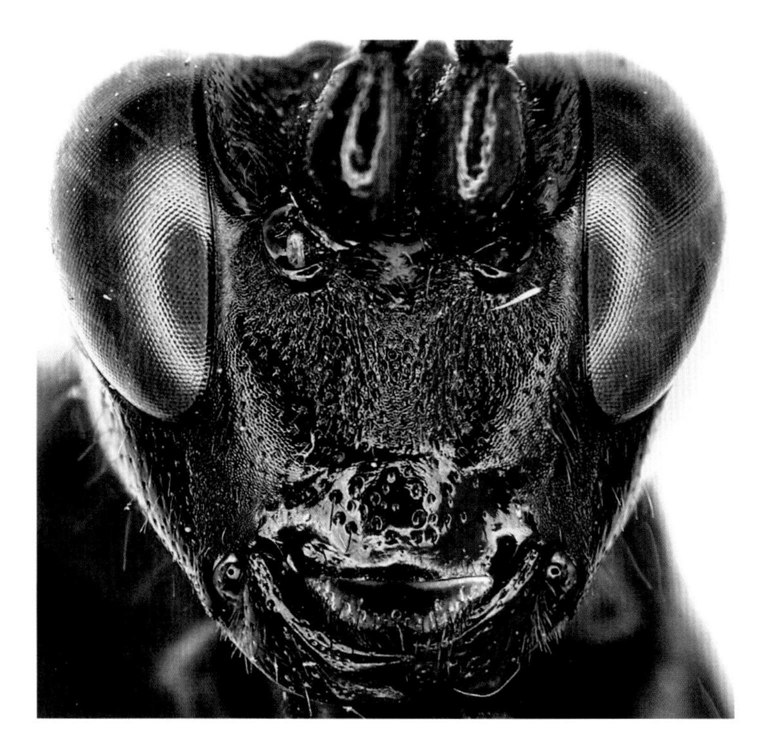

图 35-2　头部正面观 Head, anterior view

前胸背板具斜细皱，后上部可见细刻点；前沟缘脊较明显。中胸盾片稍隆起，具稠密的细刻点；盾纵沟清晰，伸达中胸盾片中部之后。盾前沟宽阔，呈稠密的细皱粒状。中胸侧板表面具稠密的细纵网皱，间有不明显的浅细刻点；胸腹侧脊细而明显，约伸达中胸侧板高的0.7处；腹板侧沟伸达中足基节基部中央；镜面区小，稍光亮；中胸侧板凹浅沟状。后胸侧板表面呈稠密的细纵网皱。小盾片稍隆起，具较稠密的细刻点，具细侧脊。后小盾片较平，具细密的刻点。翅褐色，透明；小脉位于基脉稍外侧或几乎相对，二者之间的脉段增粗；具残脉；小翅室大，五边形，第2肘间横脉上方向内收敛；第2回脉约位于它的下方中央稍外侧；

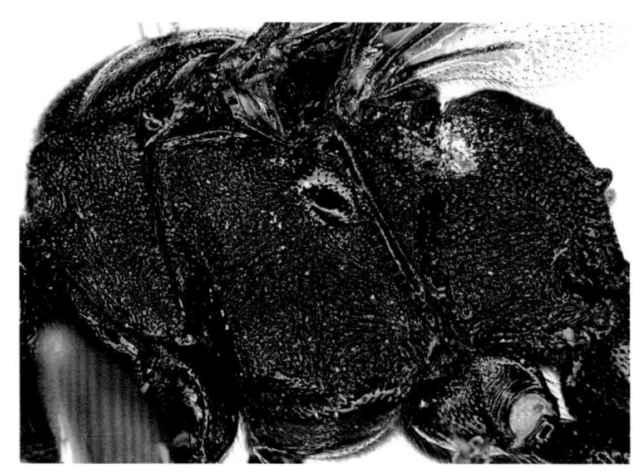

图 35-3　胸部侧面 Mesosoma, lateral view

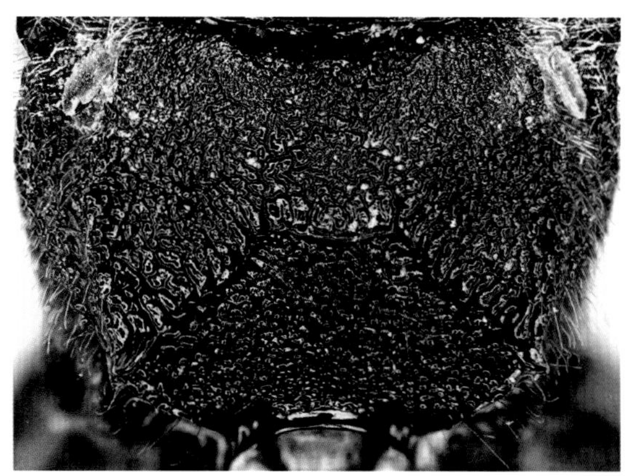

图 35-4　并胸腹节 Propodeum

外小脉明显内斜，约在下方0.25～0.3处曲折；后小脉约在下方0.2处曲折。足强壮；腿节腹侧约3/4具骨质状纵隆起，胫节外侧具稀疏的短细棘刺；跗节腹侧及侧缘具稠密且粗长的棘刺；后足第1～5跗节长度之比依次约为4.0∶1.7∶1.2∶0.7∶1.3，第4后跗节背端缘内凹。爪尖，细长，基端下侧具2～3个小齿。并胸腹节具稠密的粗网皱；纵脊基部弱的存在；仅端横脊明显；基区和中区具弱的轮廓；并胸腹节侧突显著；气门斜位、长椭圆形，长径约为短径的2.5倍。

腹部背板呈细革质状表面。第1节背板长柄状，长约为端宽的1.9倍；背中脊伸达背板亚端部，背侧脊仅在端半部明显；气门小，圆形，约位于端部0.3处。第2节背板梯形，基缘具深横沟，基部两侧具窗疤；两侧边稍膨圆，长约为端宽的0.76倍。第3节背板倒梯形，长约为基部宽的0.69倍，约为端宽的0.77倍。第4节及以后背板向后逐渐缓慢收敛。产卵器鞘长约为后足胫节长的1.4倍。产卵器直，端部尖细；腹部端部具12道纵脊，端部纵脊相距较近；背结具一明显的凹刻。

体黑色。内眼眶和外眼眶、下唇须第2节外侧的小斑黄色。腹部第2～3节（或至4节）背板红褐色。足（基节和转节除外）红褐色。翅痣黑色，翅脉褐黑色。

♂ 体长约10.0 mm。前翅长约8.5 mm。触角长约9.0 mm。

分布 中国（山西、青海、甘肃），印度，蒙古，俄罗斯，欧洲，北美洲等。

观察标本 1♀，青海互助扎龙沟，2011-06-18，李涛；17♀♀17♂♂，甘肃祁连溪水，2006-06-09～07-08，集虫网。

图 35-5 腹部背板 Tergites

36 坡美姬蜂 *Meringopus calescens persicus* Heinrich, 1937(中国新记录)（图 36：1-6）

Meringopus calescens persicus Heinrich, 1937:22.

♀ 体长12.0～14.0 mm。前翅长8.5～10.0 mm。产卵器鞘长4.5～6.0 mm。

颜面宽约为长的2.1～2.2倍；具细革质状表面和清晰的刻点（中部刻点较两侧细密），中央纵向稍隆起，亚中央宽纵凹。唇基沟明显。唇基大部分具稠密且较颜面稍粗的刻点，中央较强隆起；端部较平坦（或呈浅横凹），光滑光亮；端缘中段弱弧形前突。上颚强壮，基部具细刻点，亚端部具明显的纵皱，上端齿长于下端齿。颊区具革质细粒状表面和不清晰的细刻点。颚眼距约为上颚基部宽的1.1～1.2倍。上颊较光滑，具稀疏的细刻点，向后方渐收敛。头顶具稠密且不均匀的细刻点，后部中央呈稠密模糊的细纵皱；侧单眼外缘具凹沟，侧单眼外侧呈细革质状表面、刻点稀浅；单眼区稍抬高，具细皱；侧单眼间距约为单复眼间距的0.7～0.8倍。额明显凹陷，上半部具稠密的细横皱；下半部凹陷较深，光滑光亮区较小，具1细中纵脊。触角长丝状，向端部渐变细；柄节明显膨大，具稠密的细浅刻点，端缘显著斜截；鞭节46～48节，第1～5鞭节长度之比依次约为2.0：1.2：1.0：0.8：0.7。后头脊完整强壮。

前胸背板具稠密不规则的粗皱；前沟缘脊较明显。中胸盾片稍隆起，具较稀疏的细刻点，后部中央刻点稠密；盾纵沟清晰，伸达中胸盾片中部之后。盾前沟宽阔，内具短纵皱。中胸侧板表面具稠密的粗网皱；胸腹侧脊细弱，约伸达中胸侧板高的0.55处；腹板侧沟伸达中足基节基部中央；镜面区小，光亮；中胸侧板凹浅沟状。后胸侧板表面呈稠密的粗网皱。

图 36-1 体 Habitus

图 36-2　头部正面观 Head, anterior view

小盾片稍隆起，具较稀疏的细刻点。后小盾片较平，具细密的刻点。翅褐色，透明；小脉位于基脉稍外侧，二者之间的脉段稍粗；具残脉；小翅室大，五边形，向上方稍收敛；第2回脉约位于它的下方中央稍内侧；外小脉明显内斜，约在下方0.3～0.35处曲折；后小脉约在下方0.2～0.25处曲折。足强壮；腿节腹侧约4/5具骨质状纵隆起，胫节外侧具稀疏的短细毛刺；前中足第1跗节端部及第2～4节跗节宽而稍扁，各跗节腹侧及侧缘具稠密且粗长的刚毛，第4跗节背端缘显著内凹；后足第1～5跗节长度之比依次约为4.2∶1.8∶1.0∶0.7∶1.2。爪尖而细长，基部下方具1排小栉齿（上方的1齿显著）。并胸腹节具稠密的粗网皱；侧纵脊和外侧脊弱的存在，中纵脊基半部可见弱痕；端横脊显著；基区和中区具弱的轮廓；并胸腹节侧突显著；气门斜位、长椭圆形，长径约为短径的2.3～3.0倍。

腹部背板呈细革质状表面。第1节背板长柄状，长约为端宽的2.0～2.2倍；背中脊伸达背板亚端部，背侧脊仅在端半部明显；气门小，圆形，约位于端部0.3处。第2节背板梯形，基缘具深横沟，基部两侧具窗疤；长约为端宽的0.64倍。第3节背板倒梯形，长约为基部宽的0.54倍，约为端宽的0.59倍。第4节及以后背板向后逐渐收敛。产卵器鞘长约为后足胫节长的1.2倍。产卵器直，端部尖细；腹部端部具11道纵脊，端部纵脊相距较近；背结具明显的凹刻。

头胸部及腹部第1节黑色，腹部其余各节黄褐色。内眼眶和外眼眶、上唇、下唇须第2节外侧的小斑黄色。足（基节和转节黑色）黄褐色，爪尖暗褐色。翅痣黑色，翅脉褐黑色。

♂　体长11.5～12.5 mm。前翅长8.5～9.0 mm。触角长11.0～11.5 mm。

分布　中国（甘肃），蒙古，阿塞拜疆，吉尔吉斯斯坦，伊朗。

观察标本　7♀♀2♂♂，甘肃祁连溪水，2006-06-17～07-24，集虫网。

图 36-3 胸部侧面 Mesosoma, lateral view

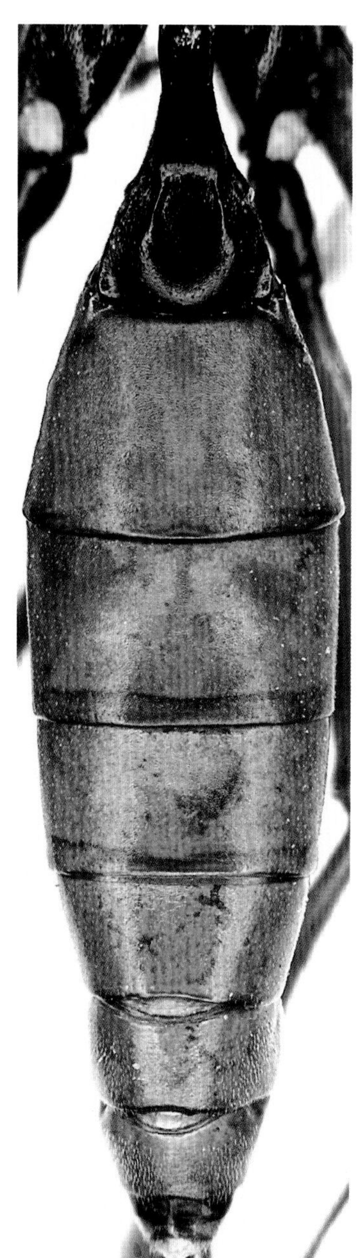

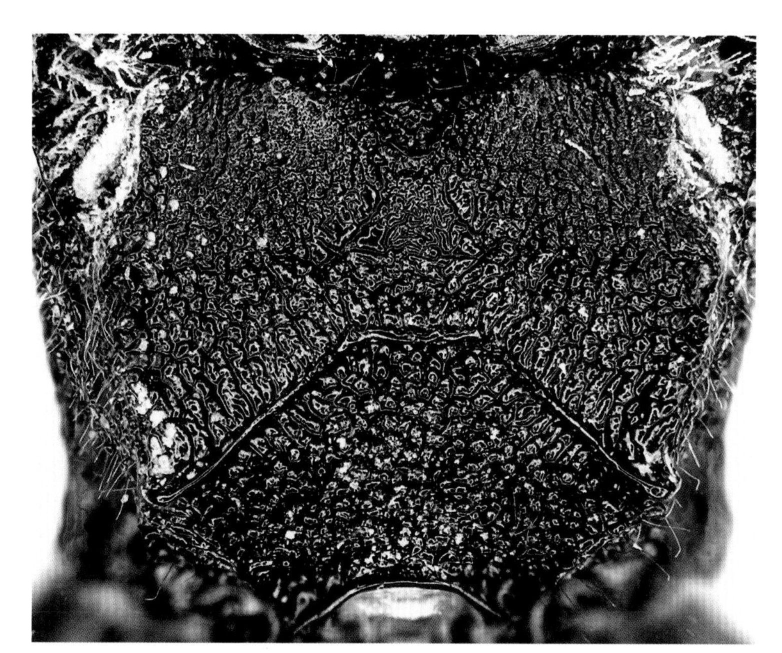

图 36-4 并胸腹节 Propodeum

图 36-5 腹部背板 Tergites

图 36-6 产卵器端部 Apical portion of ovipositor

（十七）蛀姬蜂属 *Schreineria* Schreiner, 1905

Schreineria Schreiner, 1905:15. Type-species: *Schreineria zeuzerae* Schreiner.

本属已知21种，分布于古北区、东洋区和非洲区；我国已知7种。我国已知种检索表可参考盛茂领等（2010, 2013）的著作。

37 杨蛀姬蜂 *Schreineria populnea* (Giraud, 1872)（图 37：1－10）

Echthrus populneus Giraud, 1872:407.

Schreineria populnea (Giraud, 1872). Sheng & Sun, 2010:119.

形态学特征的介绍可参考盛茂领等的报道（盛茂领等，2010）；生物学信息可参考庞辉等的报道（1985，1986，1987）。

寄主 红缘天牛*Asias halodendri* (Pallas)、苹小吉丁*Agilus mali* Matsumura、青杨天牛*Saperda populnea* L.、杏短痣茎蜂*Stigmatijanus armeniacae* Wu等多种钻蛀害虫。

分布 宁夏、陕西、山西、内蒙古、甘肃、新疆、辽宁、吉林、黑龙江、河北；俄罗

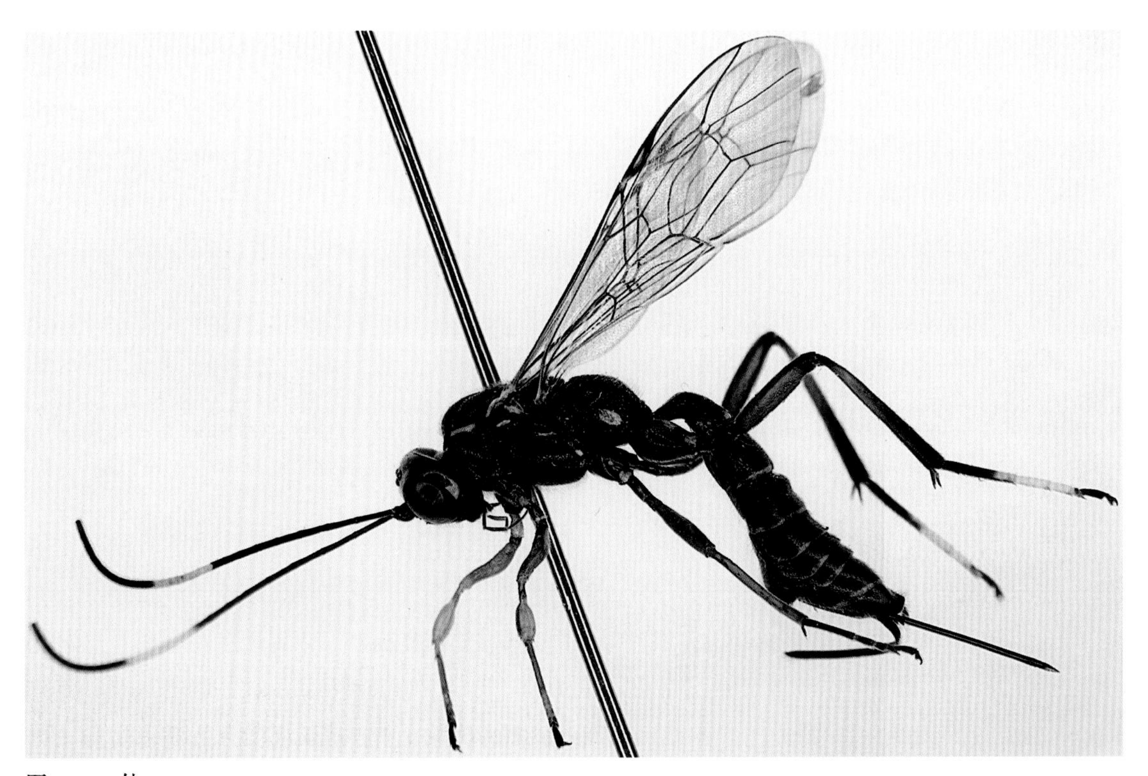

图 37-1 体 Habitus

斯，奥地利，法国，保加利亚，德国，捷克，斯洛伐克，希腊，匈牙利，意大利，罗马尼亚，前南斯拉夫，瑞士。

观察标本 荒漠林地区的标本：2♀♀，辽宁彰武，2011-04-24～26，盛茂领；16♀♀6♂♂，山西朔县，1983-06-15～28，牛玉志；1♀，新疆伊宁，1994-06-14，卞锡元；1♀，新疆巩留，2005-09-21，王小艺、杨忠岐；4♀♀，宁夏灵武，2007-05-26，盛茂领；2♀♀，宁夏盐池，2009-05-02，盛茂领；2♀♀1♂，宁夏灵武，2009-06-01，宗世祥；4♀♀2♂♂，宁夏灵武，2011-06-15，盛茂领；46♀♀48♂♂，山西金沙滩，2008-05-24～06-20，盛茂领；7♀♀1♂，宁夏灵武，2011-04-24～06-15，盛茂领。

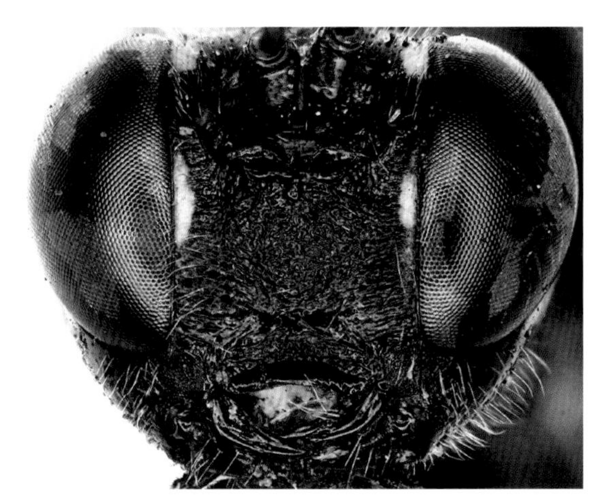

图 37-2 头部正面观 Head, anterior view

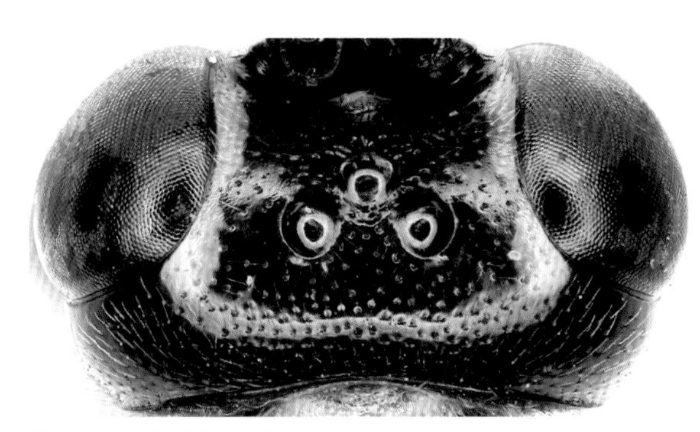

图 37-3 头部背面观 Head, dorsal view

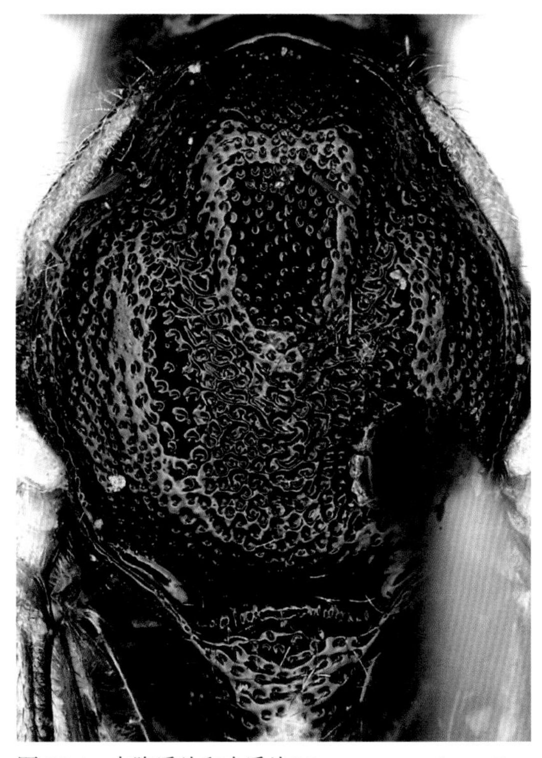

图 37-4 中胸盾片和小盾片 Mesoscutum and scutellum

图 37-5 胸部侧面 Mesosoma, lateral view

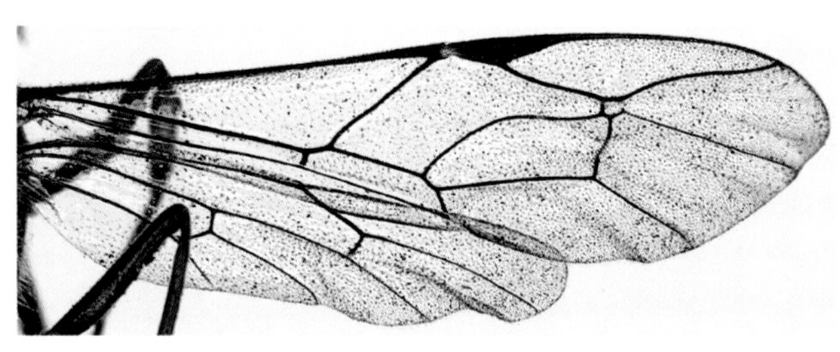

图 37-6　翅 Wings

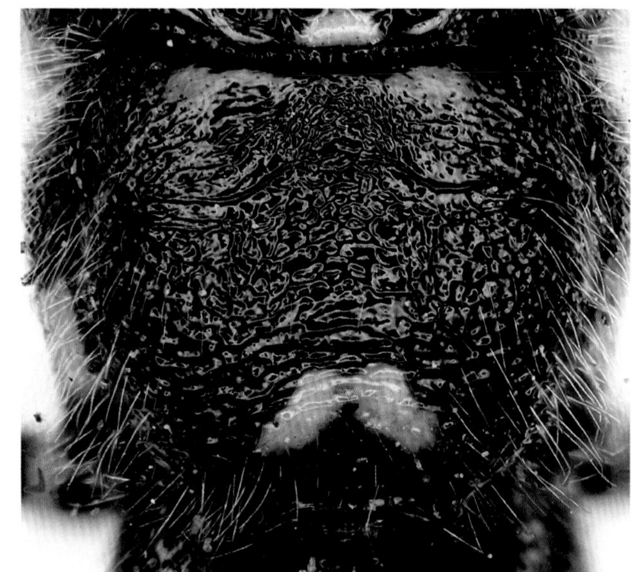

图 37-7　并胸腹节 Propodeum

图 37-8　腹部背板 Tergites

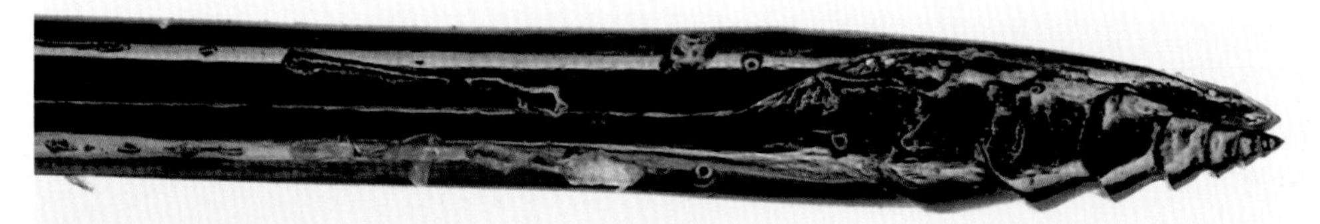

图 37-9　产卵器端部 Apical portion of ovipositor

图 37-10　茧 Cocoon

（十八）闪姬蜂属 *Glabridorsum* Townes, 1970（中国新记录）

Glabridorsum Townes, 1970(1969):174. Type-species: *Gambrus stokesii* (Cameron).

主要鉴别特征 中胸盾片光亮，几乎无刻点、无毛；唇基非常小，强烈隆起，无中齿。全世界已知11种，此前我国无记载。

---

38 端闪姬蜂 *Glabridorsum acroclitae* Kusigemati, 1982（中国新记录）（图 38：1–7）

Glabridorsum acroclitae Kusigemati, 1982:107.

♀ 体长约6.5 mm。前翅长约5.0 mm。产卵器鞘长约1.0 mm。

颜面稍具光泽，表面呈细革质状；亚中央具稠密不规则的弱细皱纹；上部中央稍隆起，上缘中央具1弱脊瘤。唇基表面光亮，具弱且不明显的稀细刻点。上颚上端齿稍长于下端齿。颚眼距约为上颚基部宽的0.7倍。上颊和头顶光滑光亮。侧单眼间距约为单复眼间距的1.1倍；头顶后部明显横向内凹。额光滑光亮，下半部深凹陷。触角端半部稍膨大，鞭节23节。后头脊完整。

前胸背板具稠密的斜细纵皱，前沟缘脊细。中胸盾片均匀隆起，光滑光亮，仅前部具不明显的微细刻点；盾纵沟伸达中胸盾片中央稍后。中胸侧板大部具稠密的斜细纵皱；腹板侧

图 38-1　体 Habitus

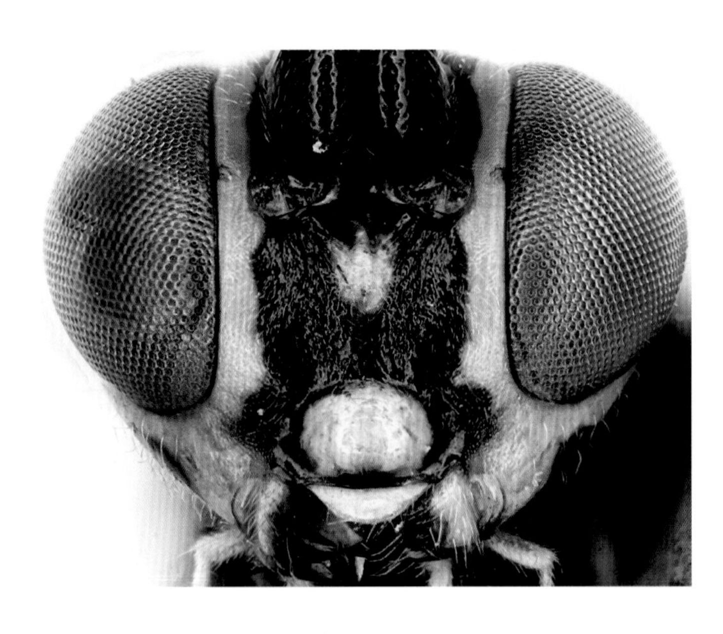

图 38-2　头部正面观 Head, anterior view

沟下方及中胸腹板具稠密的弱细刻点；胸腹侧脊达翅基下脊前缘；镜面区明显。后胸侧板具稠密不规则的细网皱，具基间脊。翅稍带褐色，透明；翅痣较宽大；小脉与基脉对叉；小翅室五边形；后中脉显著拱曲；后小脉约在下方0.4处曲折。前足胫节基部显著缢缩呈颈状；爪基部具稀栉齿。并胸腹节具稠密不规则的细皱和不明显的刻点；基横脊和端横脊显著；并胸腹节气门圆形。

腹部纺锤形，细革质状表面具稠密的短细横线纹。第1节背板长约为端宽的2.7倍；气门小且突出。第2节背板梯形，长约为端宽的0.8倍。第3节背板长约为基部宽的0.6倍，约为端宽的0.6倍。产卵器鞘长约为后足胫节长的0.6倍。产卵器亚端部腹面具稀疏的弱纵脊。

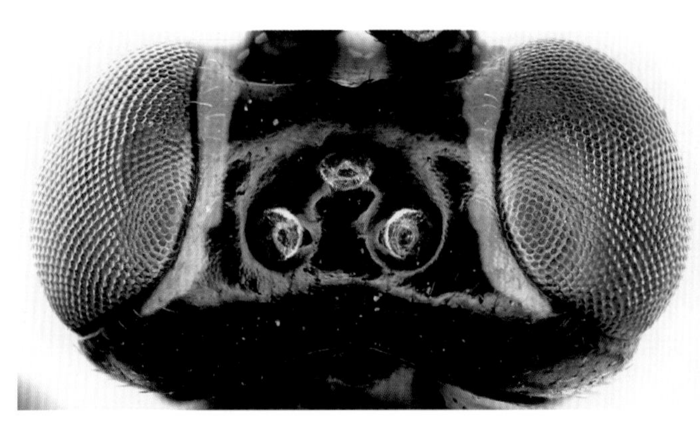

图 38-3　头部背面观 Head, dorsal view

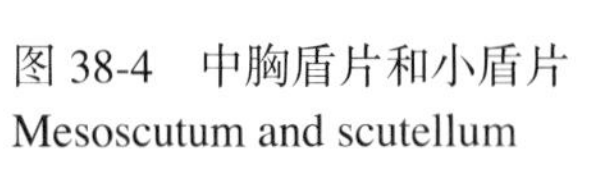

图 38-4　中胸盾片和小盾片
Mesoscutum and scutellum

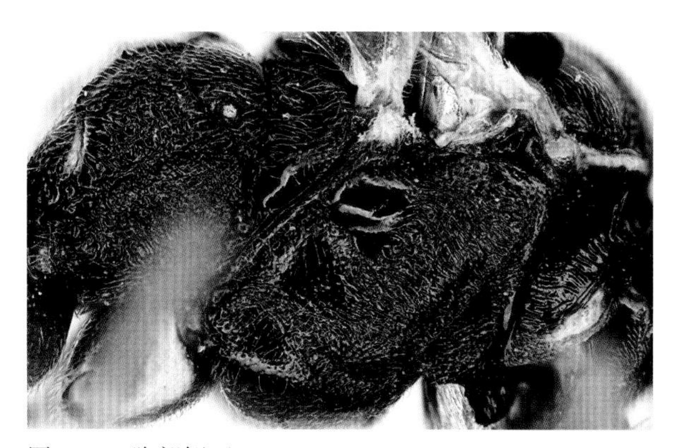

图 38-5 胸部侧面 Mesosoma, lateral view

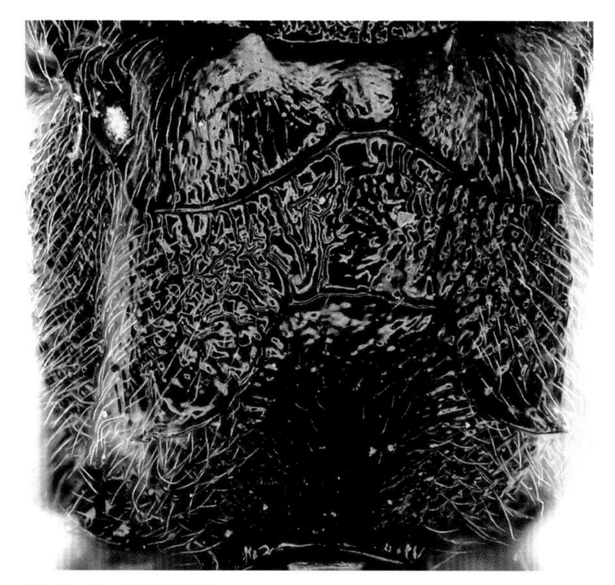

图 38-6 并胸腹节 Propodeum

图 38-7 腹部第 2～4 节背板 Tergites 2-4

体黑色，下列部分除外：触角鞭节中段背侧白色，端部腹侧带黄褐色；颜面上部中央的小斑、复眼周缘、唇基（两侧黑色）、上唇端部、颊区、上颚基部、下颚须、下唇须、翅基片（带黑褐色）、中胸盾片中部的小斑、小盾片端部、后小盾片的横斑（中央间断）、前胸背板下前角及上缘、并胸腹节侧突下方均为黄色；腹部背板带暗红褐色，各节背板端缘的横带黄白色；前中足黄至红褐色，基节外侧黑褐色带白色斑；后足红褐色，基节和转节背侧、腿节和胫节端部及跗节大部分褐黑色，跗节第2节端半部、第3节全部及第4节基半部白色；翅脉褐色，翅痣黄色。

分布 中国（宁夏），日本。

观察标本 1♀，宁夏六盘山，2005-06-09，集虫网。

（十九）木卫姬蜂属 *Xylophrurus* Förster, 1869

Xylophrurus Förster, 1869 (1868):169. Type-species: *Echthrus lancifer* Gravenhorst.

主要鉴别特征 唇基端缘几乎平截，中央具1钝齿；上颚下端齿明显长于上端齿；产卵器强烈侧扁，腹瓣亚端部具包被背瓣的背叶。

全世界已知14种，我国已知2种。

39 矛木卫姬蜂 *Xylophrurus lancifer* (Gravenhorst, 1829)（图 39：1–8）

Echthrus lancifer Gravenhorst, 1829:867.

Xylophrurus lancifer (Gravenhorst, 1829). Sheng & Sun, 2010:135.

♀ 体长10.0～12.0 mm。前翅长8.0～9.5 mm。产卵器鞘长3.6～3.8 mm。

颜面中央具稠密的纵皱。唇基端缘中央具1齿。上颚下端齿明显长于上端齿。额具1中纵脊。触角鞭节19～22节，端节顶端几乎平截。

前胸背板前沟缘脊强壮。中胸盾片具稠密的刻点；盾纵沟浅，前部明显。中胸侧板中部具非常稠密且不规则的网皱或斜横皱；镜面区小；胸腹侧脊抵达翅基下脊。后胸侧板非常粗糙；无基间脊。翅稍带褐色，透明，翅痣下方具较宽的横斑，翅外端颜色稍暗；小翅室五边

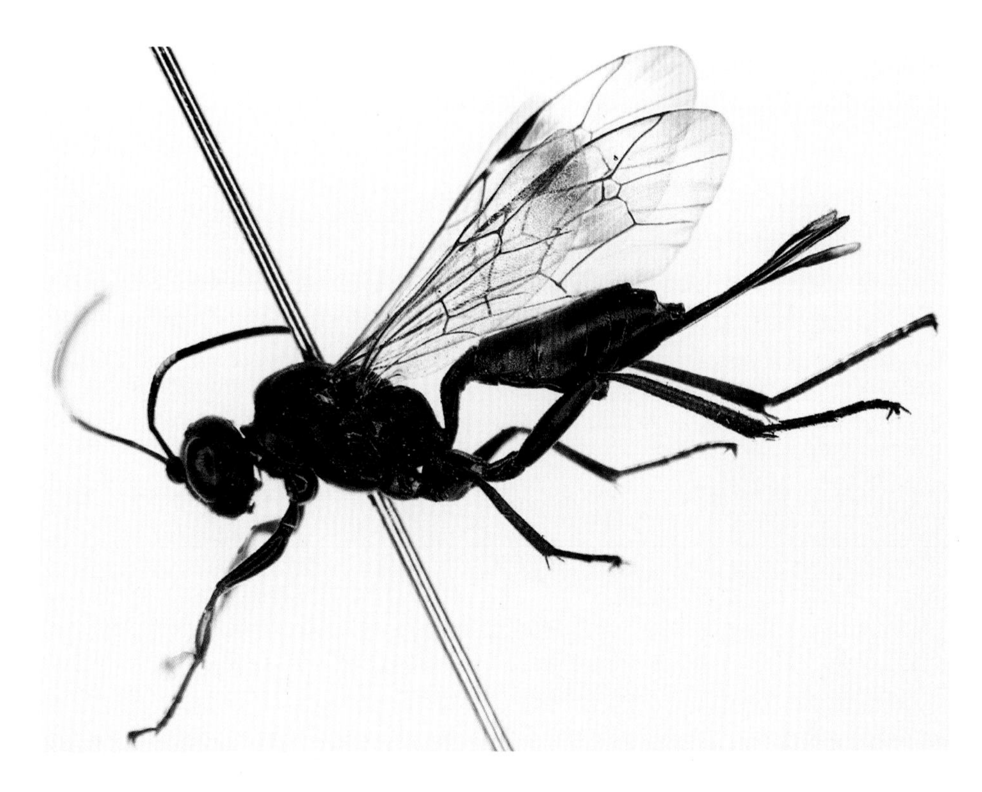

图 39-1
体 Habitus

图 39-2　头部正面观 Head, anterior view

图 39-3　上颊 Gena

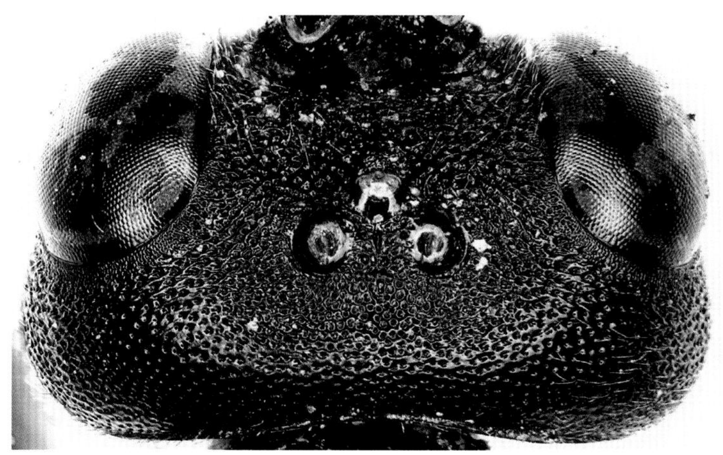
图 39-4　头部背面观 Head, dorsal view

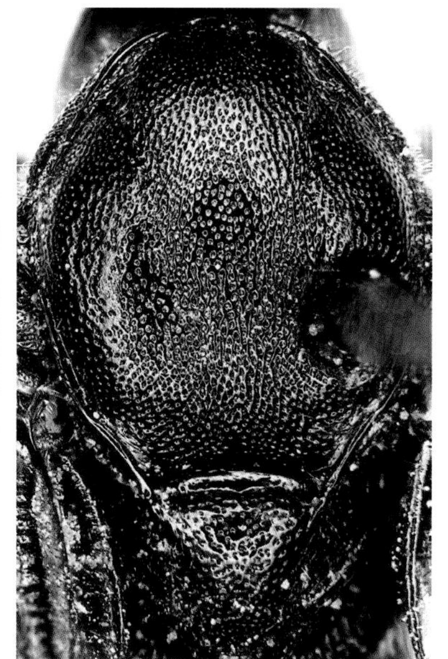
图 39-5　中胸盾片和小盾片
Mesoscutum and scutellum

形；后小脉外斜，约在中央曲折。前足胫节特别粗壮，棍棒状，基部呈细柄状。并胸腹节基横脊完整、强壮；端横脊仅两侧明显；气门小，椭圆形。

腹部第1节背板长约为端宽的1.4倍，在气门处强烈弯曲；其余背板强烈横形。产卵器腹瓣亚端部具背叶，背叶具8条清晰的脊，基部4条内斜，其余的几乎垂直。

体黑色。触角中部具白环；唇基端部、上颚中部、上颊眼眶、翅基片红色；腿节大部分、胫节、跗节不清晰的红褐色；腹部第1节端部和第2～4节（第4节端缘黑色除外）褐色至红褐色。

生物学 该姬蜂寄生钻蛀危害枝条的天牛幼虫或蛹；在沈阳（徐公天、乔尚利，1982），1年1代，以老熟幼虫在寄主蛀道内结茧越冬，翌年4月上旬开始在薄茧内化蛹，杨树即将展叶时，成虫即开始活动；寄生率3%～10%。

寄主 锈斑楔天牛*Saperda balsamifera* Motschulsky、青杨天牛*Saperda populnea* L.、带纹吉丁*Coraebus fasciatus* Villers、山杨楔天牛*Saperda carcharias* (L.)）等。

分布 内蒙古、宁夏、新疆、河北、山西、辽宁、吉林；俄罗斯，塔吉克斯坦，德国，英国，法国，荷兰，波兰，芬兰，瑞典，奥地利，捷克，罗马尼亚，保加利亚。

观察标本 1♀，内蒙古红花尔基，1986-06-16， ；1♀，内蒙古赤峰，1984-04-30，牛玉志；3♀♀（由青杨天牛养得），辽宁沈阳，1991-03-12～14，盛茂领；1♀（由青杨天牛养得），辽宁沈阳，1997-04-26，盛茂领；1♀（由青杨天牛养得），内蒙古东胜，1998-04-06，盛茂领；1♀，辽宁抚顺，2001-05-15，盛茂领；2♀♀（由青杨天牛养得），辽宁沈阳，2004-04-02～09，盛茂领；1♀，内蒙古东胜，2007-05-23，盛茂领；1♀（由锈斑楔天牛养得），新疆额敏，2007-12-30，盛茂领；5♀♀1♂（由锈斑楔天牛养得），新疆额敏，2008-01-08～02-08，盛茂领；11♀♀，河北小五台金河口，2010-04-26，李涛；1♀，新疆额敏，2010-09-20，李涛；2♀♀，辽宁彰武，2011-04-16～26，盛茂领；1♀，宁夏灵武，2011-06-15，盛茂领。

图 39-6 胸部侧面 Mesosoma, lateral view

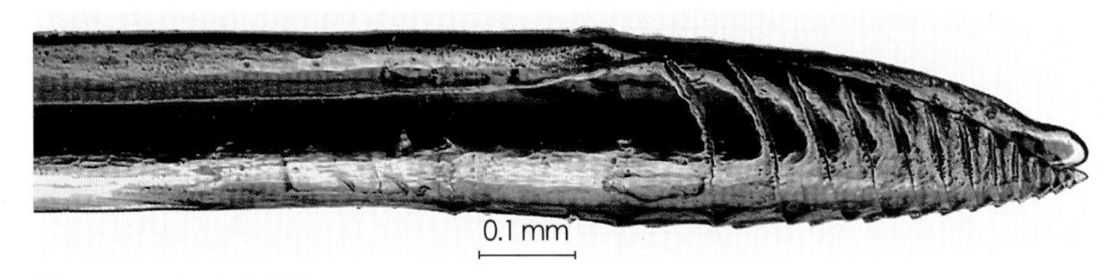

图 39-8 产卵器端部 Apical portion of ovipositor

图 39-7 腹部背板 Tergites

（二十）裂跗姬蜂属 *Mesostenus* Gravenhorst, 1829

Mesostenus Gravenhorst, 1829:750. Type-species: *Mesostenus transfuga* Gravenhorst.

全世界已知62种，我国仅知4种。

40 寇裂跗姬蜂 *Mesostenus kozlovi* Kokujev, 1909（图 40：1-6）

Mesostenus kozlovi Kokujev, 1909:29.

♀ 体长8.0～12.5 mm。前翅长6.0～7.5 mm。产卵器鞘长4.5～6.0 mm。

颜面宽约为长的2.1～2.2倍；具稠密的细刻点，复眼下缘向下具稠密的细纵皱；中部稍隆起，上方中央具1不明显的小瘤突；亚中央稍纵凹。唇基沟明显。唇基明显隆起，具稠密的细刻点，端部具一窄的边缘；端缘中段平直。上颚基部较宽，向端部显著收敛，表面具细纵皱，上端齿长于下端齿。颊区呈细革质状表面。颚眼距约为上颚基部宽的0.6～0.7倍。上颊具稀疏的浅细刻点，向后方渐收敛。头顶后部窄且显著向后收敛，具稠密的细刻点；侧单眼外缘具凹沟，侧单眼外侧呈光滑的细革质状表面；单眼区稍抬高，具稠密的细皱刻点；侧单眼间距约为单复眼间距的1.5～1.6倍。额上半部平坦，具不规则的弱细横皱和细刻点；下半部深凹陷、光滑光亮，具1钝中纵脊。触角柄节显著膨大、侧扁，具模糊的细皱刻点，端缘强烈斜截，几乎斜至柄节基部；鞭节30～32节。后头脊完整。

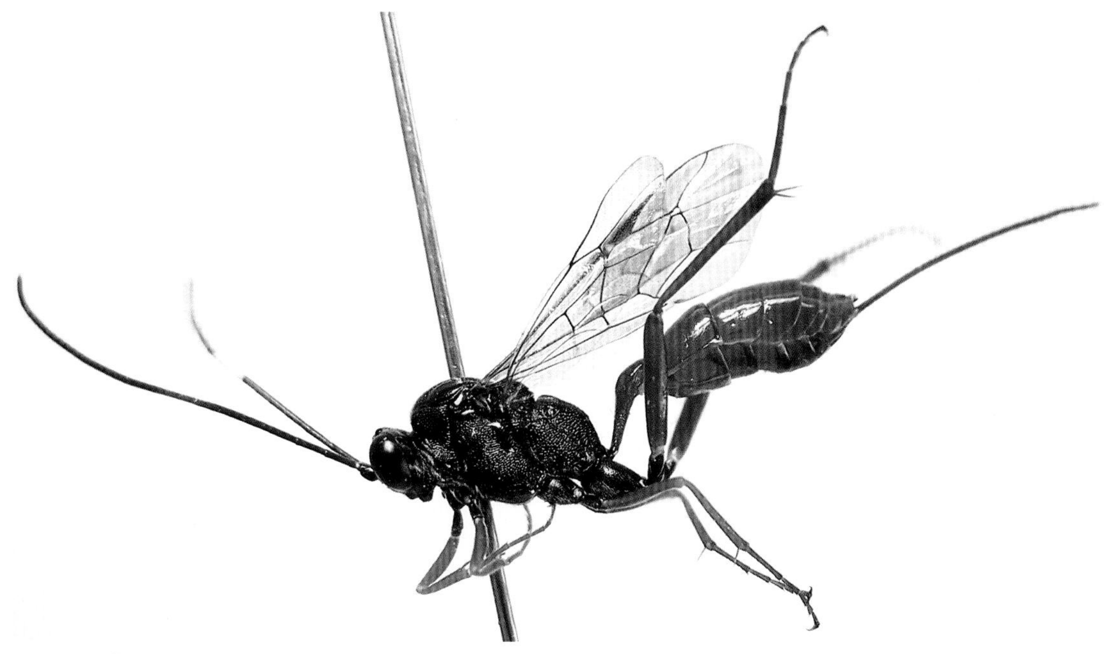

图 40-1 体 Habitus

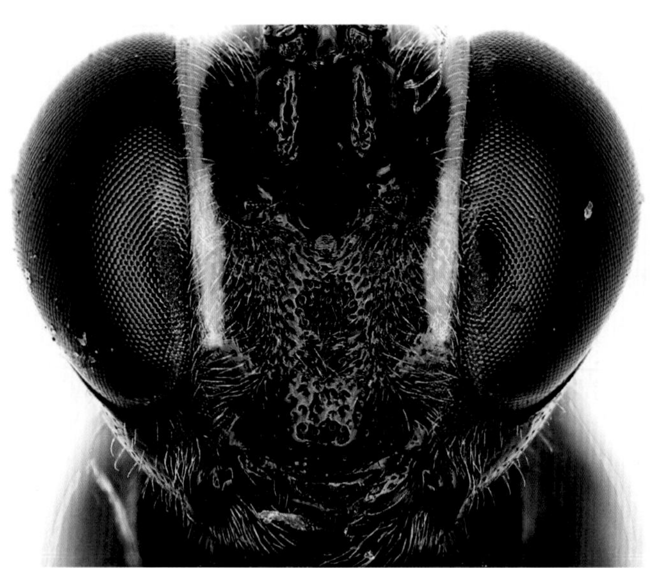

图 40-2　头部正面观 Head, anterior view

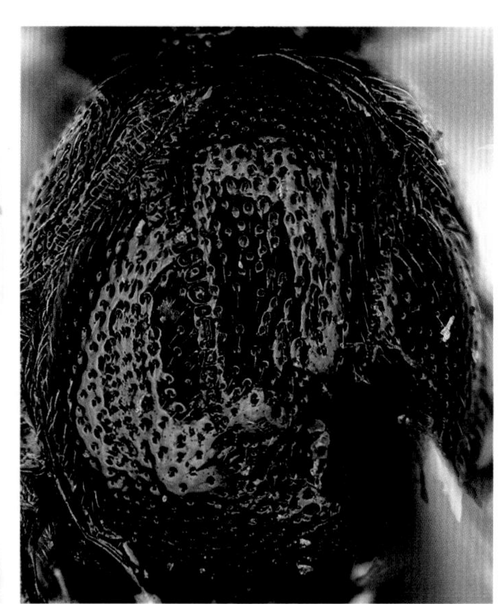

图 40-3　中胸盾片 Mesoscutum

胸部所具刻点较头部刻点稍粗。前胸背板前缘亚基部显著突出；前缘及侧沟具稠密的斜细纵皱和刻点，后上部明显隆起并具稠密的刻点；前沟缘脊明显。中胸盾片稍隆起，具稠密的刻点，刻点纵行排列，具模糊的弱纵皱；盾纵沟清晰，伸达中胸盾片中部之后。盾前沟显著，内具短纵皱。中胸侧板具稠密的粗刻点；中部较强隆起，表面具稠密的网状纵皱；胸腹侧脊细而明显，约伸达翅基下脊下方；翅基下脊凸出，其下方呈一宽横凹；腹板侧沟显著，伸达中足基节基部中央；具小而狭长的镜面区；中胸侧板凹坑状。后胸侧板表面呈稠密的粗网皱，基间脊明显。小盾片稍隆起，具稀疏的刻点，基部具侧脊。后小盾片较平，光滑。翅稍褐色，透明；小脉位于基脉外侧，二者之间的距离约为小脉长的0.3倍；小翅室四边形，第2回脉在它的下外角的稍内侧与之相接；外小脉明显内斜，约在下方0.4处曲折；后小脉约在下方0.35处曲折。爪尖长，简单。并胸腹节基横脊和端横脊显著；外侧脊基半部细弱可见，中纵脊基部存在；第1侧区与外侧区合并，具稠密的粗刻点；基横脊与端横脊之间区域具稠密不规则的粗网皱；端区具稠密的粗横皱；并胸腹节侧突弱；气门斜位、长椭圆形，长径约为短径的2.5倍。

腹部侧扁，背板光滑光亮，具稀疏不明显的浅细刻点。第1节背板长柄状，长约为端宽的2.3～2.4倍；无背中脊，背侧脊基部可见；基部两侧具稠密的细横皱；气门小，圆形，约位于端部0.3处。第2节背板长约为端宽的1.1～1.2倍，基部稍窄，亚基部窗疤显著；第3节背板两侧近平行，长约为宽的0.8倍；第4节及以后背板向后逐渐收敛。产卵器鞘长约为后足胫节长的1.9～2.0倍。产卵器直，粗细均匀；腹瓣端部约具9道细弱的纵脊。

头胸部黑色，腹部和足（基节和转节黑色）红褐色。触角鞭节中段第7～10节白色。内眼眶、翅基片及翅基下脊、小盾片基部的侧脊黄色。翅痣黄褐色，翅脉暗褐色。

♂ 体长约8.0 mm。前翅长约5.5 mm。触角长约6.5 mm。触角全黑色，鞭节29节。

寄主 杠柳原野螟*Proteuclasta stotzneri* Caradja（寄主新记录）；其他寄主记录可参考相关报道（盛茂领等，2014；Yu et al., 2016）。

寄主植物 杠柳*Periploca sepium* Bunge。

分布 宁夏、新疆。

观察标本 81♀♀21♂♂，宁夏灵武，2007-08-19～23，盛茂领。

图 40-4 胸部侧面 Mesosoma, lateral view

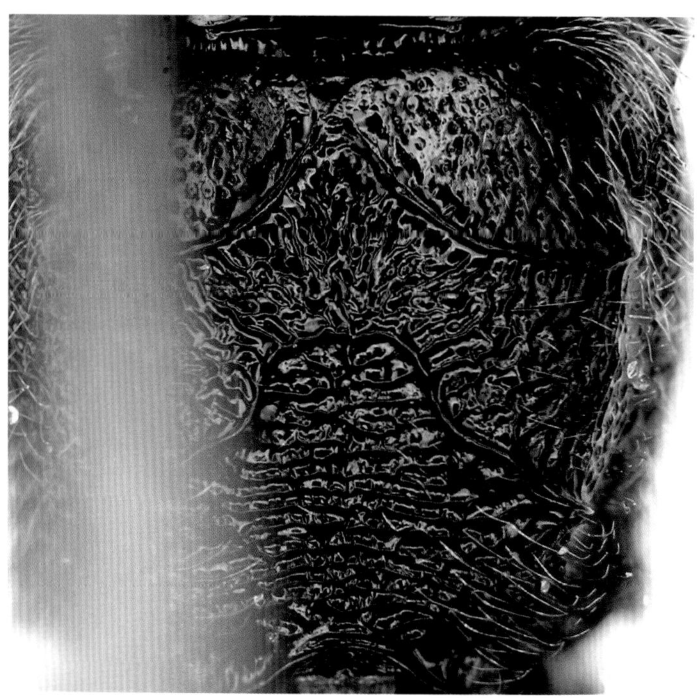

图 40-5 并胸腹节 Propodeum

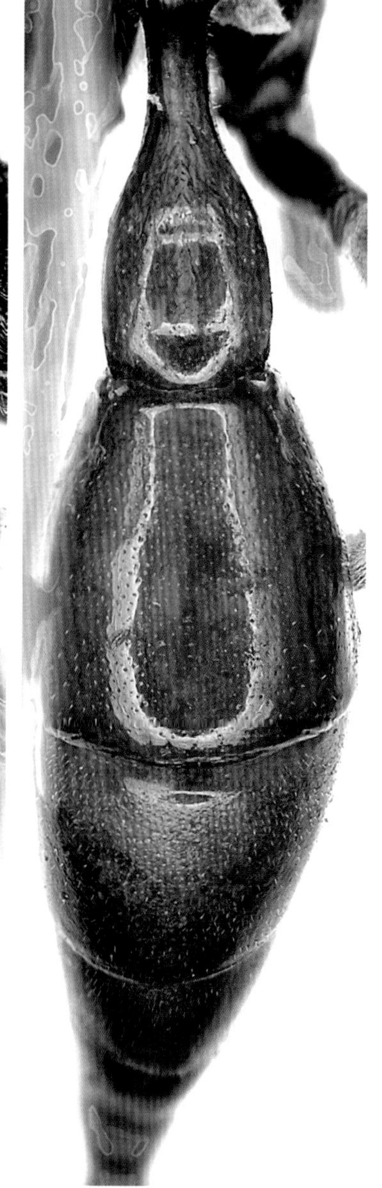

图 40-6 腹部背板 Tergites

（二十一）歧腹姬蜂属 *Dichrogaster* Doumerc, 1855

Dichrogaster Doumerc, 1855:38. Type-species: *Microgaster perlae* Doumerc.

全世界已知46种，我国仅知3种。

41 古毒蛾歧腹姬蜂 *Dichrogaster orgyiae* Sheng & Zhao, 2012（图 41：1-7）

Dichrogaster orgyiae Sheng & Zhao, 2012:607.

♀ 体长约4.7 mm。前翅长约3.5 mm。产卵器鞘长约1.0 mm。

颜面宽约为长的2.4倍；具不清晰的细粒状表面。颚眼距约为上颚基部宽的1.6倍。眼下沟弱。侧单眼间距约为单复眼间距的1.5倍。额具皮革状质地。触角鞭节23节，基部几节稍细。前翅小脉与基脉对叉；小翅室开放；后翅后小脉约在下方0.35处曲折。中胸侧板具粗刻点；镜面区光亮。并胸腹节中区宽约为长的2.1倍。

腹部第1节背板长约为端宽的1.7倍。第2节背板长约为端宽的0.6倍。产卵器鞘长约为后足胫节长的0.85倍。产卵器亚端部无背结，腹瓣端部无明显的纵脊。

图 41-1 体 Habitus

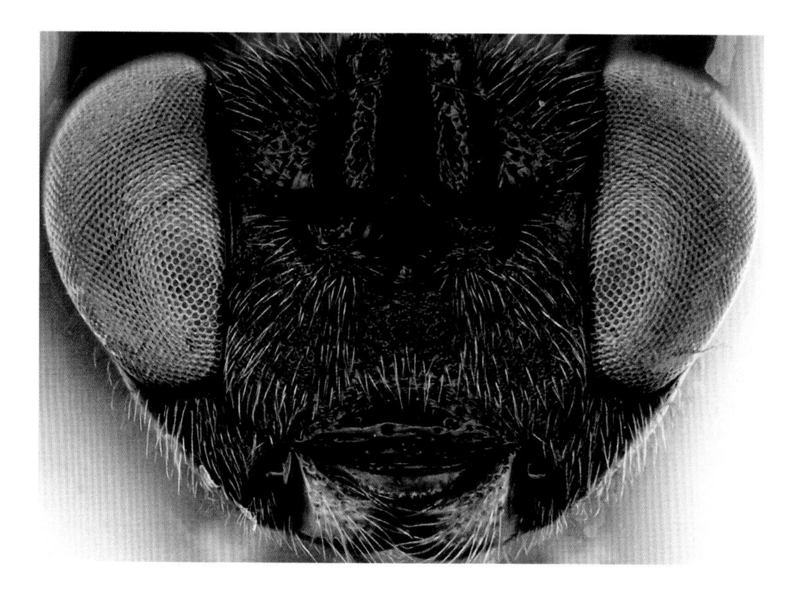

图 41-2　头部正面观 Head, anterior view

触角鞭节黑色，腹面稍带褐色；腹部第1、2节背板和第3节背板的基部褐色；其余背板黑色；第4、5节背板后缘的狭边褐色。

♂　体长约4.5 mm。前翅长约3.4 mm。触角长约3.0 mm。

触角逐渐向端部变尖，鞭节20～21节；触角瘤细线形，位于第10～12节。

前胸背板侧纵凹内具稠密的横皱；前胸背板的下端光滑光亮，呈角状。翅基下脊突出呈薄片状。后胸侧板具稠密的刻点，无基间脊。翅痣大，三角形，径脉在它的中部相接；后小脉几乎垂直（稍外斜），约在中央曲折。并胸腹节分区完整；基区向前强烈下凹，基宽约为端宽的1.1倍；中区横六边形；气门非常小，约呈圆形，紧靠外侧脊。

腹部第1节背板长约为端宽的1.9倍，光亮。第2～4节背板具细且不均匀的刻点。

头胸部黑色，下列部分除外：唇基端缘和前胸背板后上缘的狭边或多或少带红色；柄

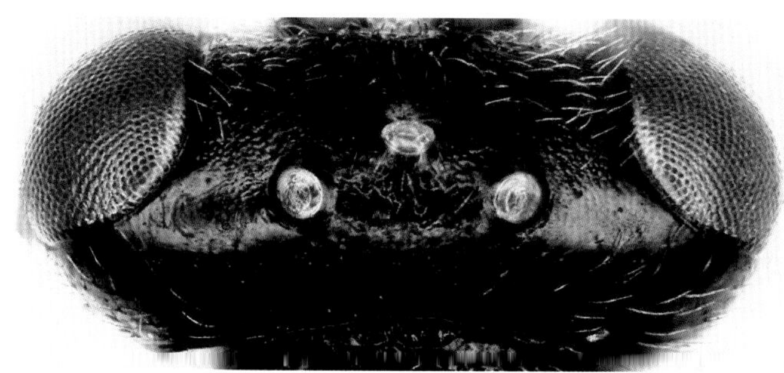

图 41-3　头部背面观 Head, dorsal view

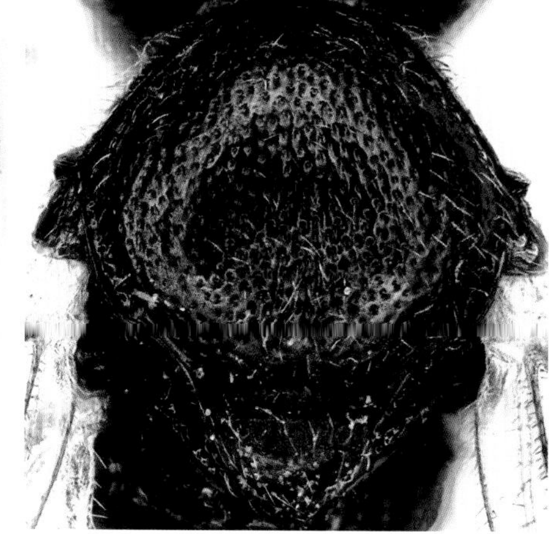

图 41-4　中胸盾片和小盾片 Mesoscutum and scutellum

图 41-5 额 Frons

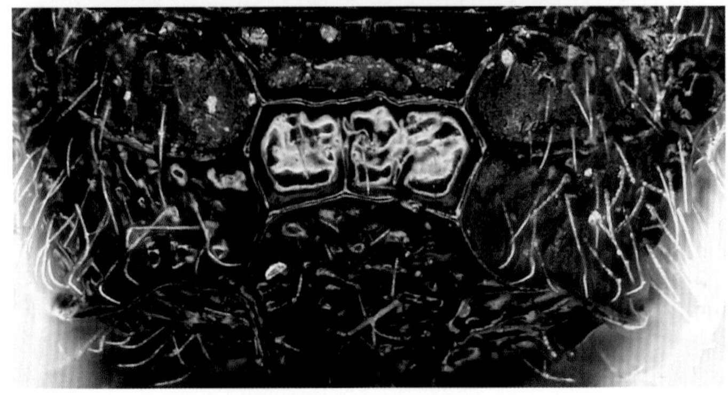

图 41-6 并胸腹节 Propodeum

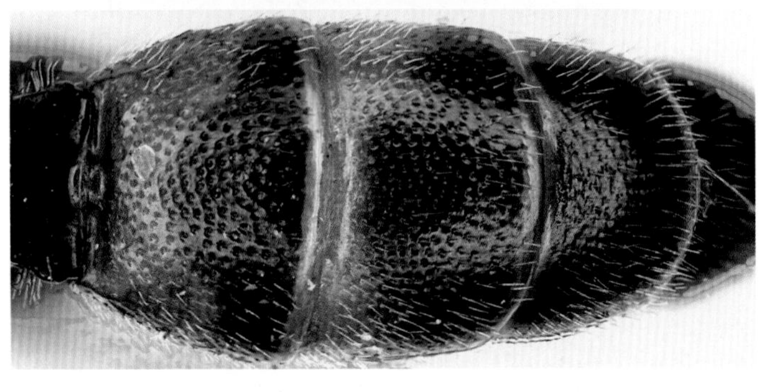

图 41-7 腹部第 2 ～ 5 节背板 Tergites 2-5

节、梗节背侧大部分褐色；下唇须，下颚须，上颚（基缘和端齿褐黑色），触角柄节、梗节下侧，足（前中足基节及转节和后足基节及第1转节除外）黄褐色；后足腿节端部和胫节端部褐黑色；翅基片黄色；腹部第1节背板黑色；其余背板褐黑色（个别标本不清晰的褐色）；第2～5节背板亚端部具褐黑色匀称的横带。

寄主 灰斑古毒蛾*Orgyia ericae* Germar。

分布 内蒙古、宁夏。

观察标本 1♂（正模），内蒙古准格尔旗，1040 m，2007-08-24，盛茂领；1♀1♂（副模），内蒙古杭锦旗，2007-09-08～13，盛茂领；1♂（副模），宁夏盐池，1380m，2009-08-17，吴金霞。

七、洼唇姬蜂亚科 Cylloceriinae

该亚科仅含4属，在我国仅知1属。

（二十二）洼唇姬蜂属 *Cylloceria* Schiødte, 1838

Cylloceria Schiødte, 1838:140. Type-species: *Phytodietus caligatus* Gravenhorst.

本属已知30种，我国已知7种。

寄主 尽管在我国很容易采到该属的标本，但对寄主的了解知之甚少。国外已知的寄主主要隶属于：扁叶蜂科Pamphiliidae、叶蜂科Tenthredinidae、草螟科Crambidae、卷蛾科Tortricidae等。

---

42 隘洼唇姬蜂 *Cylloceria aino* (Uchida, 1928)（图 42：1−9）

Lampronota melancholicus aino Uchida, 1928:93.

Cylloceria aino (Uchida, 1928). Sheng & Sun. 2009:141.

♀ 体长9.5～11.0 mm。前翅长8.0～9.2mm。

颜面侧面光亮，具清晰稀浅的刻点；中央纵向粗糙，刻点不清晰，上部隆起；亚侧面

图 42-1 体 Habitus

图 42-2　头部正面观 Head, anterior view

在唇基凹的上方纵凹，具短纵皱。上颚上端齿约等长于下端齿且明显宽于下端齿。触角鞭节26～29节。

前胸背板前缘具细弱的纵皱，侧凹内具弱细的短横皱，侧凹的后上方具光滑光亮区；前沟缘脊弱且短。盾纵沟深。后胸侧板粗糙，不规则的小网状粗皱。翅暗灰褐色，透明；无小翅室；后小脉在中央或中央稍上方曲折。并胸腹节具清晰的中纵脊；气门椭圆形。

腹部第1节背板长约为端宽的1.7～1.8倍，具稠密不规则的皱。第2节背板基部粗糙，端部及以后各节几乎光滑，刻点不明显。下生殖板非常大，侧观呈三角形。产卵器背瓣亚端部具小缺刻。

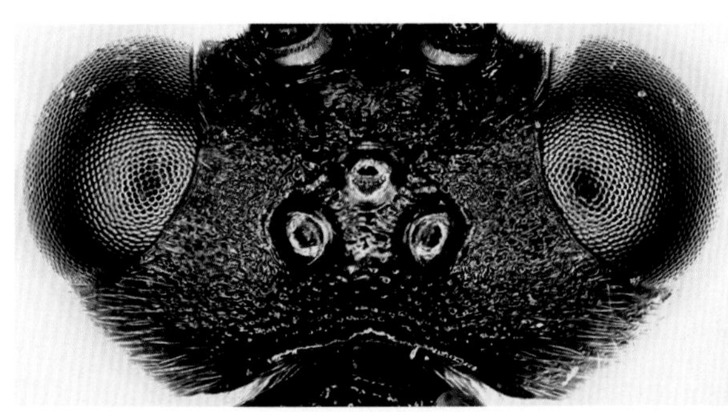

图 42-3　头部背面观 Head, dorsal view

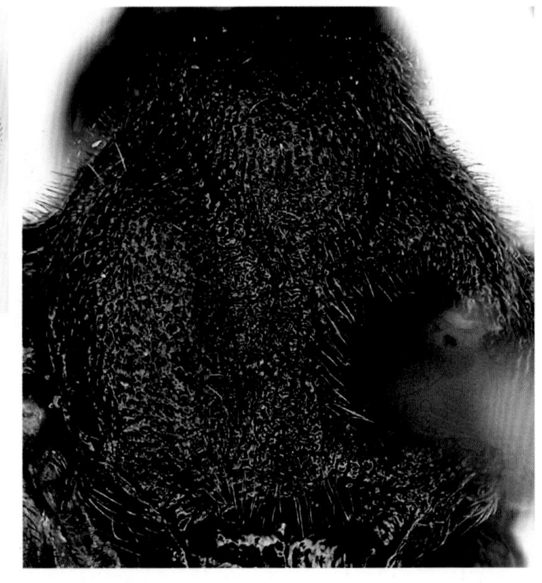

图 42-4　中胸盾片 Mesoscutum

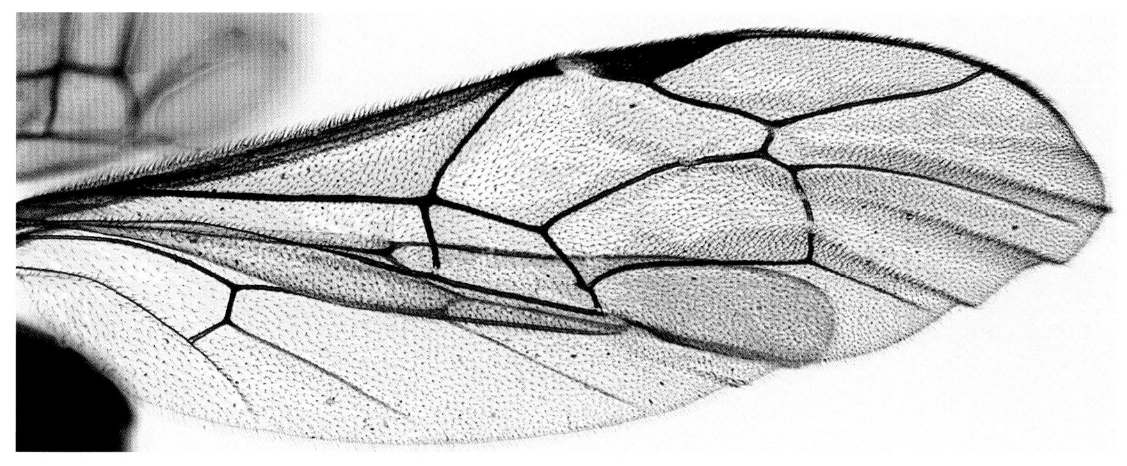

图 42-5　翅 Wings

黑色。下唇须及下颚须黄色；前中足腿节及胫节红褐色，跗节暗褐色；腹部端部各节后缘或多或少具暗红色狭边。

变异　不同地区的标本有一定的差异：颜面大部分或几乎全部，具不规则的皱（宁夏及内蒙古的标本），或仅中央具皱（河南的标本）。

分布　内蒙古、宁夏、四川、河南、北京、辽宁、吉林；日本，俄罗斯。

观察标本　1♂，宁夏六盘山，2005-07-21，集虫网；8♀♀11♂♂，宁夏六盘山，2005-08-25～09-29，集虫网；2♂♂，宁夏彭阳何岘，2011-08-04，王荣；1♀3♂♂，内蒙古东胜，2006-08-05～19，盛茂领；1♂，辽宁抚顺猴石，2002-07-08，盛茂领；2♀♀，辽宁

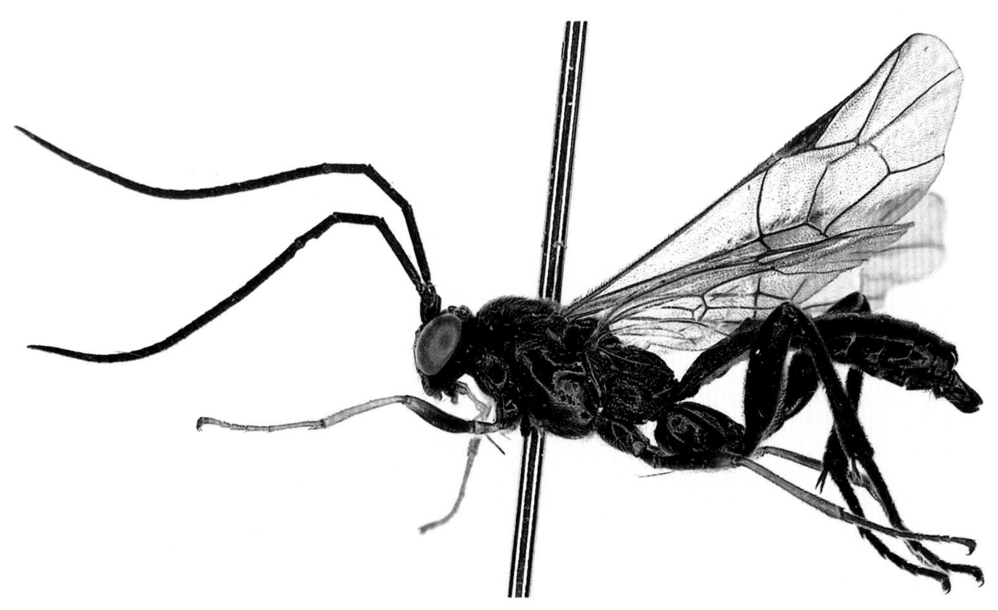

图 42-6　体 Habitus

图 42-8　胸部侧面 Mesosoma, lateral view

图 42-7　触角第 3 ～ 4 鞭节 Flagellomeres3-4

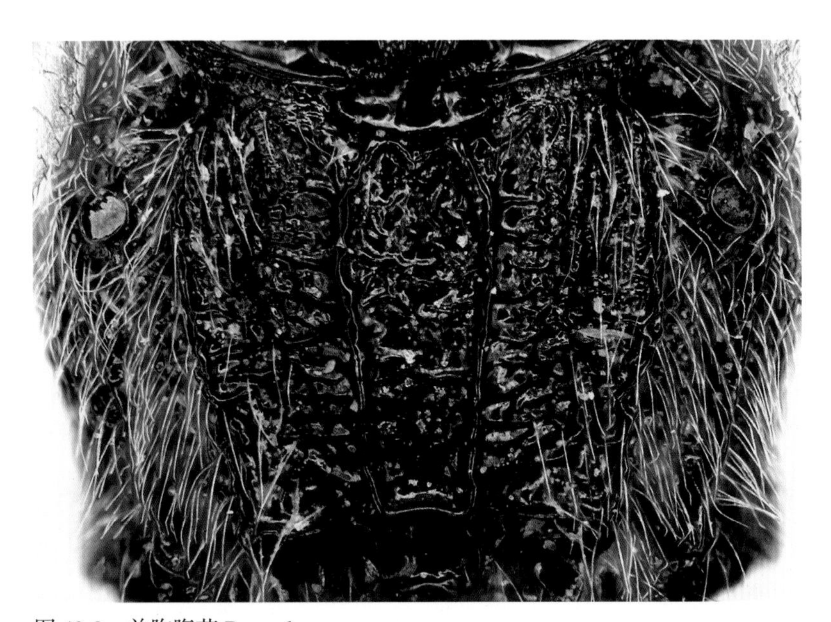

图 42-9　并胸腹节 Propodeum

新宾，2005-07-14～24，集虫网；6♀♀12♂♂，辽宁本溪，2009-07-20～09-04，集虫网；2♀♀，辽宁桓仁，2011-08-04，集虫网；2♀♀13♂♂，辽宁本溪，2013-06-27～09-16，集虫网；6♀♀9♂♂，河南内乡宝天曼，2006-06-21～08-15，申效诚；1♀，吉林敦化，2002-07-12，郝德君；1♀，北京门头沟，2009-07-07，王涛；1♀，四川卧龙银厂沟，2013-08-08，李涛。

43 黑洼唇姬蜂 *Cylloceria melancholica* (Gravenhorst, 1820)（图 43：1−5）

Ichneumon melancholicus Gravenhorst, 1820:372.

♀ 体长约8.5 mm。前翅长约6.5 mm。产卵器鞘长约6.0 mm。

颜面具稠密的粗刻点。上颚上端齿长于下端齿。颚眼距约等于上颚基部宽。头顶具稀疏的粗刻点，中单眼至后头脊之间有一条纵凹沟，头顶后缘中央向前稍凹，侧单眼间距约为单复眼间距的1.8倍。额具稀细刻点。触角鞭节25节，第1～3鞭节之比依次为28:17:13。后头脊完整。

中胸盾片具稠密均匀的粗刻点，盾纵沟明显。中胸侧板具均匀稠密的粗刻点。后胸侧板具稠密的粗皱纹。翅带褐色，透明，小脉位于基脉的内侧；小翅室外方开放；外小脉在下方0.2处曲折；后小脉外斜，约在中央曲折。并胸腹节中纵脊强壮，侧纵脊和外纵脊明显，端横脊弱；气门近椭圆形。

腹部第1节背板具稠密粗糙的皱纹，长约为端宽的1.4倍；第2节以后背板稍粗糙。下生殖板大，侧面观三角形。产卵器背瓣亚端部具缺刻。

体黑色，下列部分除外：足黄褐至褐色；基节黑色，后足胫节、跗节褐黑色；翅基片褐色。

分布 宁夏、内蒙古；蒙古，立陶宛，拉脱维亚，吉尔吉斯斯坦，伊朗，欧洲，北美。

观察标本 1♀，内蒙古东胜，1380m，2006-06-26，杨奋勇、苏梅；5♀♀1♂，宁夏彭阳何岘，2011-08-04，王荣。

图 43-1 体 Habitus

图 43-2　头部正面观 Head, anterior view

图 43-3　头部背面观 Head, dorsal view

图 43-4　胸部侧面 Mesosoma, lateral view

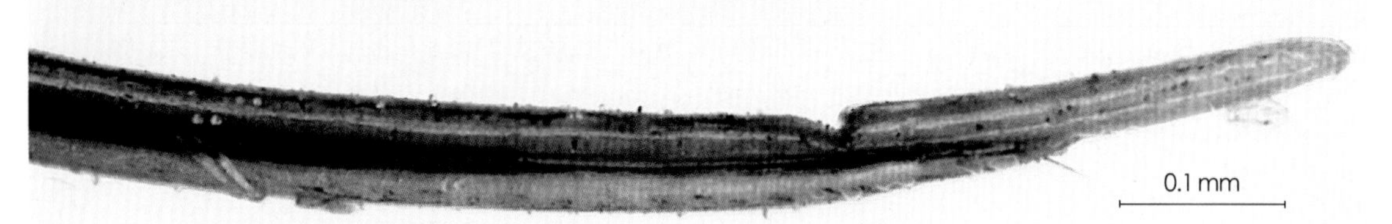

图 43-5　产卵器端部 Apical portion of ovipositor

44 林洼唇姬蜂 *Cylloceria sylvestris* (Gravenhorst, 1829)（中国新记录）（图44：1-9）

Tryphon sylvestris Gravenhorst, 1829:138.

♀ 体长9.5～11.0 mm。前翅长7.0～9.5 mm。产卵器鞘长5.0～6.0 mm。

颜面具稠密的细刻点和褐色短毛，中央具细纵皱，刻点不清晰。唇基端缘薄，中段几乎平截。上颚端齿斜宽，上端齿稍长于下端齿。颚眼距约等于上颚基部宽。额凹，光滑光亮。后头脊完整，背方中央下凹，稍内弯。

前胸背板侧凹内具短细横皱；前沟缘脊处具粗斜皱。中胸盾片中叶前部较隆起，前侧几乎垂直；盾纵沟深。小盾片侧脊基部明显。胸腹侧脊伸达翅基下脊前缘；镜面区大而光亮。后胸侧板粗糙，呈不规则的网状皱。翅暗褐色，透明，无小翅室；后小脉在中部或中部稍下方曲折。并胸腹节粗糙；中纵脊、侧纵脊、外侧脊完整，端横脊中段存在；中纵脊几乎平行；中纵脊外侧具稠密的粗网皱；端区光亮；气门椭圆形。

腹部端部侧扁。第1节背板长约为端宽的2.0～2.1倍，粗糙，具稠密不规则的粗网皱；气门小，圆形，突出。第2节背板长约等于端宽，基部稍窄。下生殖板大，侧面观约呈三角形。产卵器较细，背瓣亚端部具小缺刻。

体黑色。上颚端部红褐色（端齿黑色），下唇须及下颚须暗褐色；前中足腿节红褐色，胫节和跗节黄褐色（端部跗节黑褐色）；后足腿节红褐色，胫节和跗节黑色；腹部第2～5节

图 44-1 体 Habitus

背板后缘或多或少具暗红色狭边。

♂ 体长约9.0 mm。前翅长约8.5 mm。触角鞭节28节，第3节外侧端部和第4节基部具光滑的深凹刻。

分布 中国（宁夏），俄罗斯，哈萨克斯坦，拉脱维亚，立陶宛，芬兰，德国，英国，波兰，挪威，瑞典等。

观察标本 1♀，宁夏彭阳，2005-09-08，集虫网；5♀♀1♂，宁夏彭阳，2011-08-04，王荣。

图 44-2 头部正面观 Head, anterior view

图 44-3 头部背面观 Head, dorsal view

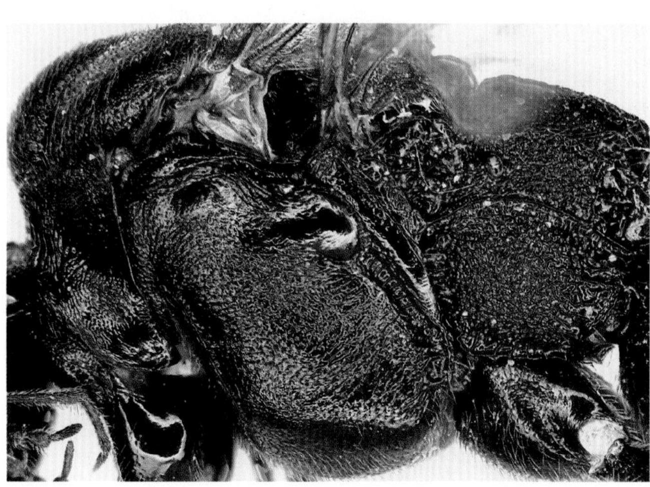
图 44-4 胸部侧面 Mesosoma, lateral view

图 44-5 中胸盾片和小盾片 Mesoscutum and scutellum

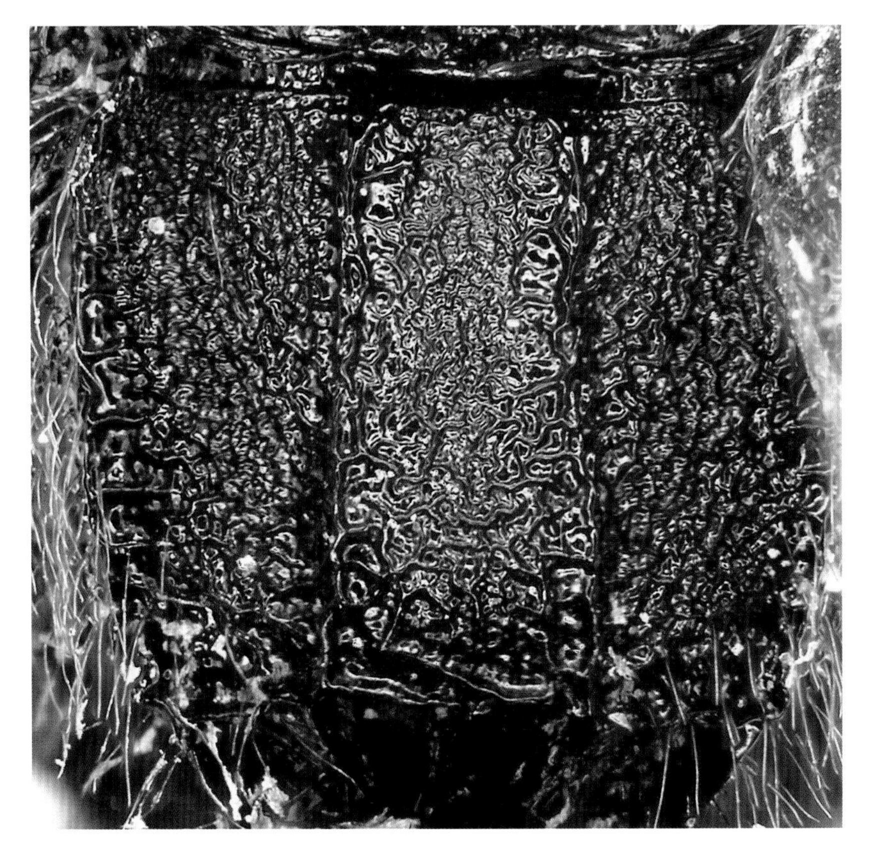

图 44-6　并胸腹节 Propodeum

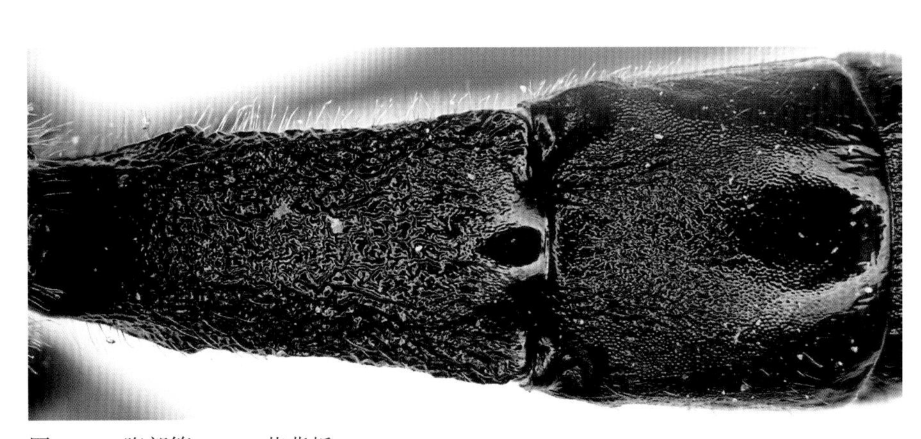

图 44-7　腹部第 1 ～ 2 节背板 Tergites 1-2

图 44-8　产卵器端部 Apical portion of ovipositor

图 44-9　触角基部 Basal segments of antenna

八、姬蜂亚科 Ichneumoninae

本亚科含15族437属，据2016年的资料（Yu et al. 2016），已知4355种；我国已知11族98属，约256种。分族检索表可参考相关文献（Tereshkin，2009；盛茂领等，2013）。

（二十三）大凹姬蜂属 *Ctenichneumon* Thomson, 1894

Ctenichneumon Thomson, 1894:2082. Type-species: (*Ichneumon funereus* Gravenhorst) = *funereus* Geoffroy.

全世界已知56种，我国已知5种。

45 鄂大凹姬蜂 *Ctenichneumon apakensis* Uchida, 1940（图 45：1–4）

Ctenichneumon apakensis Uchida, 1940:23.

Ctenichneumon apakensis Uchida, 1942:111.

♀ 体长约13.0 mm。前翅长约9.5 mm。

颜面具稠密的细皱刻点，侧方刻点相对稀疏。唇基较平坦，端缘平直。上颊具细刻点（后部较稠密）。侧单眼间距稍大于单复眼间距。额具稠密的细皱刻点。触角柄节粗壮，鞭节向端部渐细，基部约5小节端部膨大。后头脊完整。

前胸背板下前方及侧凹具细斜纵皱，后上部具浅细刻点，前沟缘脊强壮。小盾片稍隆起，光滑光亮，基缘具浅细刻点。中胸侧板具稠密的细刻点；胸腹侧脊伸达翅基下脊前缘；镜面区小，具少量浅细刻点。翅褐色，透明；小翅室大，五边形；后小脉约在下方1/4处曲折。并胸腹节具稠密不规则的细皱；基区较光滑；中区四边形，侧边稍弧形。气门长椭圆形，靠近侧纵脊。

腹部第1节背板基部细柄状，端部增宽，具几乎完整的背中脊，在端部约1/3处明显隆起，2脊之间纵凹。第2节背板腹陷明显，上缘隆脊；基部中央具稠密的细纵皱。第3节背板两侧近平行，具稠密的细刻点。产卵器鞘短。

体黑色；触角鞭节中部黄褐色；前足腿节、胫节、跗节（端部黑褐色），中足腿节（背侧带黑褐色）、胫节，后足胫节（除基端和端部），腹部第1～2节背板红褐色；小盾片黄色。

寄主 赤蛱蝶*Vanessa indica* Herbst (蛱蝶科Nymphalidae)。

分布 内蒙古、陕西、辽宁。

观察标本 1♂，陕西宝鸡，2014-10-30，K. van Achterberg；1♀（正模），1939-06，内蒙古阿巴嘎旗。

45-1 体 Habitus

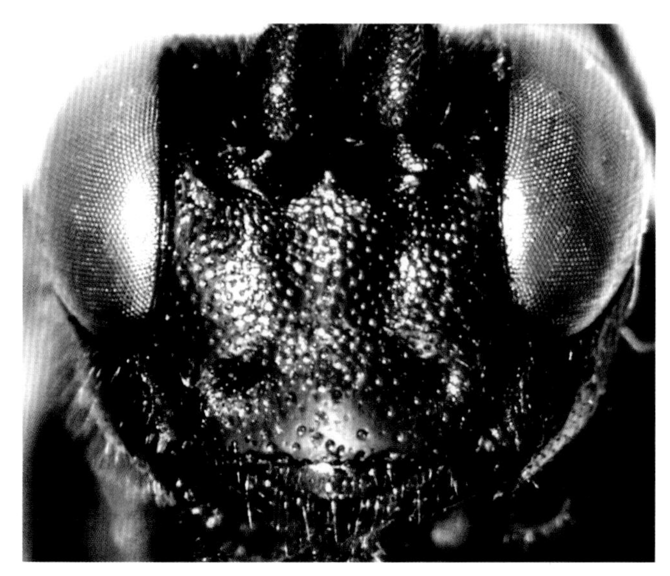

图 45-2 头部正面观 Head, anterior view

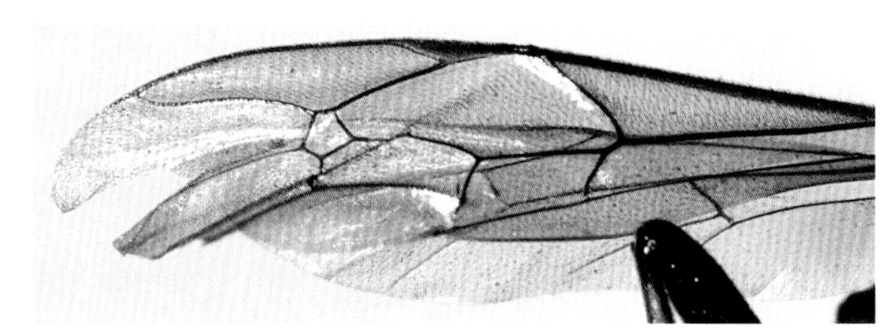

图 45-3 翅 Wings

图 45-4 腹部背板 Tergites

（二十四）大铗姬蜂属 *Eutanyacra* Cameron, 1903

Eutanyacra Cameron, 1903:227. Type-species: *Ichneumon pallidicornis* Gravenhhorst.

本属含37属，在我国仅知3种。

---

46 地蚕大铗姬蜂 *Eutanyacra picta* (Schrank, 1776)（图 46：1–4）

Ichneumon pictus Schrank, 1776:88.

♀ 体长12.0～14.0 mm。前翅长9.0～11.0 mm。

颜面中部具稠密的细刻点。唇基沟清晰。唇基约与颜面相等，较平坦，具稠密且不均的刻点，端缘平直。上颚上端齿长且强于下端齿（小）。颊具细革质状表面，颚眼距约为上颚基部宽的0.7～0.8倍。上颊阔，中部稍隆起，向后部显著收敛，表面具细刻点（后部较稠密）。侧单眼间距约为单复眼间距的1.4倍。额上半部具细横皱；下半部深凹陷，光滑光泽。触角鞭节41～44节，向端部渐细。后头脊完整。

前胸背板侧凹具稠密的纵皱。中胸盾片均匀隆起，具稠密的细刻点。中胸侧板具稠密的斜皱和刻点；胸腹侧脊伸达翅基下脊前缘。后胸侧板具稠密的斜纵皱。翅褐色，透明；小脉位于基脉内侧；具残脉；小翅室五边形；外小脉约在下方0.35处曲折；后小脉约在下方1/4处曲折。并胸腹节侧突明显；气门长椭圆形。

腹部第1节背板端部具稠密的细纵皱；端部0.3处隆起；气门卵圆形。其余背板具均匀稠

图 46-1　体 Habitus

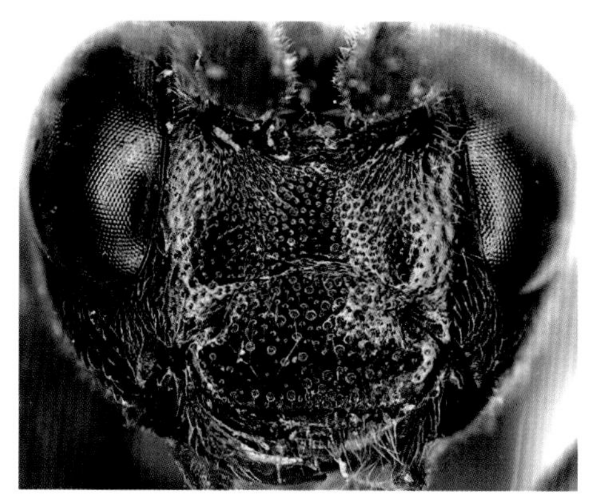

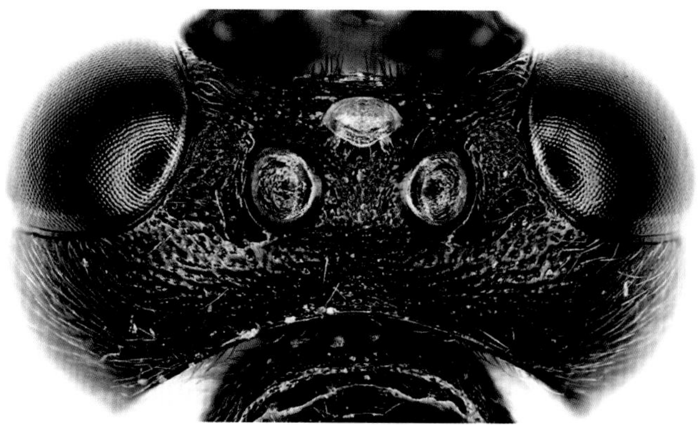

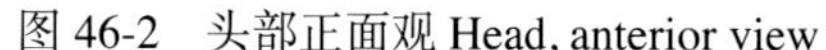

图 46-2 头部正面观 Head, anterior view　　图 46-3 头部背面观 Head, dorsal view

密的细刻点。第2节背板长约为端宽的0.7～0.8倍。产卵器鞘短，刚露出腹末。

体黑色，下列部分除外：上颚（端齿除外），下颚须或下唇须，触角基半部，腹部第2节背板除端缘的横带（或不明显）、第3节背板除基部和端部的横带，各足除基节和转节（后足腿节和胫节端部黑色，后跗节背侧褐黑色）红褐色；触角鞭节第7～10节或多或少带黄色；小盾片，翅基下脊黄色；腹部第4（5）～8节背板端部的横带黄白色；翅基片外缘暗红褐色。

♂ 体长14.0～18.0 mm。前翅长11.0～14.0 mm。触角不卷曲，鞭节45～47节。触角端半部褐黑色。颜面和唇基两侧具相连的黄色纵斑，前胸背板后上缘、翅基片黄色。抱握器大。

寄主 灰斑古毒蛾*Orgyia ericae* Germar。

分布 广布于我国北方地区和云南等；国外分布于朝鲜，日本，蒙古，俄罗斯，北美等。

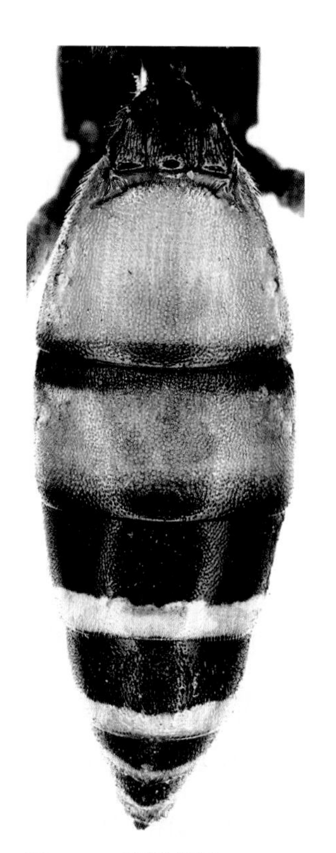

图 46-4 腹部背板 Tergites

观察标本 2♂♂，1975-07-04，灯诱；1♂，1982-08-06，灯诱；1♂，1983-09-18，灯诱；1♂，PeiPing，China，1947-05-18，王安模；1♂，北京香山，1985-05-03；1♂，内蒙古，1980-07-24；1♂，内蒙古乌盟达茂，1981-07-13；2♂♂，内蒙古兴安盟，1981-07；1♀，内蒙古大青山，1985-07-12，郭俊梅；1♀，辽宁清原，1985-06；1♂，新疆伊犁，1994-06-28，卞锡元；1♀，新疆伊宁市，1996-07-18，卞锡元；1♂，辽宁桓仁，2002-08-25，葛志菊；1♂，辽宁桓仁，2002-08-27，王庆敏；1♂，辽宁沈阳，2000-05-26，盛茂领；3♂♂，辽宁沈阳，2004-08-31，盛茂领；1♂，云南丽江玉龙雪山牦牛坪，2004-07-24；1♂，宁夏六盘山，2005-07-14，集虫网；1♀1♂，内蒙古东胜，1380m，2006-06-10～07-10，盛茂领；1♀，内蒙古鄂尔多斯，1310m，2008-07-12，盛茂领；1♂，黑龙江朗乡，2008-07-21，宗世祥。

九、盾脸姬蜂亚科 Metopiinae

该亚科含27属，我国已知15属。属检索表可参考Townes（1971）的著作。

（二十五）三姬蜂属 *Trieces* Townes, 1946

Trieces Townes, 1946:60. Type-species: *Exochus texanus* Cresson.

主要鉴别特征 中足胫距的前距为后距的0.25～0.65倍。中胸侧缝不明显或缺。后胸侧板裸，或上部具毛，靠近后足基节处或多或少具清晰的皱。无小翅室。腹部第2～5节背板的折缘非常狭窄，几乎缺；第1节背板背侧脊常弱或不明显；第2节背板具贯穿全长的1背中脊和1亚侧脊。第3节背板具1背中脊和1亚侧脊，亚侧脊仅基部0.3或更长存在。第4节背板有时具背中脊和亚侧脊。

全世界已知71种；我国知1种。已知寄主有蓑蛾科Psychidae、巢蛾科Yponomeutidae、织蛾科Oecophoridae。

---

47 屯三姬蜂 *Trieces etuokensis* Sheng, 2016（图 47：1－5）

Trieces etuokensis Sheng, 2016:74.

♀ 体长约2.8 mm。前翅长约2.2 mm。

复眼内缘明显向下方收敛。颜面和唇基合并形成均匀隆起的表面；颜面具稠密的细刻点，刻点间距为刻点直径的0.2～0.5倍，上缘中央向上三角形隆起。唇基与颜面相比，具更稠密的细刻点，刻点间距约为刻点直径的0.2倍，端部中央下凹，端缘几乎平截。上颚小，向端部稍变窄；上端齿明显长于下端齿。颊区平，具微弱的细刻点；颚眼距约等长于上颚基部宽。上颊几乎光滑，具稀且不明显的细刻点，向后几乎不收敛；背面观，长约等于复眼横径。头顶和额几乎光亮，具不清晰的细毛刻点；单眼区稍抬高，侧单眼间距约为单复眼间距的1.2倍；单复眼间距等长于侧单眼直径。额上部稍隆起，下部稍凹。触角稍长于头胸部之和的长度；鞭节17节，各节长均大于自身宽。

前胸背板侧凹深，光滑光亮；后上部稍粗糙，具稠密弱浅的细刻点；前沟缘脊不明显。中胸盾片光滑光亮，前部稍隆起，后部几乎平；具稠密清晰的刻点，刻点间距为刻点直径的0.2～2.0倍；无盾纵沟。小盾片光滑光亮，几乎平，具稀且不清晰的细刻点，侧脊伸达端部。后小盾片非常短，呈细横脊状，前侧面具小浅凹。中胸侧板具稀且细弱的刻点；镜面区具弱且不清晰的细刻点；中胸侧板凹几乎消失；胸腹侧脊细弱，背端约伸达前胸背板后缘上

图 47-1　体 Habitus

方0.75处。后胸侧板几乎平，光亮，后下角处具清晰的横皱；基间脊完整、强壮。翅稍带灰色，透明；小脉强烈内斜，位于基脉外侧，二者之间的距离约为小脉长的0.4倍；基脉向内侧稍弓曲；无小翅室；第2回脉直，明显内斜，位于肘间横脉外侧，二者之间的距离约为肘间横脉长的1.4倍；外小脉在中央稍下方曲折；后小脉上段约为下段长的2.0倍。后足腿节侧扁，长约为最宽处的2.5倍；后足胫节向端部逐渐膨大；后足胫节后胫距约为前胫距长的2.8倍。并胸腹节具强壮完整的纵脊和端横脊；外侧区具清晰稠密的细刻点；端区具纵皱；其余部分光亮，具弱且不明显的细弱刻点；无分脊；气门小，圆形。

腹部第1节背板长约为端宽的0.8倍，具稠密的刻点；具完整的背中脊、背侧脊和腹侧脊；端半部具1中纵脊，具完整的亚侧纵脊。第2节背板长约为端宽的0.8倍，具完整的中纵脊和亚侧脊；具稠密的刻点。第3节背板长约为端宽的0.8倍，基部约0.7具稠密的刻点，端部约0.3的刻点稍稀且更光亮；基部0.4具中纵脊；基部0.3具亚侧脊。第4节背板基部约0.6具稠密的刻点，端部约0.4逐渐光亮，几乎至无刻点。第5节背板基部约0.4具稠密的刻点，端部约0.6逐渐无刻点。产卵器自基部至端部渐尖。

图 47-2 头部正面观 Head, anterior view

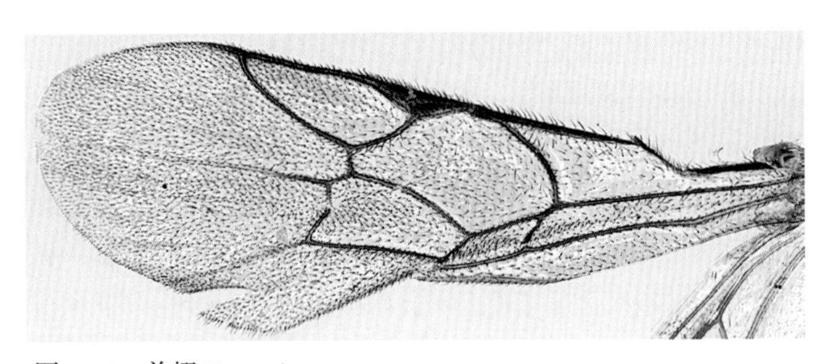
图 47-3 前翅 Fore wing

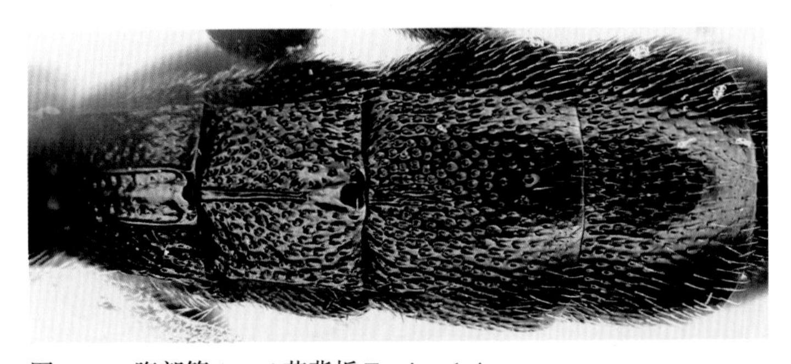
图 47-4 腹部第 1～4 节背板 Tergites 1-4

体黑色，下列部分除外：颊区，上颚（端齿黑褐色除外），颜面（包括上缘中央的突起）及唇基黄色，突起的侧面具黑褐色斑，突起稍下方具稍带褐色的小斑；下颚须和下唇须黄褐色；触角梗节下侧和鞭节基部暗褐色；前足腿节前侧和后侧、胫节、跗节，中后足胫节基部和端部及跗节，所有的转节或多或少，翅基片褐色至暗褐色；翅痣和翅脉暗褐色。

♂ 体长约3.1 mm。前翅长约2.5 mm。触角鞭节22节。后足第1跗节黄色，端部稍带褐色。

寄主 柠条蓑蛾幼虫 *Taleporia* sp.（蓑蛾科Psychidae）。

寄主植物 柠条*Caragana intermedia* Kuang & H.C. Fu。

分布 内蒙古。

观察标本 1♀（正模），内蒙古鄂托克旗木凯淖尔，2014-10-27，盛茂领；1♂（副模），内蒙古鄂托克旗，2014-10-24，盛茂领。

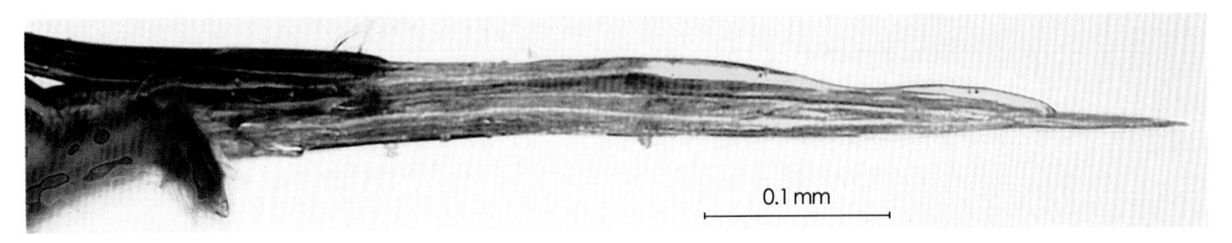

图 47-5 产卵器 Ovipositor

十、狭颜姬蜂亚科 Nesomesochorinae

该亚科仅含3属，我国2属有分布记录。

（二十六）克虏姬蜂属 *Klutiana* Betrem, 1933

Klutiana Betrem, 1933:89. Type-species: *Klutiana compressa* Betrem.

本属已知16种，我国已知4种。

48　节克虏姬蜂 *Klutiana jezoensis* (Uchida, 1957)（中国新记录）（图 48：1–7）

Chriodes (*Mavandiella*) *jezoensis* Uchida, 1957:41.

♀　体长5.0～6.0 mm。前翅长3.5～3.7 mm。产卵器鞘长1.2～1.5 mm。
复眼极度大，约占整个头部的2/3，复眼内缘下方极度靠近。颜面狭三角形，呈光滑的细

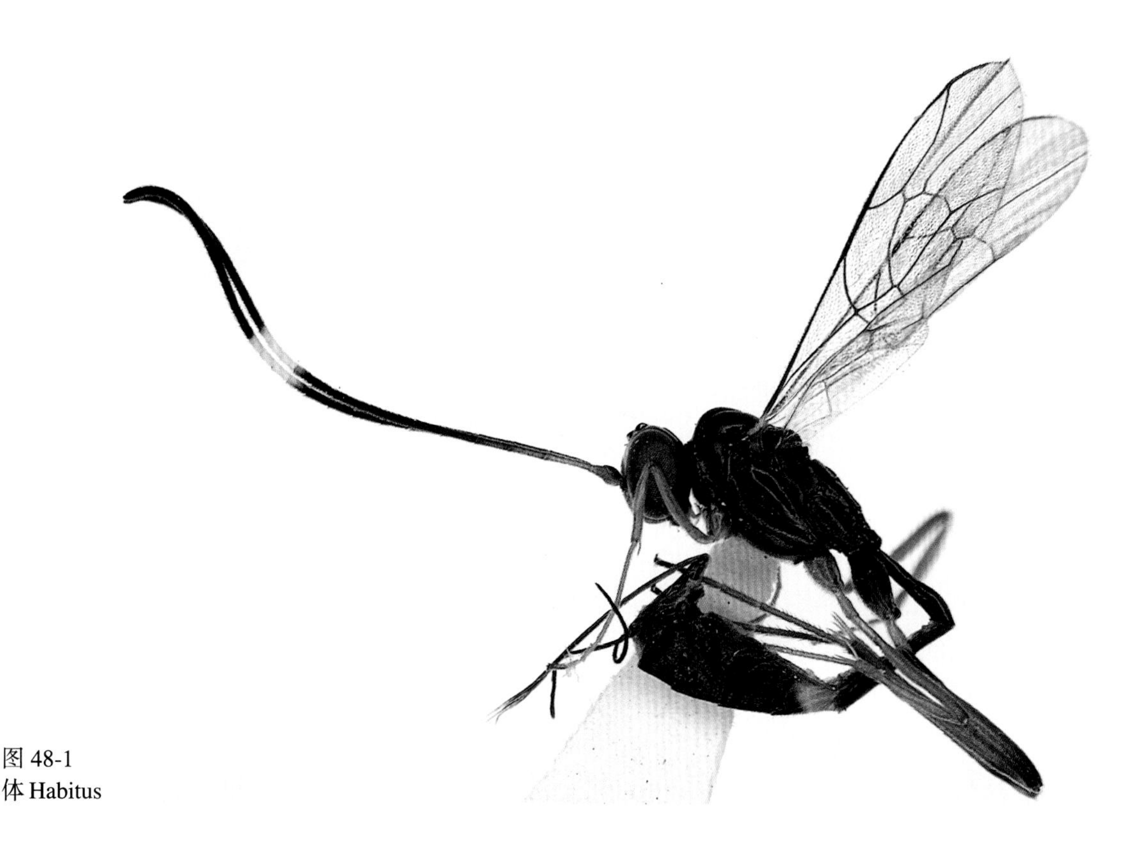

图 48-1
体 Habitus

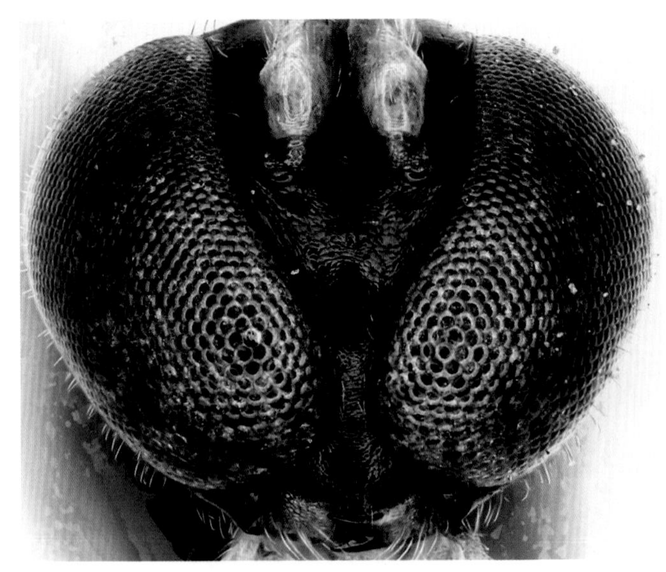

图 48-2 头部正面观 Head, anterior view

图 48-3 头部背面观 Head, dorsal view

图 48-4 胸部侧面 Mesosoma, lateral view

革质状表面，中央具一明显的菱形纵凹，上方中央具1小瘤突。唇基微弱隆起，具细革质状表面，端部具几个不明显的刻点，端缘弱弧形前突。上颚小，向端部显著收敛；基部具细革质状表面和稀疏不明显的微细刻点；端齿尖长，大小相近（上端齿稍强）。无颊区，上颚基部贴近复眼下缘。上颊狭长，表面光滑光亮。头顶和额光滑光亮；单眼区稍抬高，侧单眼间距约等于单复眼间距；额下部稍凹。触角均匀的细丝状，稍短于体长；鞭节28节。后头脊完整。

前胸背板光滑光亮，侧凹较深。中胸盾片光滑光亮；盾纵沟细而深，约在端部0.3处相遇。小盾片近三角形，光滑光亮，稍隆起，侧脊在基半部明显。后小盾片凹陷，具不明显的细刻点。中胸侧板表面凸凹不平；胸腹侧脊明显，背端约伸达前胸背板后缘上方，上半段与前胸背板后缘平行向上；翅基下脊不明显；镜面区大而光亮，纵向隆起；自翅基沿镜面区的下缘具一显著的纵沟，纵沟内上方具短横皱；侧板中部亦纵向稍隆起，表面具稀疏不规则的细横皱和稀细的刻点；腹板侧沟显著，伸达中足基节中央；腹板侧沟下方及中胸腹板具不明显的微细刻点；中胸腹板中纵沟显著，中胸腹板后横脊完整。后胸侧板上部相对光滑，具不明显的微细刻点；下部具弱细的横皱；基间脊细而明显；后胸侧板下缘脊完整，前角稍突出。翅带褐色，透明；翅痣狭至线状；小脉与基脉相对；无小翅室；第2回脉远位于肘间横脉外侧；外小脉约在上方0.3～0.4处曲折；后小脉不曲折。足细长，胫节基部缢缩变细，中段较膨大；后足腿节稍侧扁，长约为最宽处的5.5倍；后足第1～5跗节长度之比依次约为2.0：1.0：0.7：0.3：0.5。并胸腹节呈光滑的细革质状表面，稍有弱皱感；具相对完整的脊和分区，仅侧纵脊不明显；基区倒梯形，中区六边形；分脊约在上方0.25处横向伸出；端区中部具稠密的细横皱；第3侧区具弱细皱；气门小，圆形。

腹部第1节背板细柄状，亚端部向背方膨大；长约为亚端宽的5.0～5.3倍；表面光滑光亮，端部两侧稍具弱细皱；背中脊基部可见，无背侧脊，腹侧脊明显；气门小，圆形，稍突出，约位于端部0.4处。第2节背板细长，细革质状表面具细线状纵纹；长约为第1节背板的1.2～1.3倍，约为自身端宽的4.1～4.2倍。第3节及以后背板侧扁，具细革质状表面和短细的绒毛。产卵器鞘长约为后足胫节的0.5～0.6倍；产卵器直，端部尖矛状。

体黑色，下列部分除外：触角柄节、梗节及鞭节基部黄褐色，鞭节中段10～13节白色；上颚（端齿黑色）、下颚须、下唇须、各足（后足多少带黑褐色，基节大部分黑色）、腹部第3节背板基半部均黄褐色；翅基片黄褐色，翅脉褐色，翅痣及前缘脉褐黑色。

♂　大小与♀虫相近。鞭节29～31节。触角无白环。

分布　中国（宁夏），朝鲜，日本，俄罗斯。

观察标本　55♀♀24♂♂，宁夏彭阳河岘，2011-08-01～06，王荣。

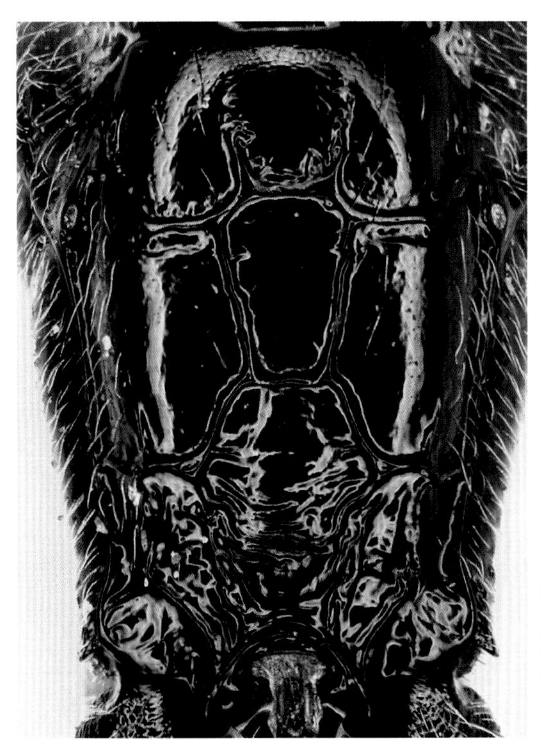
图 48-5　并胸腹节 Propodeum

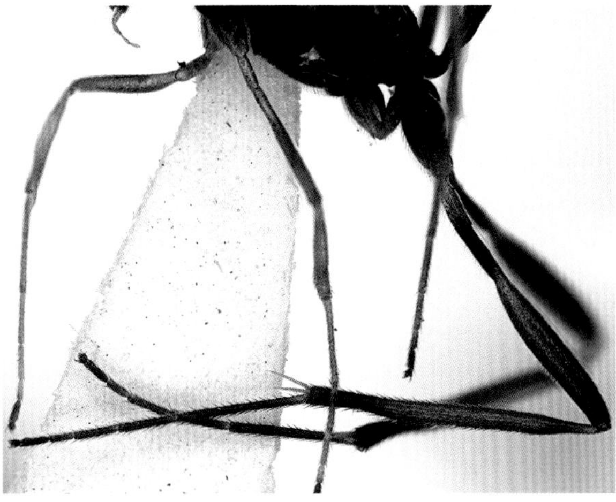
图 48-6　后足 Hind leg

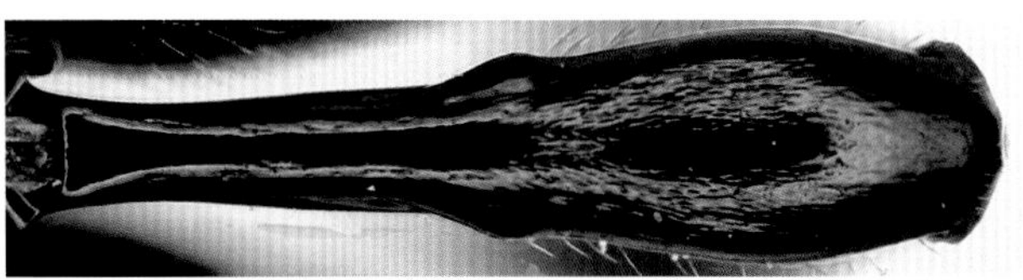
图 48-7　腹部第 1 节背板 Tergite 1

十一、瘤姬蜂亚科 Pimplinae

本亚科是较大的类群，含3族，77属，近1400种。很多种类是林农业害虫的重要寄生天敌。族检索表可参考近期出版的著作（盛茂领等，2013）。

（二十七）兜姬蜂属 *Dolichomitus* Smith, 1877

Closterocerus Hartig, 1847:18. Name preoccupied by Westwood, 1833. Type: *Closterocerus sericeus* Hartig.

Dolichomitus Smith, 1877:411. Type-species: *Dolichomitus longicauda* Smith, 1877.

本属的种类广泛分布于全世界，已知76种，我国已知23种及亚种。我国已知种检索表可参考相关著作（盛茂领等，2010）。

49 杨兜姬蜂 *Dolichomitus populneus* (Ratzeburg, 1848)（图 49：1-7）

Ephialtes populneus Ratzeburg, 1848:100.

♀ 体长13.0～15.0 mm。前翅长8.5～11.0 mm。

唇基端缘中央具1大缺刻。上颚端齿等长。头顶和额光滑，具弱且不明显的刻点。

前胸背板光滑，发亮，前沟缘脊明显。盾纵沟深，伸达中胸盾片中部。胸腹侧脊背端约位于前胸背板后缘下方0.2处；镜面区大。翅稍带褐色，透明，小脉与基脉对叉，后小脉约在上方1/3处曲折。并胸腹节中纵脊明显，向后伸达并胸腹节的中部之后。

腹部背板具密刻点；第2～5节背板侧面具圆瘤凸。产卵器鞘长约为前翅长的1.25倍。产

图 49-1　体 Habitus

卵器腹瓣亚端部的背叶具6～7条几乎平行且内斜的脊。

体黑色。唇基褐色；下颚须及下唇须褐色至暗褐色；翅基片灰黄色，端部黄褐色；前胸背板后角的小斑黄褐色；中胸腹板和中胸侧板的下部或浅褐色；前中足黄褐色；后足基节、转节和腿节黄褐色；后足胫节（基端带灰色）和跗节暗红褐色；腹部中部有时或多或少带模糊的褐色。

♂ 体长14.0～15.5 mm。前翅长6.7～9.0 mm。

寄主 杨十斑吉丁*Melanophila picta* Pallas、青杨天牛*Saperda populnea* L.、杨干象*Cryptorrhynchus lapathi* L.、白杨透翅蛾*Paranthrene tabaniformis* (Rottemburg)等。

生物学 可参考舒朝然、党中玉（1988）的报道。

分布 新疆、宁夏、青海、山西、河北、河南、辽宁、吉林、黑龙江；俄罗斯，拉脱维亚，波兰，意大利，匈牙利，德国，芬兰，捷克，斯洛伐克，罗马尼亚，瑞典，瑞士，比利时，保加利亚，西班牙，英国，奥地利，前南斯拉夫，美国，加拿大。

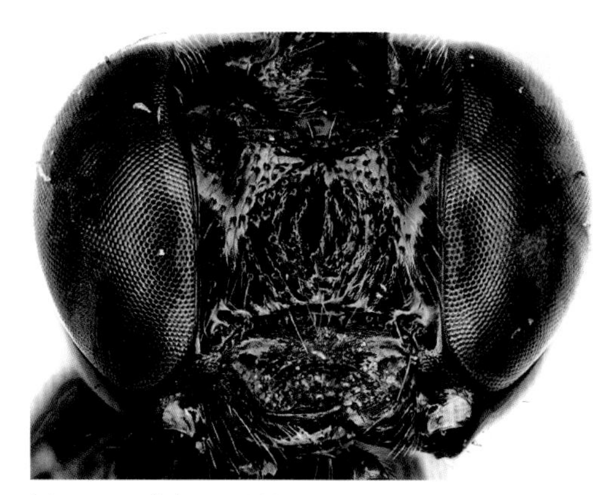

图 49-2 头部正面观 Head, anterior view

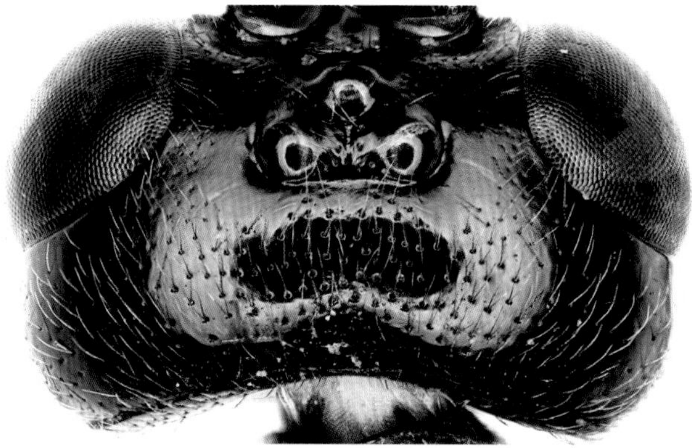

图 49-3 头部背面观 Head, dorsal view

图 49-4 胸部侧面 Mesosoma, lateral view

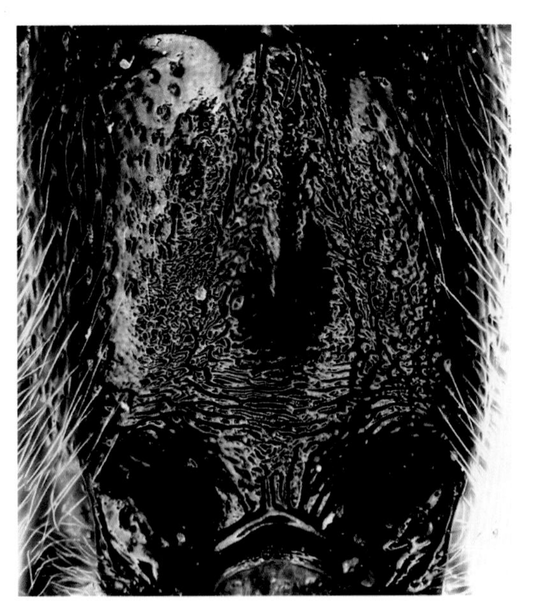

图 49-5　并胸腹节 Propodeum

观察标本　1♀，新疆喀什，2007-04-20，盛茂领；2♀♀4♂♂，新疆额敏，2008-02-30～04-03，盛茂领；1♂，宁夏盐池，2009-05-02，盛茂领；17♀♀15♂♂，青海都兰夏日哈，2012-05-04～15，盛茂领；7♀♀，山西朔县，1983-06-15，牛玉志；6♀♀3♂♂，吉林四平，1986-06，程玉林；1♀，吉林伊通，1991-05-06，赵常胜；3♀♀，吉林长岭，2004-05-26，陈玉衡；2♀♀2♂♂，河北赤城，1993-05；1♀，河南内乡宝天曼自然保护区，1280 m，2006-04-26，盛茂领。

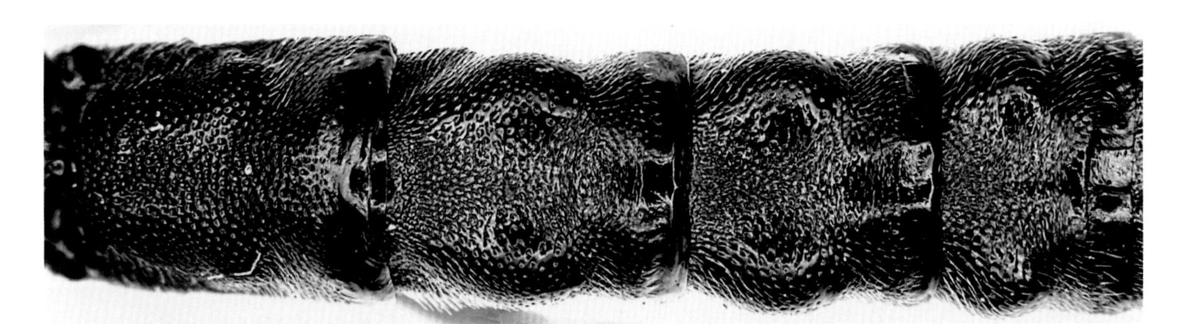

图 49-6　腹部第 2 ～ 5 节背板 Tergites 2-5

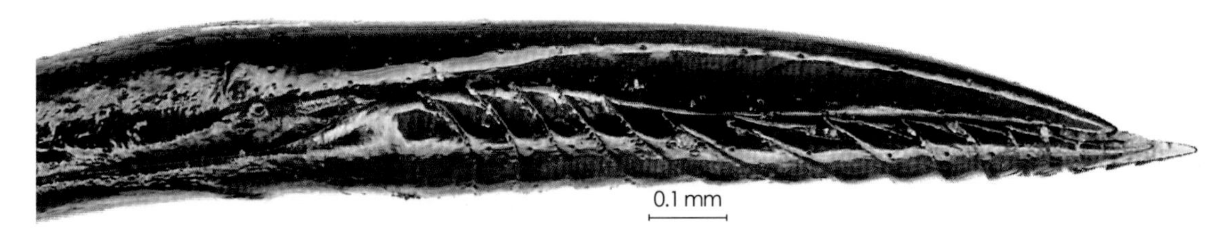

图 49-7　产卵器端部 Apical portion of ovipositor

（二十八）爱姬蜂属 *Exeristes* Förster, 1869

Exeristes Förster, 1869:164. Type-species: (*Pimpla roborator* Gravenhorst) = *roborator* Fabricius.

全世界已知10种，我国已知3种。已知寄主150多种，主要隶属于象虫科Curculionidae、小卷蛾科Olethreutidae、螟蛾科Pyralidae等。

50　具瘤爱姬蜂 *Exeristes roborator* (Fabricius, 1793)（图 50：1-6）

Ichneumon roborator Fabricius, 1793:170.

Exeristes roborator (Fabricius, 1793). He, Chen, Ma. 1996:84.

Exeristes roborator (Fabricius, 1793). Sheng & Sun, 2010:167.

♀　体长约9.0 mm。前翅长约6.5 mm。产卵器鞘长约7.0 mm。

颜面具光泽和稀疏的细刻点；表面较平。唇基沟明显。唇基基部光滑，端部具稠密的细粒点。上颚上端齿与下端齿近等长。颊具细革质粒状表面，颚眼距约为上颚基部宽的0.8倍。上颊光滑光亮，具稀疏的毛细刻点。侧单眼间距约为单复眼间距的1.1倍。额较平，具稠密的皱刻点，触角窝上方具细横皱。触角鞭节22节。后头脊完整，后部中央稍下凹。

图 50-1　体 Habitus

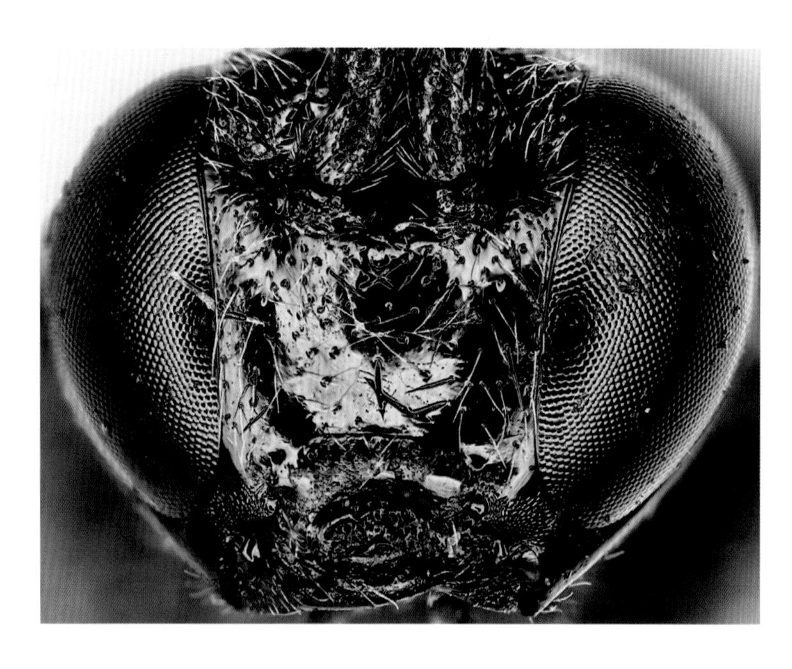
图 50-2　头部正面观 Head, anterior view

前胸背板前缘及侧凹光滑；前沟缘脊弱。中胸盾片具稠密的粗刻点；盾纵沟约达翅基片中央连线处。中胸侧板中下部稍隆起；胸腹侧片具稠密的刻点；胸腹侧脊强壮，背端约伸达翅基下脊前缘（端部细弱似间断）；镜面区大；后胸侧板相对光滑，上部具稀疏的细刻点。翅褐色，透明；小脉几乎与基脉对叉；残脉可见；小翅室四边形；后小脉约在中央处曲折。爪具基齿。并胸腹节中纵脊强壮，基区与中区合并，表面相对光滑；中纵脊外侧具稠密的刻点；端区两侧相对光滑，中部具稠密的细皱；外侧脊完整；气门靠近外侧脊，圆形。

腹部背板满布稠密的粗刻点；第2～5节背板基部两侧具瘤凸，亚端部各具光滑且稍隆起的横带；各节背板端缘光滑光亮无刻点。第1节背板长约为端宽的 0.77倍；气门小，圆形，稍隆起。第2节背板长约为端宽的0.68倍。产卵器鞘长约为后足胫节长的3.2倍；产卵器长，下弯，腹瓣亚端部具清晰的脊。

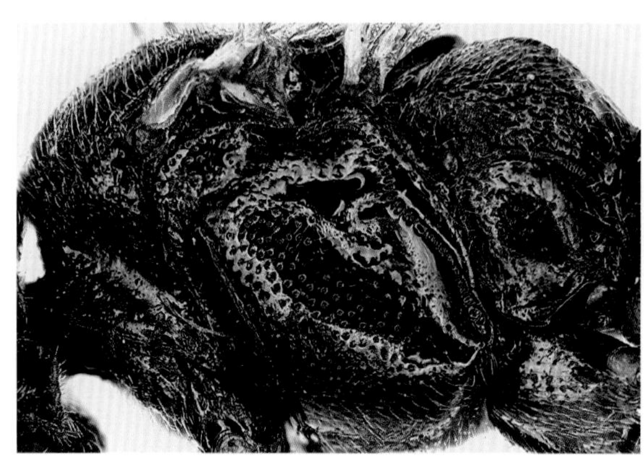
图 50-3　胸部侧面 Mesosoma, lateral view

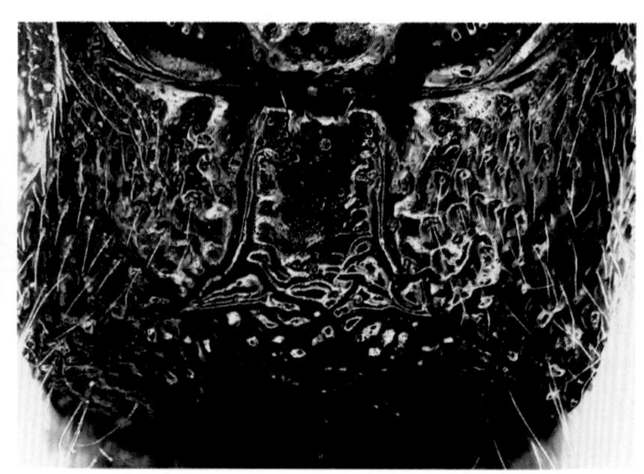
图 50-4　并胸腹节 Propodeum

体黑色，下列部分除外：触角端部、下唇须端部黄褐色；腹部第2～5节背板亚端部的横带及端部两侧红褐色；足（前中足基节基部黑色）红褐色；翅基片黄白色。

寄主 已知的寄主74种，我国已知的寄主主要有：灰斑古毒蛾*Orgyia ericae* Germar、红缘天牛*Asias halodendri* (Pallas)、剪枝栎实象*Cyllorhynchites ursulus* (Roelofs)、梨云翅斑螟*Nephoteryx pirivorella* Matsumura、樟子松木蠹象*Pissodes validrostris* Sahlberg、柠条枝蛀虫。

分布 辽宁、吉林、黑龙江、内蒙古、宁夏、天津、山西、河南、甘肃、新疆、台湾；朝鲜，日本，蒙古，俄罗斯，印度，巴基斯坦，欧洲等。

观察标本 1♀，宁夏六盘山，2005-08-11，集虫网；1♀，内蒙古鄂托克旗伊克布拉格，2015-05-22，李涛；2♀♀，辽宁清原，1992-06，辽宁林校；1♀，新疆伊宁，1994-06-05，卞锡元；1♀（由梨云翅斑螟的幼虫育出），吉林伊通，1996-07-06，赵常胜；1♂（由危害刺槐的红缘天牛蛀道内采集的茧育出），甘肃天水，2007-04-12，武星煜。

图 50-5 腹部背板 Tergites

图 50-6 产卵器端部 Apical portion of ovipositor

瘤姬蜂族 Pimplini

全世界已知15属，我国已知10属。

（二十九）埃姬蜂属 *Itoplectis* Förster, 1869

Itoplectis Förster, 1869:164. Type-species: (*Ichneumon scanicus* Villers) = *maculator* Fabricius.

全世界已知61种，我国已知10种，已知的寄主570多种（Yu et al., 2016）。

51 塔埃姬蜂 *Itoplectis tabatai* (Uchida, 1930)（中国新记录）（图 51：1−4）

Pimpla tabatai Uchida, 1930:127.

♂ 体长5.0～5.5mm。前翅长3.5～3.5mm。体被较稠密的短绒毛。

图 51-1 体 Habitus

复眼内缘在触角窝处强烈凹陷。颜面中央较强隆起，具稠密不清晰的细刻点；上缘中央具深“V”形凹刻。唇基基部稍横隆起，具与颜面相近的细刻点；端部中央凹陷，表面相对光滑；端缘中央稍凹。颊短，具细粒状表面；颚眼距约为上颚基部宽的0.3倍。上颊具非常细的刻点。额在触角窝上方明显凹陷，上部具不清晰的细刻点。触角端半部稍膨大，鞭节21节。后头脊完整。

前胸背板侧面深凹陷，光滑光亮。中胸盾片均匀隆起，具不明显的细刻点。胸腹侧脊细弱，背端约伸达中胸侧板高的0.8处；镜面区大。后胸侧板光滑光亮，几乎无刻点。翅稍带褐色，透明；小翅室斜四边形，后小脉约在上方1/4处曲折。前足的爪具辅齿。并胸腹节中央纵向光滑光亮；气门圆形，外缘靠近外侧脊。

腹部背板具稠密的粗刻点。第1节背板稍长于端宽，稍长于第2节；气门小，突出。第2～5节背板具非常弱的由凹痕围成的隆起；第2节背板长约为端宽的0.7倍。第3节背板长约为端宽的0.6倍。

体黑色，下列部分除外：触角鞭节褐色（基部黑褐色）；柄节腹侧、下唇须、下颚须、翅基片黄色或浅黄色；前中足黄色（基节黑褐色，腿节背侧多少带红褐色，中足各跗节端半部带黑褐色）；后足基节黑褐色，转节（色浅）和腿节红褐色，胫节基半部和跗节第1、2、3、5节基半部白色。

寄主 在宁夏盐池的柠条林地采集到该种的标本，但具体寄主不详。

分布 中国（宁夏），俄罗斯。

观察标本 2♂♂，宁夏盐池，2009-08-10～15，吴金霞。

图 51-2 头部正面观 Head, anterior view

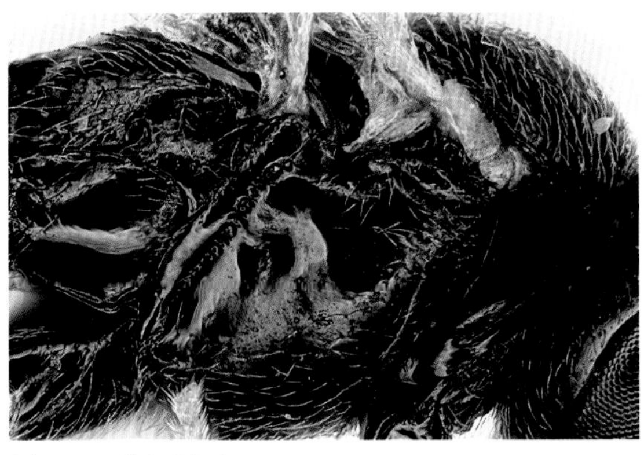

图 51-3 胸部侧面 Mesosoma, lateral view

图 51-4 后足 Hind leg

52 寡埃姬蜂 *Itoplectis viduata* (Gravenhorst, 1829)（图 52：1－7）

Pimpla viduata Gravenhorst, 1829:214.

♀ 体长9.0～12.2 mm。前翅长8.0～9.8 mm。产卵器鞘长3.0～3.8 mm。

复眼内缘在触角窝处具明显凹陷。上颚上端齿稍长于下端齿。触角短于前翅，鞭节23～24节。

前胸背板光滑；前沟缘脊明显。并胸腹节中纵脊基部明显，向前明显收敛，中纵脊之间及中后部光滑光亮；气门椭圆形，靠近外侧脊。翅稍带褐色，透明；后小脉约在上方0.2处曲折。

腹部背板具稠密的粗刻点。第1节背板长约为端宽的0.9倍；第2节背板长约为端宽的0.5

图 52-1 体 Habitus

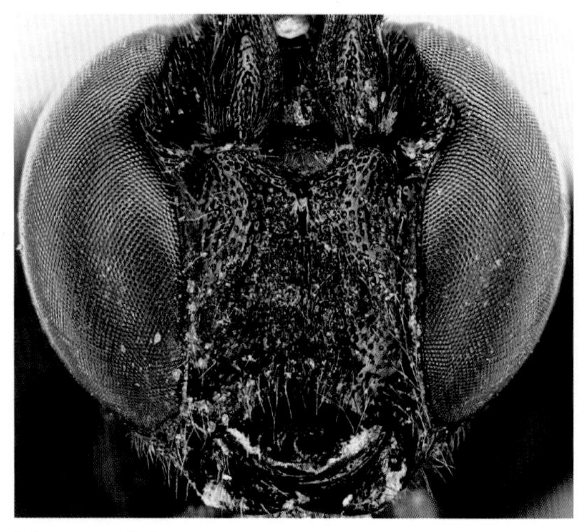

图 52-2 头部正面观 Head, anterior view

图 52-3 胸部侧面 Mesosoma, lateral view

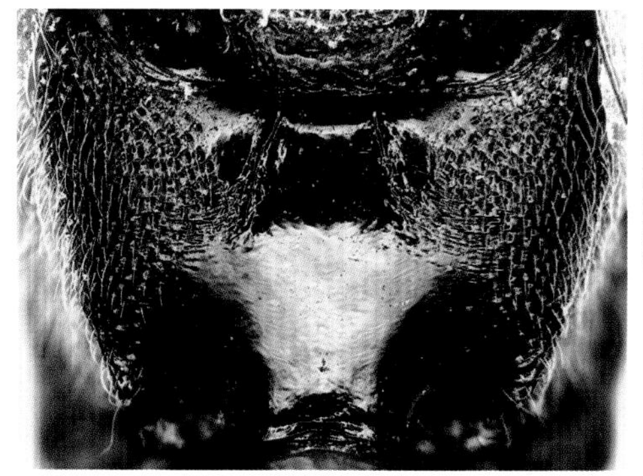

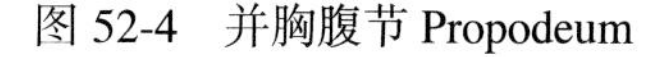

图 52-4　并胸腹节 Propodeum

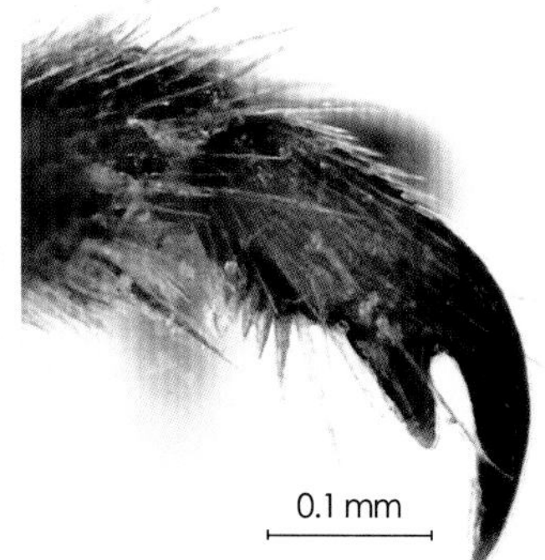

图 52-5　爪 Claw

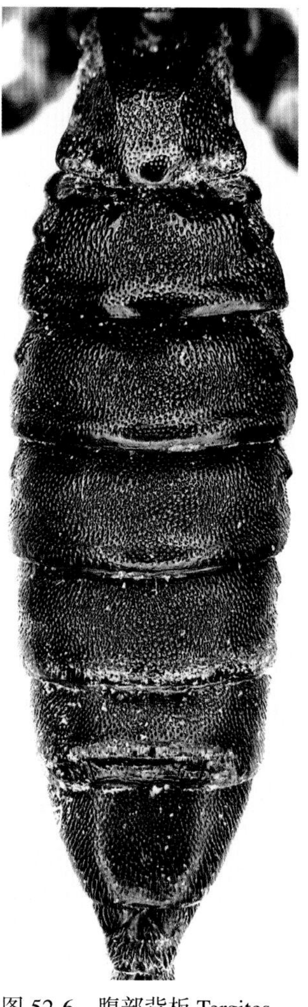

图 52-6　腹部背板 Tergites

图 52-7　寄主 Host

倍。产卵器鞘长约为后足胫节长的1.3倍。产卵器腹瓣端部具斜纵脊。

体黑色，下列除外：触角鞭节（基部背侧带黑色）、下颚须、下唇须、足红褐色（基节和转节黑色，一些个体的胫节亚基部和后足跗节各小节基部黄色）；腹部各节背板端缘或多或少红褐色；翅基片浅褐色。

♂　体长7.0～8.0 mm。前翅长7.0～8.0 mm。触角鞭节23节。前中足前侧带黄色。

寄主　杠柳原野螟*Proteuclasta stotzneri* Caradja（寄主新记录）、灰斑古毒蛾*Orgyia ericae* Germar、松线小卷蛾*Zeiraphera grisecana* (Hübner)、微红梢斑螟*Dioryctria rubella* Hampson等。

分布　宁夏、内蒙古、辽宁、吉林、黑龙江；日本，蒙古，俄罗斯，欧洲，北美洲。

观察标本　1♀，吉林大安，1986-07；1♀，辽宁沈阳，1990-05-24，盛茂领；4♀♀，内蒙古东胜，2006-09-13，苏梅；4♀♀2♂♂，宁夏盐池，2006-09-21，李志强；2♀♀5♂♂，宁夏六盘山，2007-08-30，李德家；7♀♀1♂，内蒙古东胜，2008-06-18，盛茂领；2♀♀，宁夏灵武，2016-07-06～07，曹川健。

（三十）瘤姬蜂属 *Pimpla* Fabricius, 1804

Pimpla Fabricius, 1804:112. Type-species: (*Ichneumon instigator* Fabricius) = *rufipes* Miller.

Coccygomimus Saussure, 1892:14. Type-species: *Coccygomimus madecassus* Saussure.

全世界已知205种（Yu et al., 2016；盛茂领等，2013），我国已知28种。已知寄主560多种。

---

53 舞毒蛾瘤姬蜂 *Pimpla disparis* Viereck, 1911（图 53：1–5）

Pimpla disparis Viereck, 1911:480.

♀ 体长8.5～12.0 mm。前翅长7.2～10.0 mm。产卵器鞘长2.5～4.0 mm。

体粗壮。颜面中线处光亮，上缘中央凹刻。上颚上端齿几乎等长于下端齿。额非常凹陷，具稠密的横皱，侧面具细刻点。触角鞭节30节。

前胸背板前沟缘脊强壮。中胸盾片具稠密的刻点。胸腹侧脊几乎伸达翅基下脊；镜面区大。翅带灰褐色，透明；小脉与基脉对叉；小翅室斜四边形；后小脉强烈外斜，约在上方1/4处曲折。并胸腹节粗糙，端区光亮，具短且不规则的斜皱。

腹部具稠密的粗刻点，各节端缘的狭边光滑光亮。第2、3节背板具狭窄的折缘。第3、4节背板具弱侧瘤；第4、5节背板具较宽的折缘，其宽大于长的1/3。产卵器端部亚圆筒形。

图 53-1　体 Habitus

图 53-2 头部正面观 Head, anterior view

图 53-3 胸部侧面 Mesosoma, lateral view

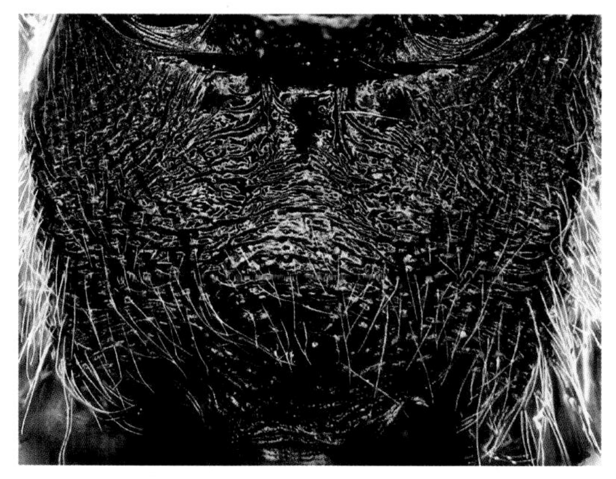

图 53-4 并胸腹节 Propodeum

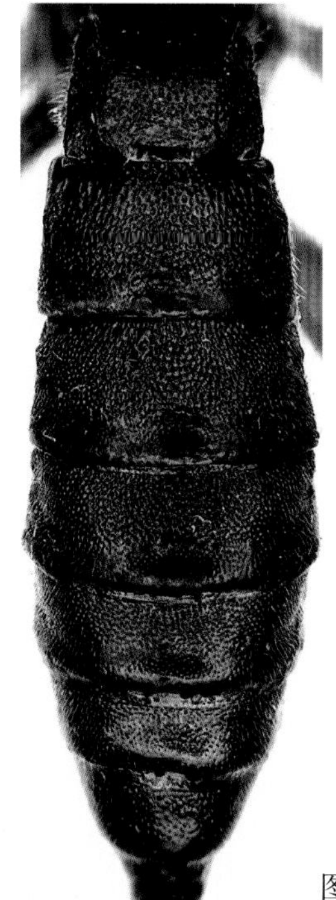

图 53-5 腹部背板 Tergites

体黑色。前中足腿节、胫节及跗节，后足腿节（除末端黑），腹部第3～5节背板后侧面红褐色；翅基片外部黄色。

♂ 触角鞭节第6节端部、第7节近基部具触角瘤。下唇须褐色。下颚须、前足转节下侧、翅基片黄色。

寄主 已知寄主约有67种，我国已知寄主主要有：灰斑古毒蛾*Orgyia ericae* Germar、蜀柏毒蛾*Parocneria orienta* (Chao, 1978）、微红梢斑螟*Dioryctria rubella* Hampson、果梢斑螟*D. pryeri* Ragonot、松线小卷蛾*Zeiraphera grisecana* (Hübner)，华山松球果蛀虫等。

分布 东北、华北、西北、长江流域及云南、西藏等；蒙古，朝鲜，日本，俄罗斯，印度等。

观察标本 3♀♀1♂，内蒙古鄂尔多斯，1380m，2006-09-15～11-06，盛茂领；1♀，青海互助，2013-07-08，盛茂领；1♀2♂♂，宁夏六盘山，1990-07-18～30；1♀3♂♂，宁夏六盘山，1991-07-28～30；4♀♀3♂♂，辽宁沈阳，1996-06-20～29，盛茂领；4♀♀3♂♂，辽宁沈阳，2007-08-13～14，盛茂领。

54 喀瘤姬蜂 *Pimpla kaszabi* (Momoi, 1973)（图 54：1－7）

Coccygomimis kaszabi Momoi, 1973:234.

♀ 体长6.5～8.5 mm。前翅长5.0～6.5 mm。产卵器鞘长1.5～2.0 mm。

颜面宽约为长的1.4倍，具光泽和清晰的细刻点；上缘中央具V形凹。唇基基部稍横隆起，具不明显的细刻点；中部光滑光亮；端部较薄，具稠密的细粒点。上颚强壮，上端齿稍长于下端齿。颚眼距约等于上颚基部宽。上颊具不明显的毛细刻点，向后渐收敛。头顶光滑光亮，刻点稀；单眼区稍抬高；侧单眼间距约为单复眼间距的1.4倍。额深凹，光亮，中部具稠密的细线横皱，侧方具不明显的细刻点；具不明显的细中纵脊。触角鞭节28～30节。后头脊完整。

前沟缘脊短而强壮。中胸盾片前部具稠密均匀的细刻点，后部刻点不明显。小盾片具不明显的细刻点。中胸侧板中下部具均匀且相对稀疏的细刻点；胸腹侧脊强壮，背端约伸达中胸侧板高的0.8处，接近前胸背板后缘；镜面区非常小。后胸侧板具稠密的斜细纵皱。翅褐色，透明；小翅室四边形；后小脉强烈外斜，约在上方0.25～0.3处曲折。并胸腹节中纵脊基半部明显，光滑光亮；中纵脊外侧具稠密的粗刻点；端横脊明显；气门卵圆形。

腹部纺锤形、粗壮，满布稠密均匀的粗刻点，无明显的瘤突；第6～8节背板刻点细弱。产卵器鞘长约与后足胫节等长；产卵器直而粗壮，腹瓣端部约具6～7条脊。

体黑色，下列部分除外：唇基侧缘、下唇须、下颚须黄褐色；足（基节或连同转节黑色）黄褐色至红褐色；中足胫节带黑褐色，中部之前具1窄浅色环；后足胫节和跗节黑色，胫节在中部之前具1宽的白环。

图 54-1 体 Habitus

图 54-2　头部正面观
Head, anterior view

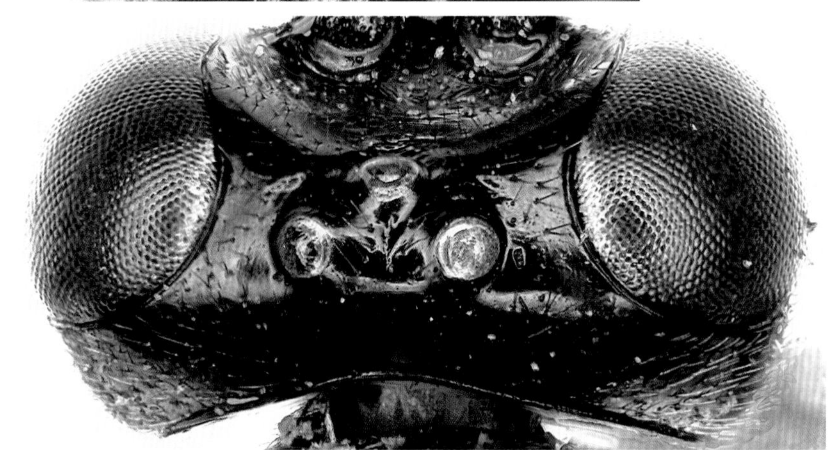

图 54-3　头部背面观
Head, dorsal view

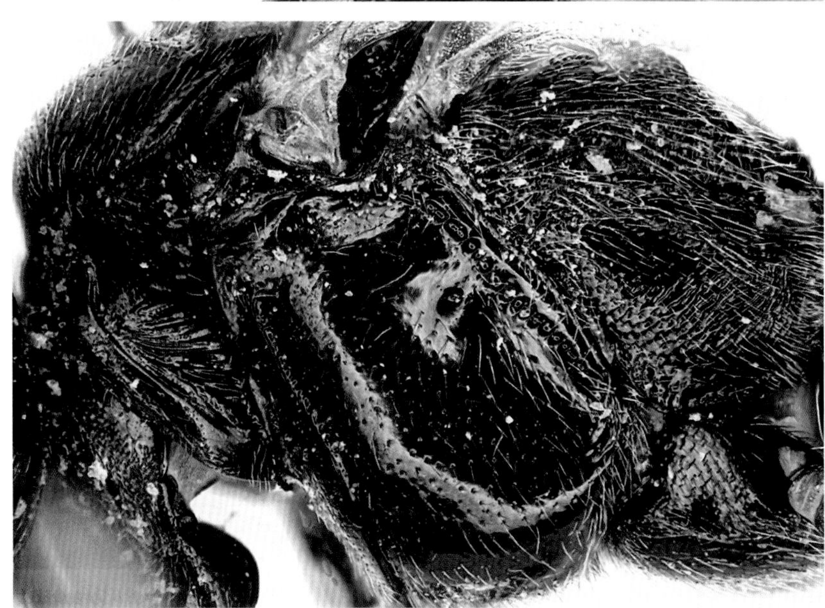

图 54-4　胸部侧面
Mesosoma, lateral view

图 54-5　并胸腹节 Propodeum

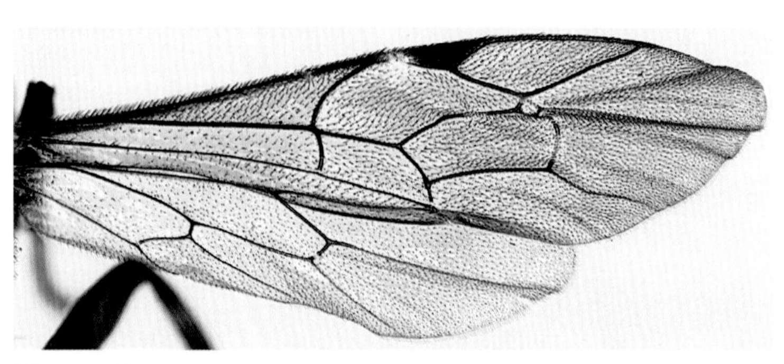
图 54-6　翅 Wings

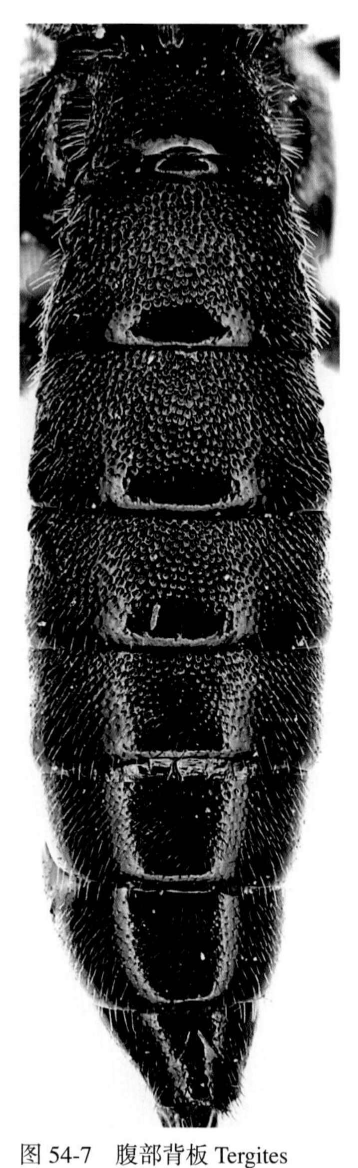
图 54-7　腹部背板 Tergites

♂　体长5.0～7.5mm。前翅长4.2～6.0mm。触角鞭节26～29节。中足胫节的浅色环较长。

寄主　不详。在宁夏彭阳，该蜂在沙棘和柠条林活动。

分布　宁夏、辽宁、河北、湖南、浙江、贵州；印度，朝鲜，日本，蒙古，俄罗斯，欧洲等。

观察标本　1♀，宁夏彭阳黄湾，2011-07-30，王荣；5♂♂，宁夏彭阳何岘，2011-08-01～05，王荣；2♀♀，辽宁喀左，2004-07，于晓东；2♀♀1♂，辽宁新宾，2005-06-02～30，集虫网；1♀，辽宁桓仁老秃顶子，2011-06-15，集虫网；1♂，河北秦皇岛，2005-06-26，乔秀荣。

55 红足瘤姬蜂 *Pimpla rufipes* (Miller, 1759)（图 55：1–9）

Ichneumon rufipes Miller, 1759:8.

♀ 体长12.0～17.0 mm。前翅长9.0～14.0 mm。产卵器鞘长6.0～8.5 mm。

颜面具稠密的粗刻点，中央纵向稍隆起；中央上部具弱的纵脊。上颚强壮，上端齿长于下端齿。侧单眼间距约为单复眼间距的2.0倍。额凹陷，中部具稠密的细横皱和1细中纵脊；侧面具细刻点。触角鞭节33～38节。

前胸背板侧凹具斜细纵皱，后上部具粗刻点；前沟缘脊强壮，背端几乎抵达背缘。中胸盾片具稠密的粗刻点。盾前沟光滑。胸腹侧脊强壮，背端约伸达中胸侧板高的0.8处；镜面区小，其下后部具稠密的斜细纵皱。后胸侧板具稠密的斜纵皱。翅带褐色，透明；小脉与基脉相对；小翅室四边形；外小脉约在下方0.3处曲折；后小脉明显外斜，约在上方0.2处曲折。并胸腹节具稠密的粗网皱；气门长径约为短径的3.0倍。

图 55-1 体 Habitus

图 55-2 头部正面观 Head, anterior view

腹部背板密布粗刻点，但由前向后逐渐细弱；各背板端缘光滑光亮无刻点。第1节背板长约等于端宽；后部隆起；气门小，卵圆形。第2节背板长约为端宽的0.6倍；第3、4节背板横形，长分别约为宽的0.54倍和0.52倍。产卵器强壮，腹瓣端部具清晰的纵脊。

体黑色。下唇须端半部带褐色。足（基节和转节、后足跗节黑色除外）红褐色。翅基片外缘或带红褐色。

寄主 灰斑古毒蛾*Orgyia ericae* Germar、油松毛虫*Dendrolimus tabulaeformis* Tsai et Liu。

分布 内蒙古、宁夏、青海、新疆、辽宁、黑龙江、北京、甘肃、河北、河南、湖南、台湾；朝鲜，日本，蒙古，俄罗斯，印度，欧洲等。

观察标本 1♀，青海都兰，2013-08-28，盛茂领；2♀♀，宁夏盐池，2015-06-29，盛茂领；2♀♀，辽宁昌图，1997-07-26，盛茂领。

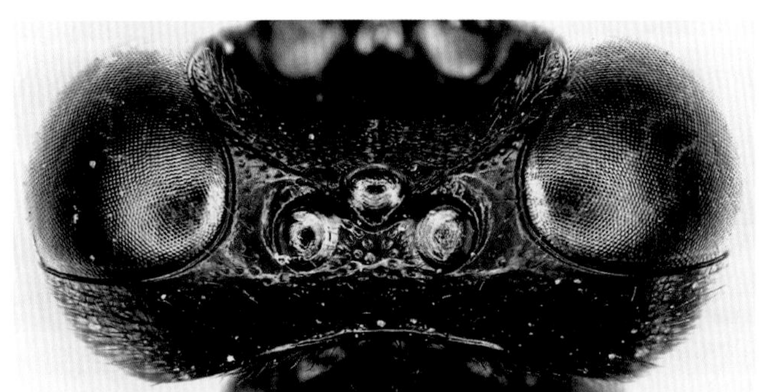

图 55-3 头部背面观 Head, dorsal view

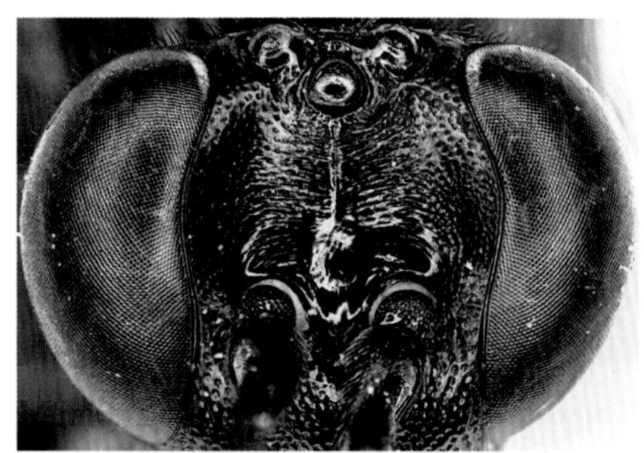

图 55-4 额 Frons

图 55-5 中胸盾片 Mesoscutum

图 55-6 胸部侧面 Mesosoma, lateral view

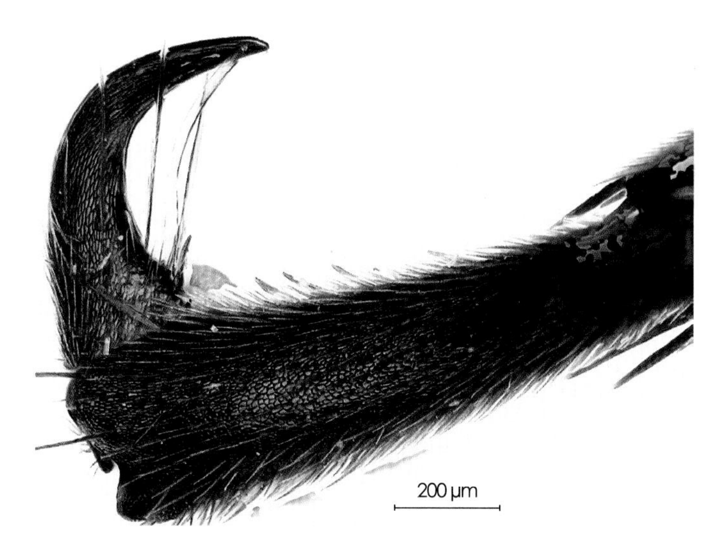

图 55-7 爪 Claw

图 55-8 腹部第 2 ～ 3 节背板 Tergites 2-3

图 55-9 产卵器端部 Apical portion of ovipositor

十二、牧姬蜂亚科 Poemeniinae

本亚科虽是个不大的类群，却是林木钻蛀害虫的主要天敌。该亚科含3族，11属，95种。在我国，3族均有分布，已知8属，35种。检索表可参考相关著作（盛茂领等，2010）。

（三十一）牧姬蜂属 *Poemenia* Holmgren, 1859

Poemenia Holmgren, 1859:130. Type-species: *Poemenia notata* Holmgren.

本属的种类大部分是钻蛀害虫的寄生天敌。分布于全北区及东洋区。已知17种；中国已知9种。这里介绍3种。

56　短牧姬蜂 *Poemenia brachyura* Holmgren, 1860（中国新记录）（图 56：1–6）

Poemenia brachyura Holmgren, 1860:67.

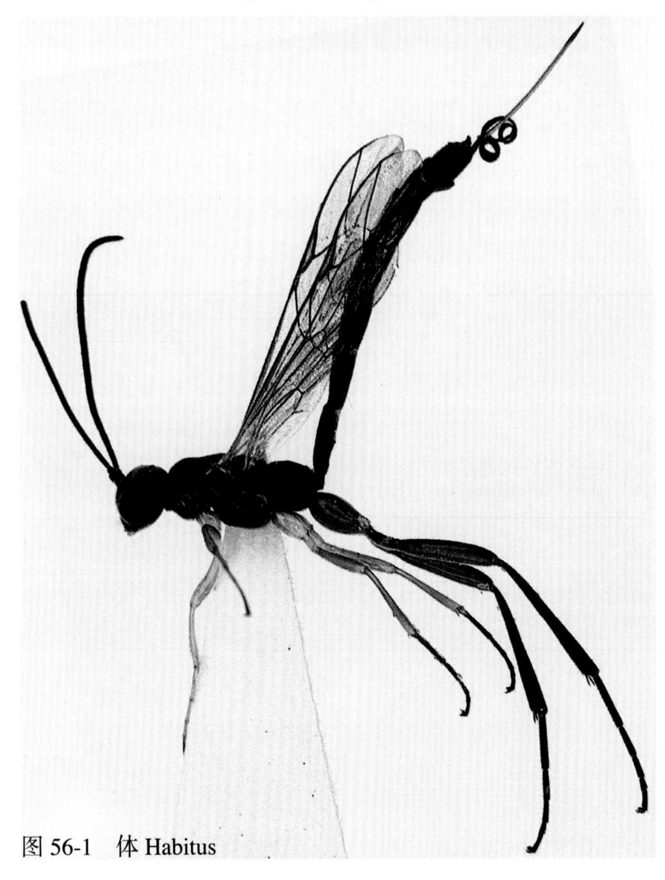
图 56-1　体 Habitus

♀　体长约9.5 mm。前翅长约6.0 mm。产卵器鞘长约2.5 mm。

复眼内缘明显向下方收敛。颜面具细且不清晰的刻点；中央均匀隆起；上缘中央具1弱纵瘤。唇基端缘中央弱凹。上颚基部宽阔，上端齿远短于下端齿。颊狭窄，颚眼距约为上颚基部宽的0.2倍。侧单眼间距约为单复眼间距的0.67倍。触角鞭节31节。

前胸背板光亮，无明显的刻点，侧凹深且宽阔，仅后缘具短横皱；前沟缘脊弱。中胸盾片具稠密且不清晰的细刻点。中胸侧板具细弱的刻点；镜面区小。后胸侧板具非常稠密的刻点。翅带褐色，透明；小翅室三角形，具短柄；第2肘

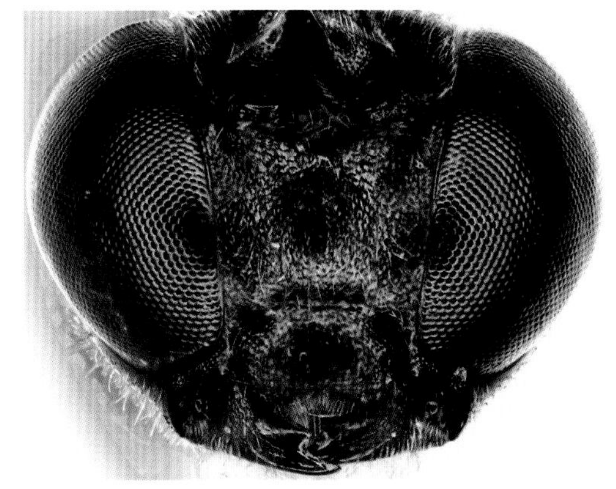

图 56-2 头部正面观 Head, anterior view

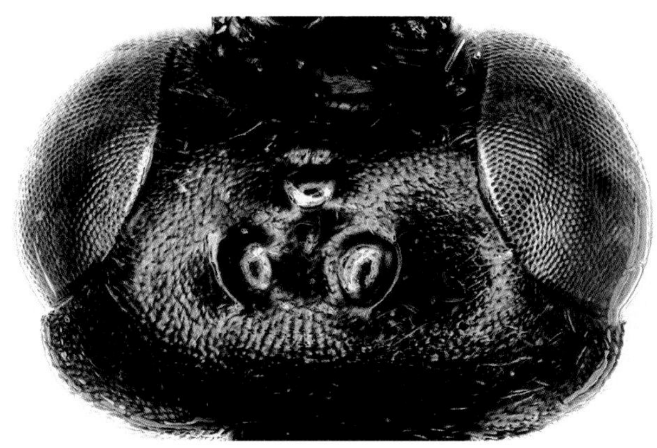

图 56-3 头部背面观 Head, dorsal view

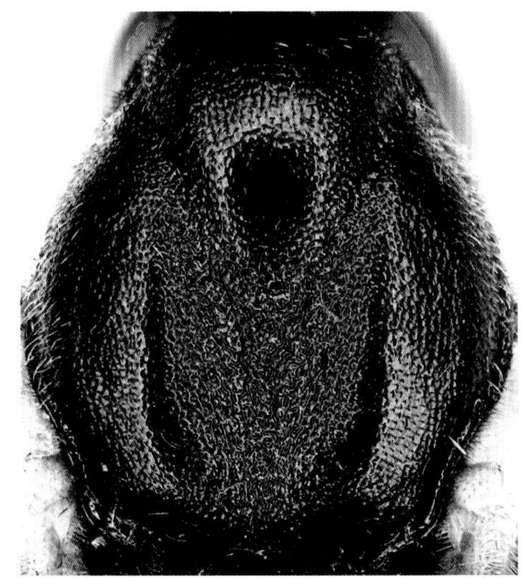

图 56-4 中胸盾片 Mesoscutum

图 56-5 胸部侧面 Mesosoma, lateral view

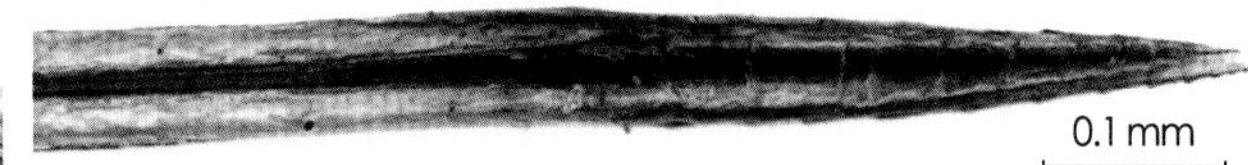

图 56-6 产卵器端部 Apical portion of ovipositor

间横脉远长于第1肘间横脉；外小脉在中央处曲折；后小脉约在上方0.3处曲折。并胸腹节粗糙；具稠密的粗刻点；具中纵凹沟；气门圆形，靠近外侧脊。

腹部狭长，第1～6节背板的长均大于自身端宽，表面具稠密的刻点。第1节背板长约为端宽的2.5倍，约为第2节背板长的1.25倍；几乎圆筒形。第2节背板长约为端宽的1.5倍，向基部稍收敛。产卵器鞘长约为前翅长的0.5倍，约为腹部长的0.45倍。产卵器腹瓣端部具不清晰的弱纵脊。

体黑色。唇基端部、上颚（端齿黑褐色）、中胸侧板后下角和中胸腹板后部、后足（转节和腿节背侧带黑色，胫节和跗节褐黑色）红褐色；下颚须、下唇须、翅基片、前中足（中足跗节黑褐色除外）黄褐色。

分布 中国（青海），日本，蒙古，俄罗斯，哈萨克斯坦，欧洲等。

观察标本 1♀，青海互助北山，2010-07-27，盛茂领。

57 斑牧姬蜂，新种 *Poemenia maculata* Sheng & Sun, sp.n.（图 57：1–7）

♀ 体长约7.5 mm。前翅长约6.5 mm。产卵器鞘长约5.5 mm。

颜面向下方稍收窄，具稠密不清晰的细刻点，下方宽约为颜面长的0.87倍；中央纵向稍隆起；亚侧缘具弱浅的斜纵沟痕（由触角窝的下外缘伸至唇基沟，下端止于唇基凹的稍内侧）；上缘中央“V”形凹，凹底具1不明显的小瘤突。唇基沟清晰。唇基宽约为长的1.8倍，具稍粗糙的细皱粒状表面和不清晰的弱细刻点；亚基部稍横形隆起，端部中央稍凹；端缘稍弧形凹。上颚基部具浅灰褐色毛；端齿尖锐，下端齿约为上端齿长的1.8倍。颊区具细革质粒状表面，颚眼距约为上颚基部宽的0.17倍。上颊中部均匀隆起，具较均匀的毛细刻点，后上部稍加宽。

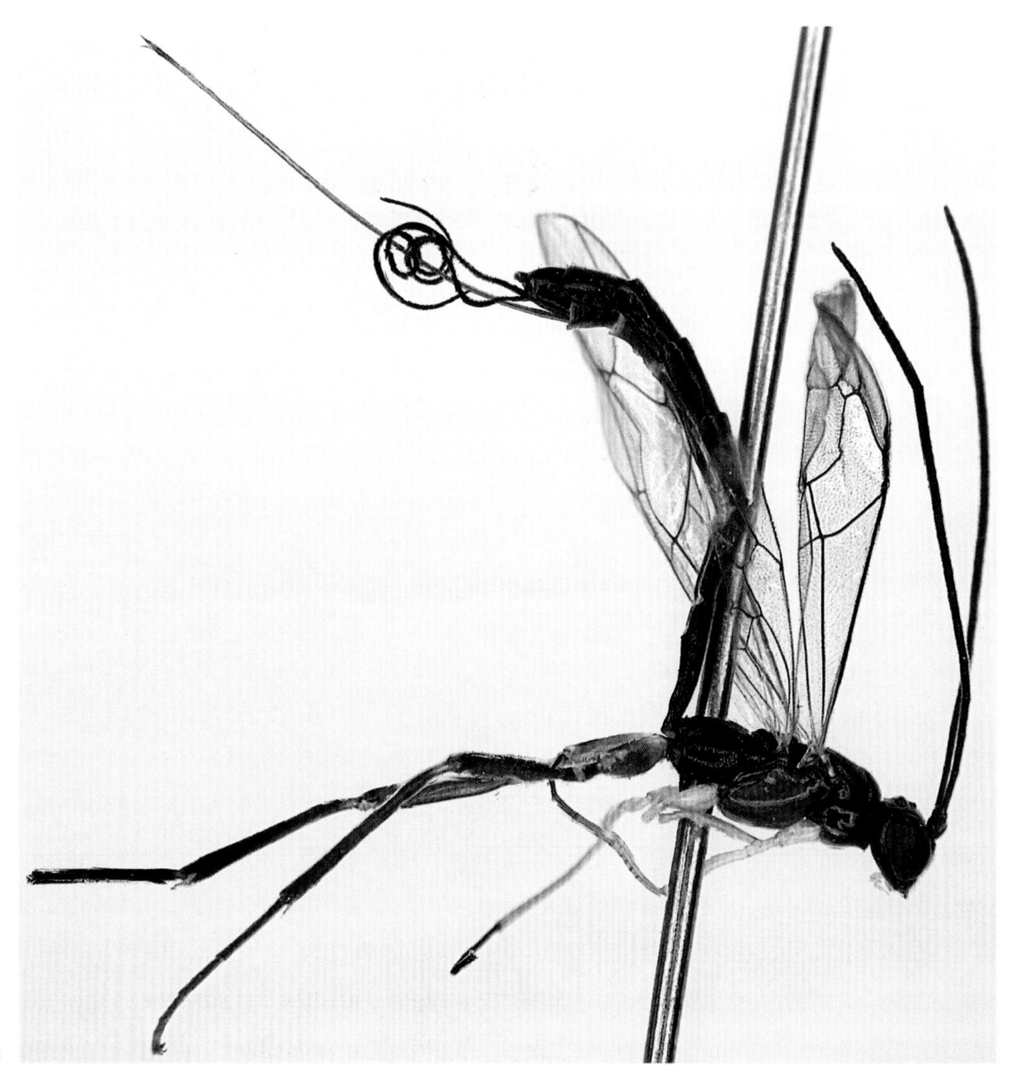

图 57-1
体 Habitus

图 57-2　头部正面观 Head, anterior view

图 57-3　上颊 Gena

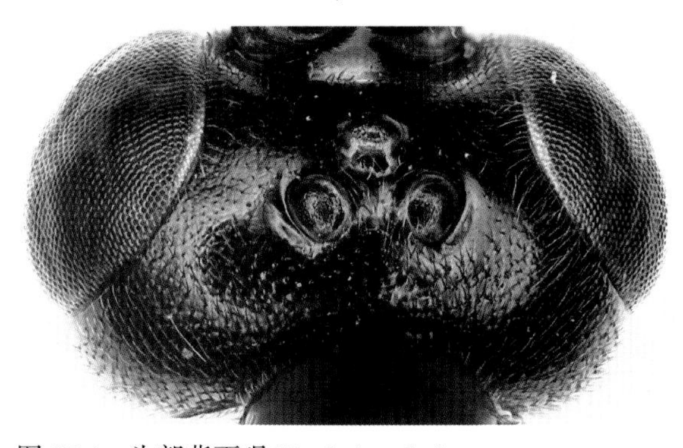

图 57-4　头部背面观 Head, dorsal view

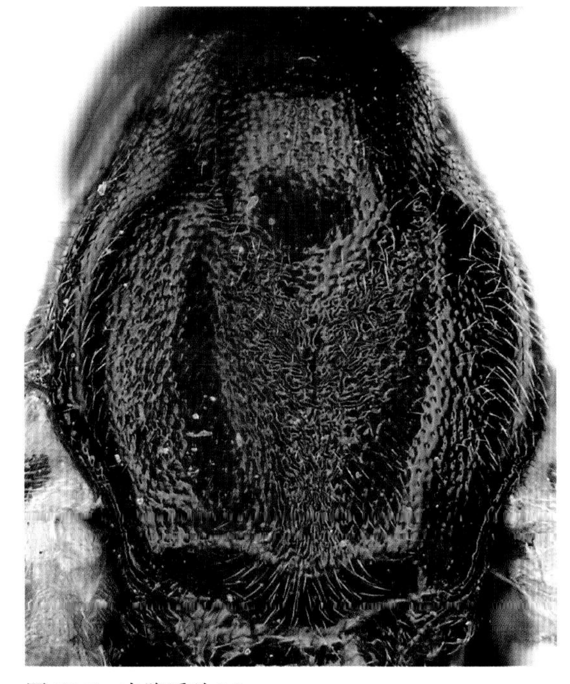

图 57-5　中胸盾片 Mesoscutum

头顶在单眼区后部较宽，具清晰均匀的毛细刻点；单眼区光滑；侧单眼外缘凹沟明显，侧单眼外侧刻点相对稀疏；侧单眼间距约为单复眼间距的0.6倍。额具不明显的细刻点。触角鞭节34节，第1～5节长度之比依次约为2.4∶2.3∶2.3∶2.3∶2.2。后头脊完整。

前胸背板光滑光亮；前沟缘脊非常细弱，但可见。中胸盾片具稠密不清晰的细刻点；中部稍凹，粗糙，具稠密不规则的横皱，后部具不规则的纵皱；中叶前部隆起，前侧几乎垂直；盾纵沟清晰，超过中胸盾片中部。小盾片均匀隆起，具稠密的细刻点。后小盾片稍隆起，具稀疏的细刻点。中胸侧板上部光亮；下部隆起，具稀浅的细刻点；中胸侧板凹小，坑状，由1浅横沟与中胸侧板缝相连；凹周围光滑光亮，刻点稀疏。后胸侧板具稠密不清晰的细刻点，后部具弱纵皱；后胸侧板下缘脊完整，前部稍隆起。翅稍带褐色，透明；小脉位于基脉稍内侧（几乎相对）；小翅室斜四边形；第2肘间横脉显著长于第1肘间横脉；第2回脉位于它的下外角内侧约0.2处；外小脉在中央稍上方曲折；

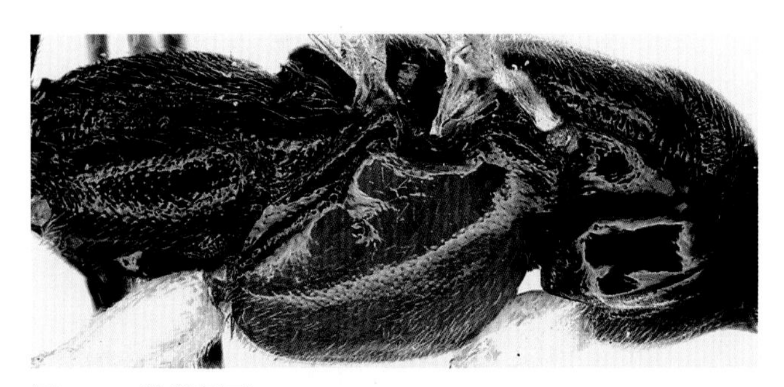

图 57-6　胸部侧面 Mesosoma, lateral view

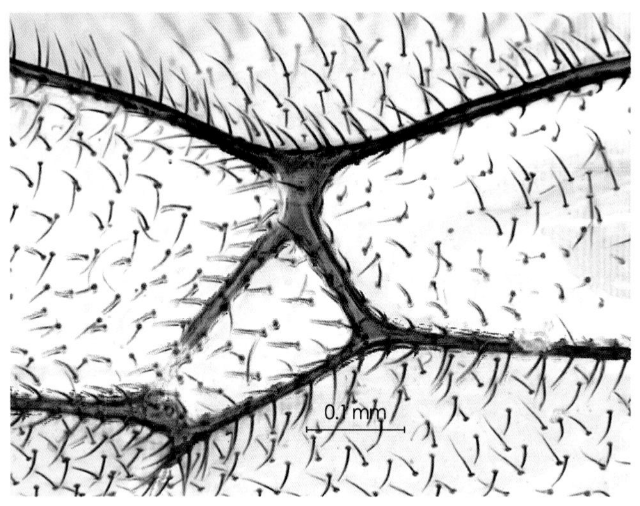

图 57-7　小翅室 Areolet

后小脉约在上方0.2处曲折。后足细长，跗节第1～5节长度之比依次约为3.2∶2.0∶1.2∶0.6∶0.7。并胸腹节具稠密不规则的细皱，仅端部中央光滑；中纵脊基部具弱痕，侧纵脊和外侧脊端部清晰；气门圆形。

腹部细长，第1～6节背板的长大于自身端宽。第1节背板几乎圆筒形，长约为端宽的3.3倍，约为第2节背板长的1.3倍；具不明显的浅中纵凹；表面具稠密模糊的细皱（基部中央光滑），端部具细刻点；腹板约伸至端部0.3处；气门约位于该节背板的基部0.35处；背中脊不明显；背侧脊在气门前可辨。第2节背板长约为端宽的1.8倍；第3～6节背板两侧几乎平行，长分别约为宽的1.9倍、1.7倍、1.4倍和1.3倍；第2～6节背板具稠密不规则的细横皱（向后部横皱渐弱）和不明显的皱刻点；第2节背板基部两侧具小窗疤。产卵器鞘长约为前翅长的0.78倍，约为腹部长的0.9倍。产卵器纤细，腹瓣端部具9条弱细的纵脊。

体黑色。唇基端缘，上颚（端齿黑褐色），触角柄节和梗节腹侧，前胸背板后上角，中胸侧板，中胸腹板，后足基节、腿节和胫节红褐色；下唇须，下颚须，前胸背板前缘，翅基片，前中足（背侧或多或少带黄褐色，跗节褐色至黑褐色），后足基节背侧的斑白色。后足转节背侧黄色、腹侧黑褐色，胫节端半部及跗节黑色。翅痣，翅脉黄褐色。

正模♀，四川王朗，2500 m，2006-07-26，鲁专。

词源　本新种名源于后足基节具黄斑。

本新种与短角牧姬蜂*P. brevis* Sheng & Sun, 2010近似，可通过下列特征区别：本新种第1节背板长约为端宽的3.3倍，约为第2节背板长的1.3倍；气门位于该节背板基部0.35处；第3节背板长约为端宽的1.9倍。产卵器鞘长约为前翅长的0.8倍，约为腹部长的0.9倍。后足基节红褐色，基部具明显的白斑。短角牧姬蜂：第1节背板长约为端宽的2.9倍，约为第2节背板长的1.1倍；气门位于该节背板的中央稍前方；第3节背板长约为端宽的1.4倍。产卵器鞘长约为前翅长的0.5倍，约为腹部长的0.45倍。后足基节完全红褐色。

58 青海牧姬蜂，新种 *Poemenia qinghaiensis* Sheng & Sun, sp.n.（图 58：1–8）

♀ 体长约6.5 mm。前翅长约4.0 mm。产卵器鞘长约3.5 mm。

颜面向下方稍收窄，具稠密不清晰的细刻点和浅灰褐色毛，下方宽约为颜面长的1.1倍；中央纵向稍隆起；亚侧缘具弱浅的斜纵沟痕（由触角窝的下外缘伸至唇基沟，下端止于唇基凹的稍内侧）；上缘中央“V”形凹。唇基沟清晰，中段几乎直。唇基宽约为长的1.9倍，具稍粗糙的细粒状表面；亚基部稍横形隆起，端部中央稍凹陷；端缘中央弧形内凹。上颚具细粒状表面，端齿尖细，下端齿约为上端齿长的2.1倍。颊非常狭窄，上颚基部几乎与复眼下缘连接。上颊中部均匀隆起，具不明显的毛细刻点，后上部稍加宽。头顶在单眼区后部宽，具稠密不清晰的毛细刻点；单眼区具细刻点；侧单眼外缘凹沟明显，侧单眼外侧光滑，刻点不明显；侧单眼间距约为单复眼间距的0.9倍。额具细且不清晰的微刻点。触角鞭节29节，第1～5节长度之比依次约为1.3：1.3：1.3：1.3：1.2。后头脊完整。

前胸背板光滑光亮；前沟缘脊细弱，但可见。中胸盾片具稠密不清晰的浅细刻点；

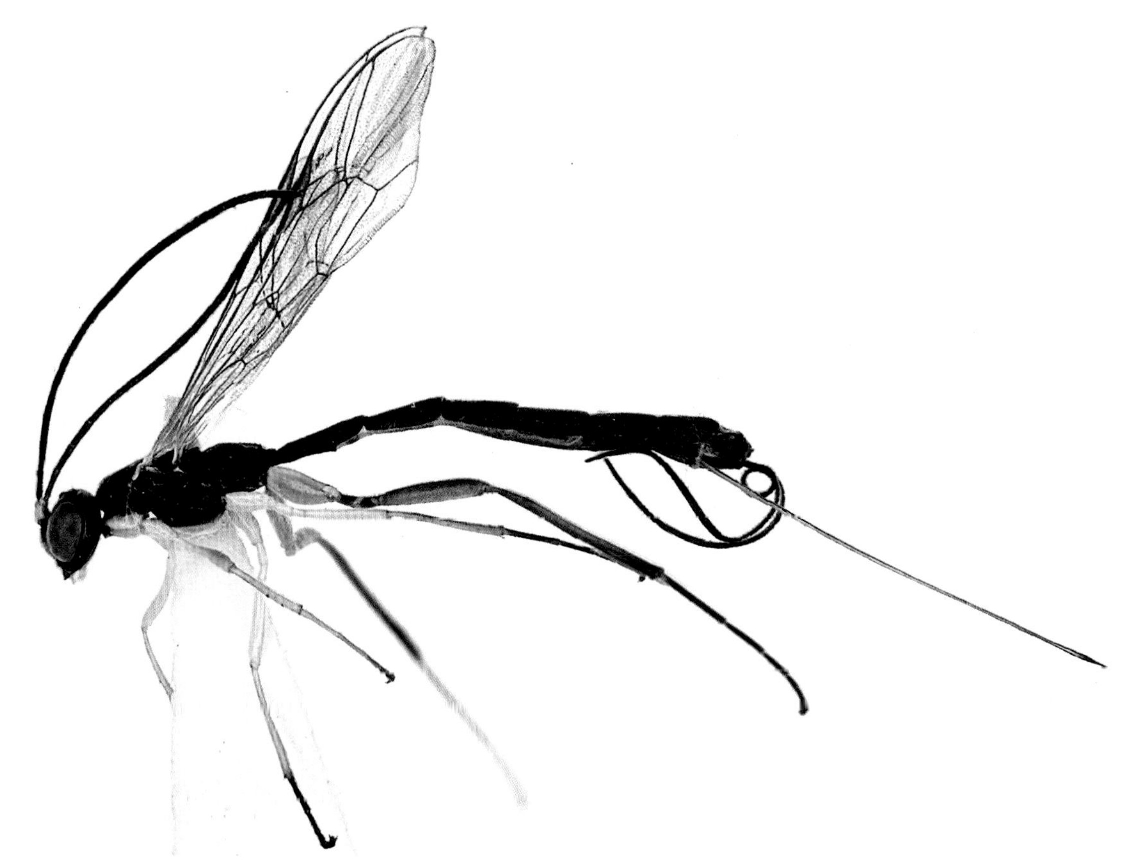

图 58-1 体 Habitus

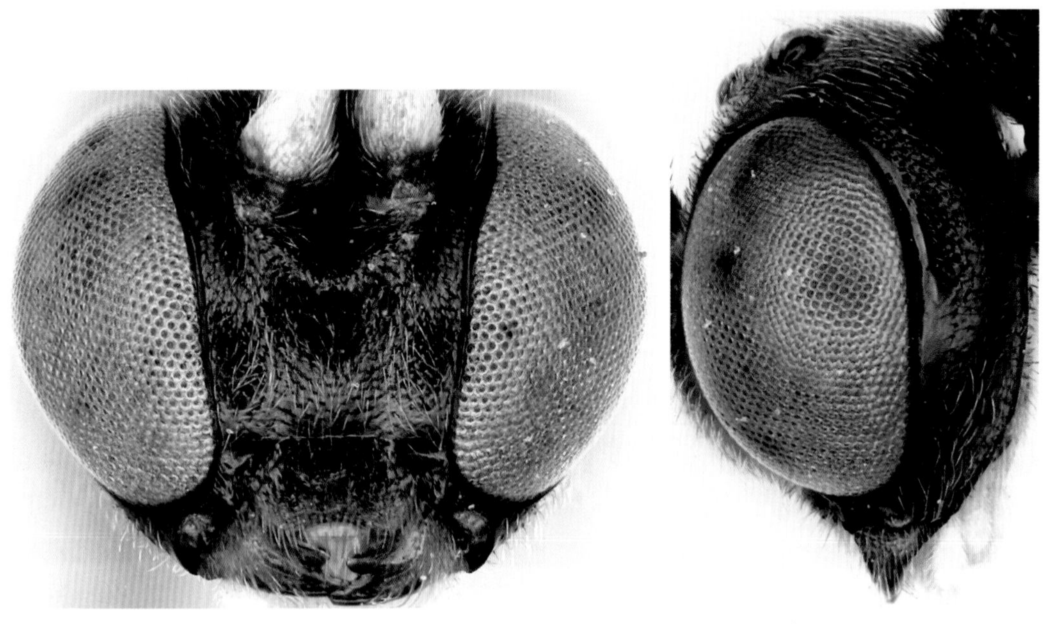

图 58-2　头部正面观 Head, anterior view

图 58-3　上颊 Gena

中部稍凹，稍粗糙，具稠密不规则的细皱（中央为细横皱，两侧为斜纵皱）；中叶前部隆起，前侧几乎垂直；盾纵沟超过中胸盾片中部。小盾片均匀隆起，具稠密的微细刻点。后小盾片弱隆起，具微细刻点。中胸侧板后上部斜纵凹，光滑光亮；下部均匀隆起，具不清晰的微细刻点；中胸侧板凹小，坑状，由1浅横沟与中胸侧板缝相连。后胸侧板具稠密不清晰的细刻点，中部具弱皱。翅稍带褐色，透明；小脉与基脉相对；小翅室非常小，斜三角形；第2肘间横脉约为第1肘间横脉长的2.8倍；第2回脉位于小翅室的下外角；外小脉内斜，约在中央曲折；后小脉约在上方0.3处曲折。后足细长，跗节第1～5节长度之比依次约为3.7∶2.3∶1.5∶0.8∶1.0。并胸腹节具细革质状表面，中部纵向均匀隆起，具浅中纵凹；基部两侧具稀疏的刻点；气门下方具模糊的弱细皱；无明显的脊；气门卵圆形。

腹部细长，第1～6节背板长均大于自身端宽。第1节背板几乎圆筒形，长约为端宽的3.5倍，约为第2节背板长的1.25倍；表面具稠密模糊的细皱，端部具刻点；具浅中纵凹；腹板约伸至该节端部0.3处；气门位于该节背板的中央稍前侧；背中脊基部具弱痕；背侧脊在气门前可辨。第2节背板长约为端宽的1.7倍；第3～6节背板两侧几乎平行，长分别约为宽的1.8倍、2.1倍、2.3倍和2.0倍。产卵器鞘长约为前翅长的0.8倍，约为腹部长的0.9倍。产卵器端部矛状，腹瓣端部约具9条细纵脊。

体黑色。唇基端缘、上颚（端齿黑褐色除外）红褐色；触角柄节和梗节腹侧、下唇须、下颚须、前胸侧板、前胸背板前缘及后上角、翅基片、前中足（背侧多少带黄褐色，跗节褐色至黑褐色）黄白色；鞭节黑褐色；后足黄褐色，转节背侧、胫节端部及跗节黑褐色；翅痣黄褐色，翅脉褐色。

正模♀，青海互助北山，2010-08-03，盛茂领。

词源 新种名源于模式标本采集地名。

本新种通过下列特征很容易与本属其它种区别：体非常细弱；前翅小脉与基脉对叉；小翅室非常小，斜三角形，第2回脉在它的下外角相接；第2肘间横脉约为第1肘间横脉长的2.8倍；第1节背板长约为端宽的3.5倍，约为第2节背板长的1.25倍，腹板约伸至该节端部0.3处；第2节背板长约为端宽的1.7倍；第3节背板长约为宽的1.8倍。产卵器鞘长约为前翅长的0.8倍。

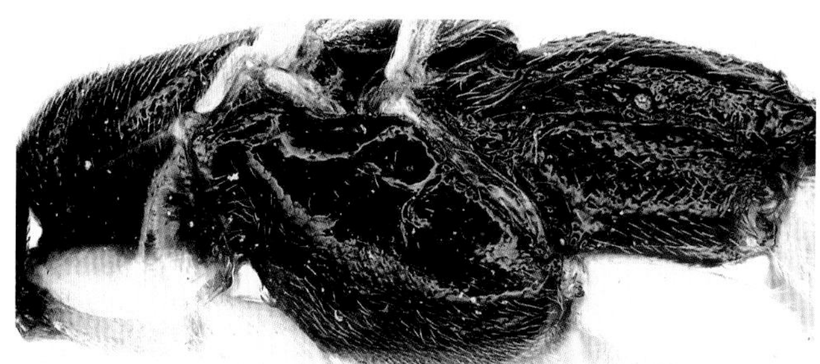

图 58-4 胸部侧面 Mesosoma, lateral view

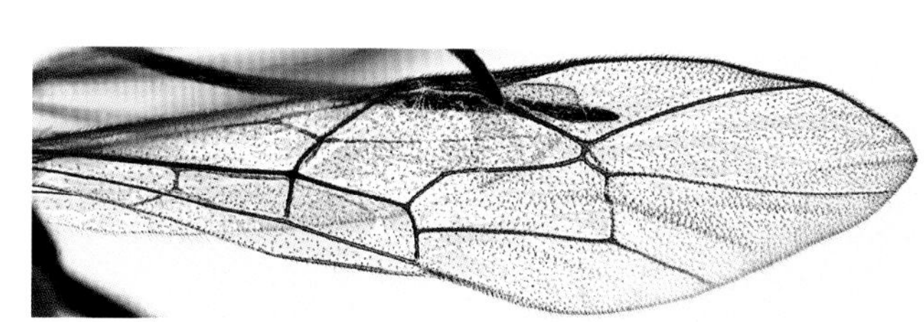

图 58-5 前翅 Fore wing

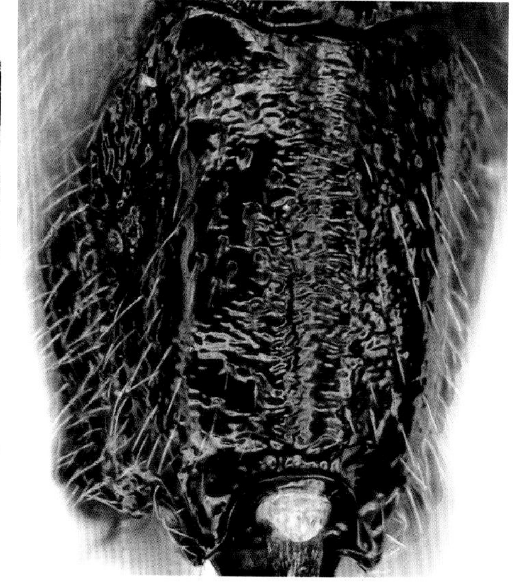

图 58-6 并胸腹节 Propodeum

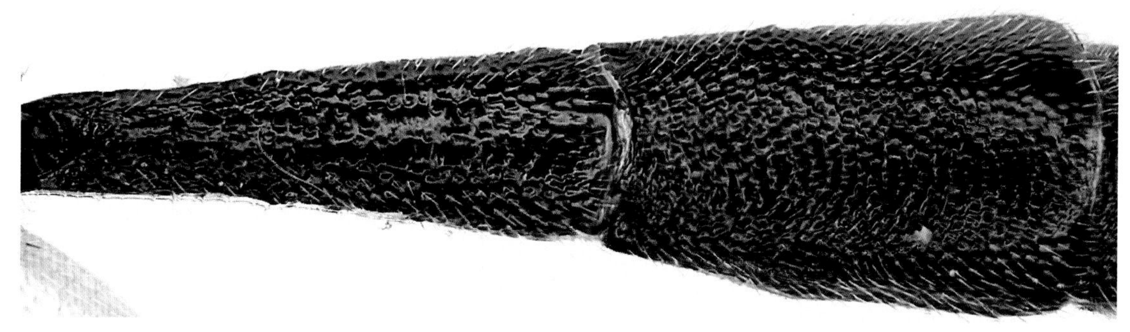

图 58-7 腹部第 1 ～ 2 节背板 Tergites 1-2

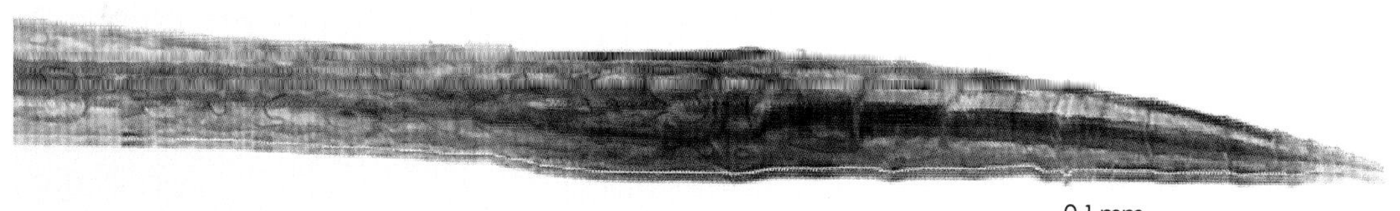

图 58-8 产卵器端部 Apical portion of ovipositor

十三、短须姬蜂亚科 Tersilochinae

本亚科含34属，524种，我国已知8属，35种。我国已知属检索表可参考相关著作（何俊华等，1996；盛茂领等，2013）。

（三十二）短胫姬蜂属 *Barycnemis* Förster, 1869

Barycnemis Förster, 1869:147. Type-species: *Porizon claviventris* Gravenhorst.

已知37种，我国已知4种。

59　钩短胫姬蜂 *Barycnemis harpura* (Schrank, 1802)（中国新记录）（图 59：1－8）

Ichneumon harpurus Schrank, 1802:294.

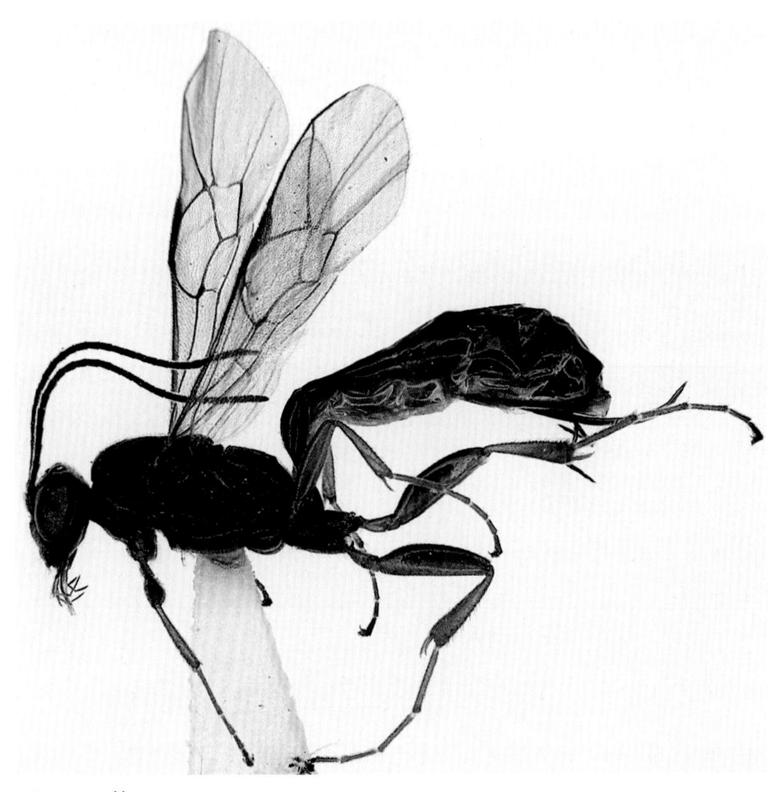

图 59-1　体 Habitus

♀　体长4.5～6.0 mm。前翅长2.5～3.5 mm。产卵器鞘长1.0～1.2 mm。

颜面宽约为长的2.4～2.5倍，具不均匀的细刻点，上方中央具不明显的纵脊瘤。唇基沟清晰。唇基光亮，具稀且细的刻点；端缘圆弧形稍突出，具一排平行的褐色长毛。上颚较长，2端齿尖锐，上端齿明显长于下端齿。颚眼距约等于上颚基部宽。上颊光滑光亮，刻点不明显。单眼区稍抬高，具细刻点；侧单眼间距约为单复眼间距的

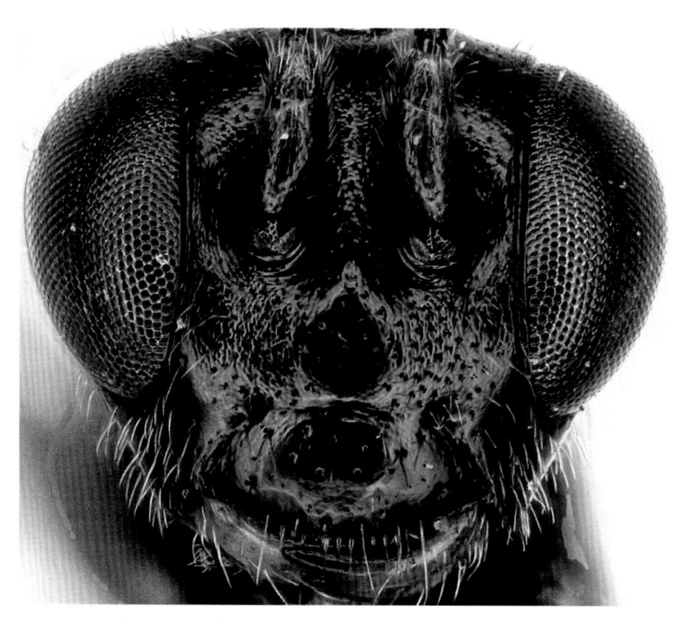
图 59-2 头部正面观 Head, anterior view

1.3～1.5倍。额具稠密的细刻点。触角鞭节26节，各节长均大于自身直径。后头脊完整。

前胸背板侧凹深，具短细纵皱；后部具稠密的细刻点；无前沟缘脊。中胸盾片大，中叶前部较强隆起，具均匀稠密的细刻点，后部中央具弱细皱；盾纵沟前部明显。中胸侧板具不均匀的刻点，前部具弱细皱；中部的横浅凹平直；胸腹侧脊细弱，伸至前胸背板后缘约0.3处与之平行向上几乎伸达翅基下脊；腹板侧沟深且宽。中胸腹板具稠密的细刻点；中纵沟内具细横皱。后胸侧板具稠密模糊的细皱，后胸侧板下缘脊完整。并胸腹节较强隆起，粗糙，具不规则的细皱和细刻点；中纵脊处具不规则的皱，侧纵脊仅端部具弱痕，外侧脊完整；无基横脊；端横脊细弱，中段显著前突；气门细小，圆形。翅带褐色，透明；翅痣宽短；小脉位于基脉外侧，二者之间的脉段强烈变粗；无小翅室；肘间横脉明显粗短；后小脉近垂直。

腹部光滑，无刻点，强烈侧扁。第1节背板长约为端宽的3.2～3.3倍；基侧凹在侧面呈沟状；气门小，圆形，稍隆起，约位于端部0.3处。第2节背板长约为端宽的2.0～2.1倍；窗疤较

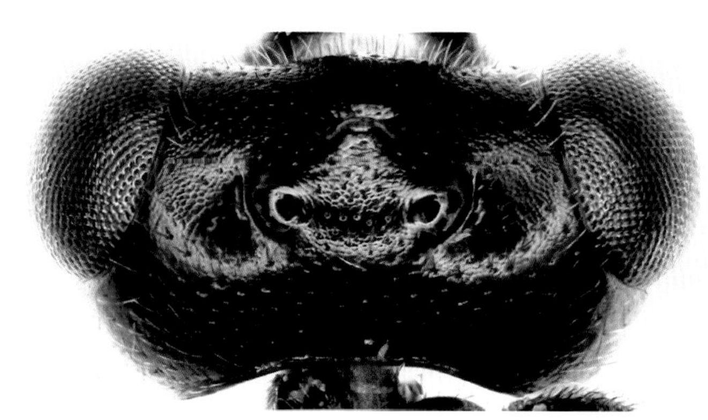
图 59-3 头部背面观 Head, dorsal view

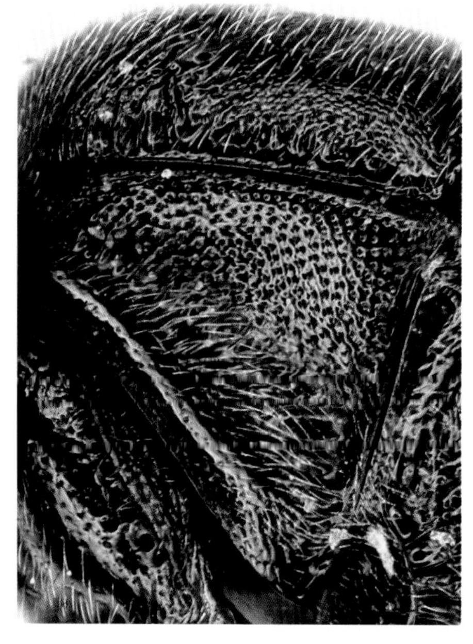
图 59-4 前胸背板 Pronotum

59-5　胸部侧面 Mesosoma, lateral view

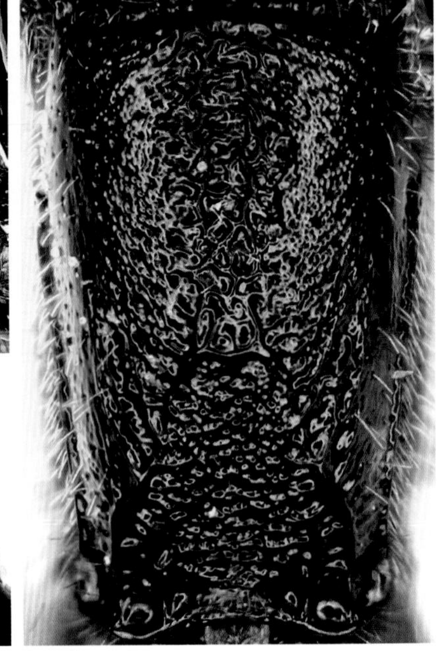
图 59-6　并胸腹节 Propodeum

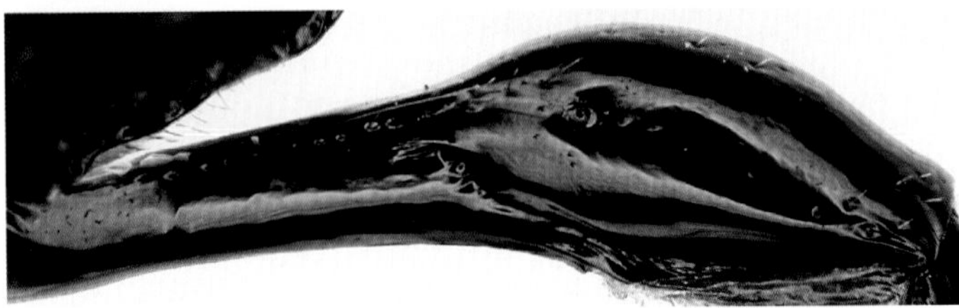
图 59-7　腹部第 1 节背板 Tergite 1, lateral view

图 59-8　产卵器端部 Apical portion of ovipositor

小，抵达第2节背板的基缘。第3节背板约为第2节背板长的1.2倍。产卵器鞘约等长于腹部第1节背板，强烈向上弯曲，亚端部稍缢缩。

头胸部黑色；腹部除第1节背板和第2节背板基部黑色外，其余黄褐色（端部背侧多少带黑褐色）。触角黄褐色至褐黑色；唇基端部带暗红褐色；上颚（端齿除外）、下唇须、下颚须、足除后足基节基部（后足腿节背侧暗红褐色）黄褐色；翅基片黄褐色。

♂　体长4.5～5.5 mm。前翅长2.5～3.5 mm。触角鞭节26～27节。

分布　中国（宁夏），蒙古，日本，俄罗斯，欧洲，北美。

观察标本　16♀♀6♂♂，宁夏彭阳何岘，2011-07-23～08-05，王荣。

十四、柄卵姬蜂亚科 Tryphoninae

本亚科含7族，57属，1293种，很多种类是林农业害虫的主要天敌。

（三十三）颚姬蜂属 *Cladeutes* Townes, 1969

Cladeutes Townes, 1969:160. Type species: *Cladeutes lepidus* Townes.

全世界仅知2种，我国已知1种。

60　盘颚姬蜂 *Cladeutes discedens* (Woldstedt, 1874)（图 60：1–6）

Perilissus discedens Woldstedt, 1874:37.

♀　体长约7.5 mm。前翅长约6.0 mm。产卵器鞘长约1.0 mm。

颜面具细刻点。唇基端缘具一排稠密的长毛。前沟缘脊强壮。盾纵沟明显，伸达中胸盾片中央之后。中胸侧板具稠密的刻点。并胸腹节具完整的分区。翅稍带褐色，透明，后小脉

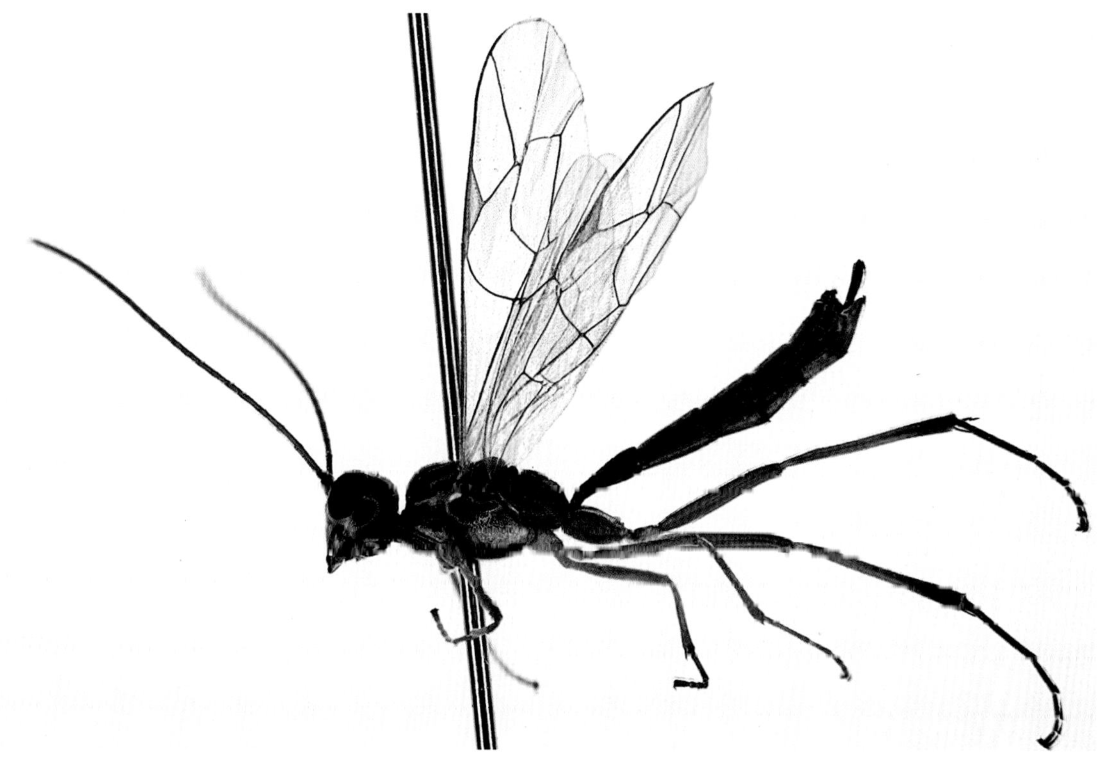

图 60-1　体 Habitus

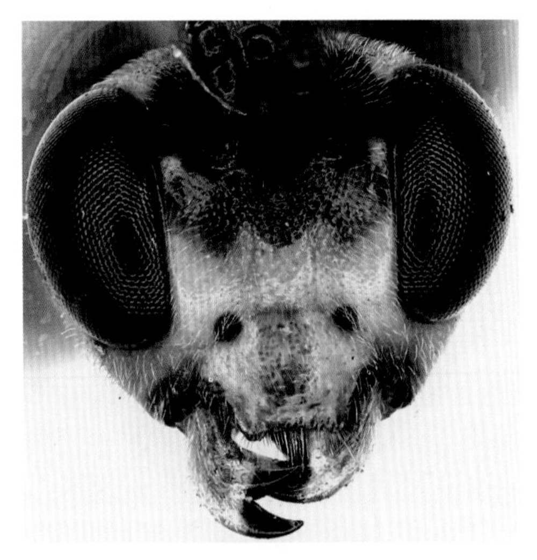

图 60-2　头部正面观 Head, anterior view

图 60-3　上颊 Gena

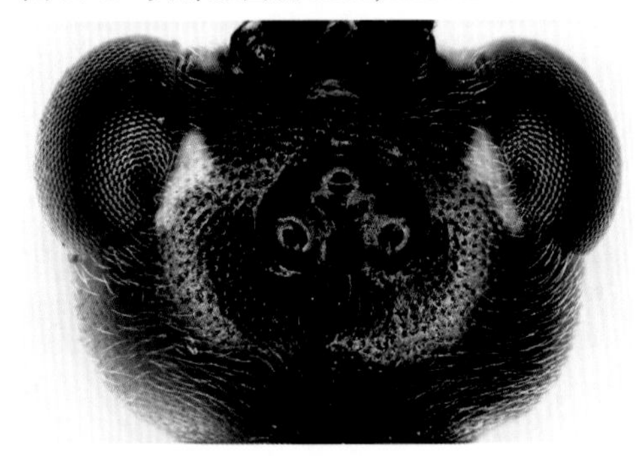

图 60-4　头部背面观 Head, dorsal view

图 60-5　胸部侧面 Mesosoma, lateral view

图 60-6　腹部端部侧面
Apical portion of metasoma, lateral view

在靠近下端处曲折。腹部第1节背板具非常弱的纵皱。下生殖板大，末端超过腹部末端。产卵器鞘长大于腹端厚度。

头黑色，上颚（端齿除外）、头顶眼眶和颜面黄色；颜面上缘红棕色。胸部大部分红色；前胸背板前、后缘、翅基片、翅基下脊和中胸侧板中央下侧的横带黄色；前胸背板中部的横带和并胸腹节黑色；足褐色至红褐色，前中足基节、转节黄色，后足胫节端部及其跗节褐黑色。腹部背板黑色，腹板污黄色。

♂　体长约6.0 mm。前翅长约4.2 mm。颜面全部黄色。中胸侧板和腹板（中缝带黄色除外）红色。足偏于黄色。抱握器稍呈棍棒状，向下弯曲。

寄主　我国的寄主不详。据国外报道（Fitton & Ficken, 1990），已知寄主为：冠翅蛾 *Ypsolopha nemorella* (Linnaeus, 1758)。

分布　中国（宁夏），日本，俄罗斯，英国，奥地利，芬兰，保加利亚，挪威，土耳其。

观察标本　1♀12♂♂，宁夏六盘山，1820m，2005-09-01～29，盛茂领、许效仁。

（三十四）隼姬蜂属 *Neliopisthus* Thomson, 1883

Neliopisthus Thomson, 1883:908. Type-species: *Phytodiaetus elegans* Ruthe.

全世界已知18种，此前我国仅知2种：雅隼姬蜂*Neliopisthus elegans* (Ruthe, 1855)、斜隼姬蜂*N. inclivatus* Sheng & Sun, 2001；已知寄主为危害栗属*Castanea* sp.、灯芯草*Juncus effuses* L.等植物的昆虫。这里介绍1种寄生蓑蛾科的重要寄生天敌。

61　蒙隼姬蜂 *Neliopisthus mongolicus* Kasparyan, 1994（图 61：1－7）

Neliopisthus mongolicus Kasparyan, 1994:336.

♀　体长5.0～5.5 mm。前翅长3.0～3.5 mm。

颜面具非常稠密的刻点；中部纵向隆起；上部中央具1瘤突。颚眼距约为上颚基部宽的0.25～0.3倍。头顶后部中央具中纵沟；侧单眼间距约为单复眼间距的1.4～1.5倍。触角鞭节24～26节。

图 61-1　体 Habitus

前胸背板前部具不清晰的细刻点，后部具稠密的刻点。中胸盾片具稠密的细刻点，端部中央呈细横皱。镜面区小。胸腹侧脊背端远离中胸侧板前缘。后胸侧板具稠密的细皱刻点。翅透明；无小翅室；后小脉约在下方0.2处曲折。并胸腹节具稠密不规则的细刻点和弱皱；脊完整，清晰；中区六边形，分脊在中部前方伸出；端区具稠密的细横皱；气门圆形。

腹部纺锤形。第1节背板光滑；背中脊细而明显，约伸达该节中部；背侧脊完整；端部具稠密的刻点；气门小，圆形，突出，约位于背板中央。第2节及以后各节背板具稠密的刻点，向端部渐细弱。第2节背板长约为端宽的0.74倍。第3节背板两侧近平行，长约为宽的0.74倍。产卵器鞘约为后足胫节长的0.6～0.7倍。

体黄褐至暗褐色。触角基部褐色；鞭节中段黄白色；颜面、唇基、上颚（端齿黑色）、下唇须、下颚须、颊、上颊前部、额斑、前胸背板前缘和上缘、翅基片、翅基下脊、前中足

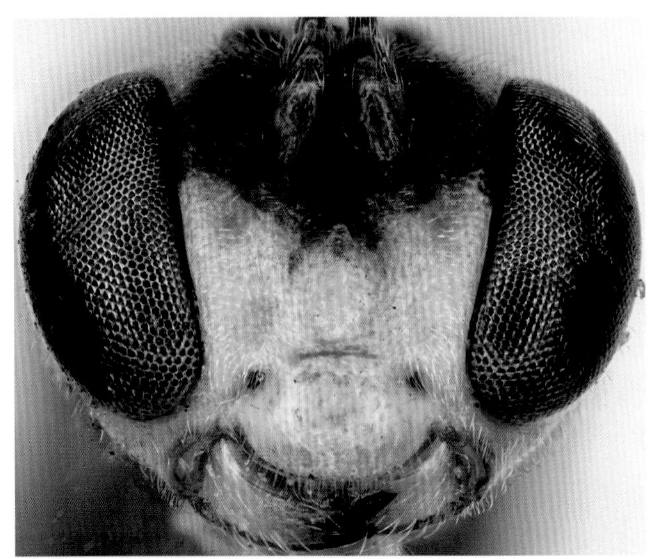

图 61-2　头部正面观 Head, anterior view

图 61-3　上颊 Gena

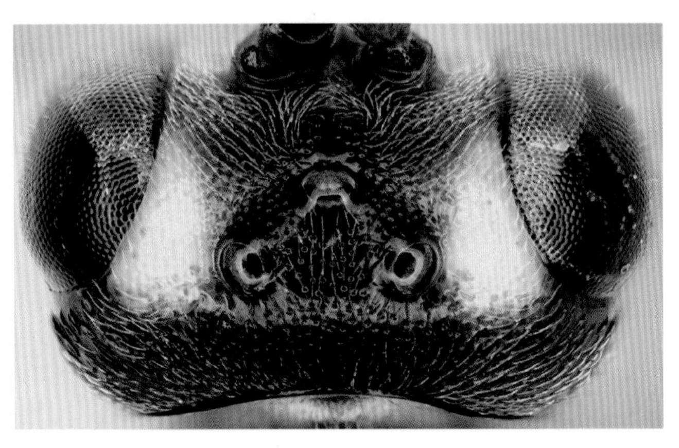

图 61-4　头部背面观 Head, dorsal view

基节和转节、后足转节腹侧、腹部腹面均为黄色；中胸盾片中叶（中央具黑色纵纹）和侧叶之间夹带黄色纵斑；小盾片橙黄色；并胸腹节基部中央和端区具不规则黑斑，有的个体后胸及并胸腹节全部黑色、腹部第1节背板中部带黑斑。

♂　体长4.5～5.0 mm。前翅长3.0～3.5 mm。触角黑色，无白环，鞭节27节。体主要为黑色，黄色区域基本与♀一致，中胸盾片中叶和侧叶之间夹带的纵斑红褐色；小盾片红褐色，基部中央黑色；腹部各节节间具不规则红褐色斑。足红褐色。

寄主　蓑蛾科Psychidae（鳞翅目Lepidoptera）的1种幼虫。

寄主植物　柠条*Caragana intermedia* Kuang & H.C. Fu (Leguminosae)。

分布　中国（内蒙古），蒙古。

观察标本　18♀♀15♂♂，内蒙古鄂托克旗，2015-04-22～05-28，熊自成、盛茂领。

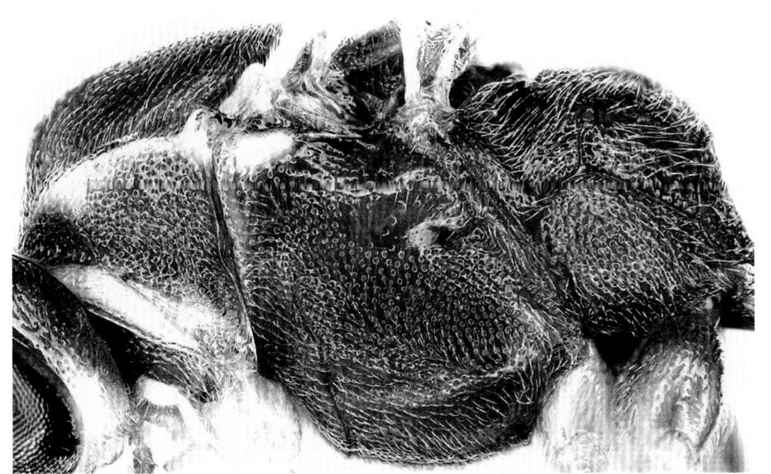

图 61-5　胸部侧面 Mesosoma, lateral view

图 61-6　腹部背板 Tergites

图 61-7　腹部端部侧面 Apical portion of metasoma, lateral view

十五、凿姬蜂亚科 Xoridinae

该亚科的种类是林木钻蛀害虫的重要天敌，含4属，225种。分属检索表可参考相关著作（盛茂领等，2010；Townes，1970）。

（三十五）凿姬蜂属 *Xorides* Latreille, 1809

Xorides Latreille, 1809:4. Type-species: *Ichneumon indicatorius* Latreille.

该属已知161种，我国已知44种。

62　天牛凿姬蜂 *Xorides asiasius* Sheng & Hilszczanski, 2009（图 62：1–7）

Xorides asiasius Sheng & Hilszczanski, 2009:167.

图 62-1　体 Habitus

♀　体长约14.0 mm。前翅长约10.0 mm。产卵器鞘长约7.1 mm。

颜面宽，均匀隆起；具稠密的刻点，中央具纵皱纹；上缘中央具强壮的突起，向上延伸至触角窝上方。唇基亚基部横棱状隆起，其上侧具细横纹，隆起的下方强烈倾斜，斜面较平坦，具稠密且清晰的细横皱。颚眼距约为上颚基部宽的0.9倍；具清晰的眼下沟。上颊下部具稠密且清晰的纵皱。侧单眼间距约为单复眼间距的1.2倍。额具稠密的细刻点。触角鞭节21节。

前胸背板亚前缘脊状；侧面前部具非常稠密的网状皱，后部具较粗大的横刻点；前沟缘脊非常强壮，背端呈扁片状突起。盾纵沟前部明显；后缘具1清晰光滑的横细边。盾前沟内具1强壮的中纵脊。中

图 62-2　头部正面观 Head, anterior view

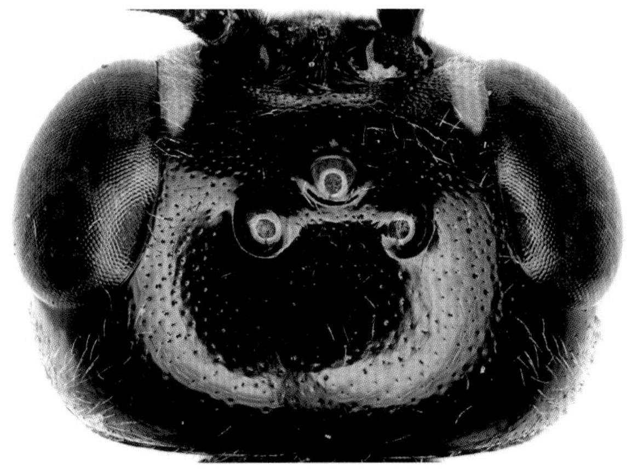

图 62-3　头部背面观 Head, dorsal view

胸侧板具清晰且稠密的刻点；镜面区小。后胸侧板具粗糙且不规则的网状皱。翅稍带褐色，透明；后小脉在中央呈角状曲折。前中足胫节较粗壮，后者近似圆筒形，呈棒状，基部似1“小节”状，亚基部下侧具角状凹。并胸腹节粗糙；脊完整；端区强烈倾斜，几乎垂直；侧突强壮。

腹部第1节背板中部具斜沟，该沟由侧缘向后向中央斜伸。第2节背板长约为端宽的0.7倍；中部非常粗糙；基部中央短纵凹；基侧角具深斜沟。第3节背板长约为基部宽的0.5倍，中部稍前侧具非常弱的横压痕。第4～5节背板具非常细的横线纹。产卵器鞘长约为后足胫节长的1.8倍。产卵器稍下弯，背瓣端部具2个小瘤突。

体黑色。上颚基部及唇基上缘暗褐色；上颊眼眶中部的斑、内眼眶、触角柄节腹面的小斑和鞭节中部、前胸背板后上角前侧的斑、小盾片端部的小斑、翅基下脊、前中足胫节前侧的细纵纹、中足胫节基端及跗节中部、后足胫节基部及跗节第1～4节、腹部第4～6节背板后部两侧的大横斑白色；前中足腿节、胫节及跗节的其余部分模糊的暗红褐色；前足跗节中部

图 62-4　胸部侧面
Mesosoma, lateral view

多多少少带白色；后足基节暗红色，腿节（端部除外）红色；腹部第1～3节背板红色，但各节或具模糊不规则的暗色。

寄主 在宁夏盐池，寄生钻蛀危害中国沙棘的红缘天牛*Asias halodendri* (Pallas)幼虫。

寄主植物 中国沙棘*Hippophae rhamnoides* Linn. *sinensis* Rousi。

分布 宁夏。

观察标本 1♀（正模），宁夏盐池，2006-05-26，盛茂领。

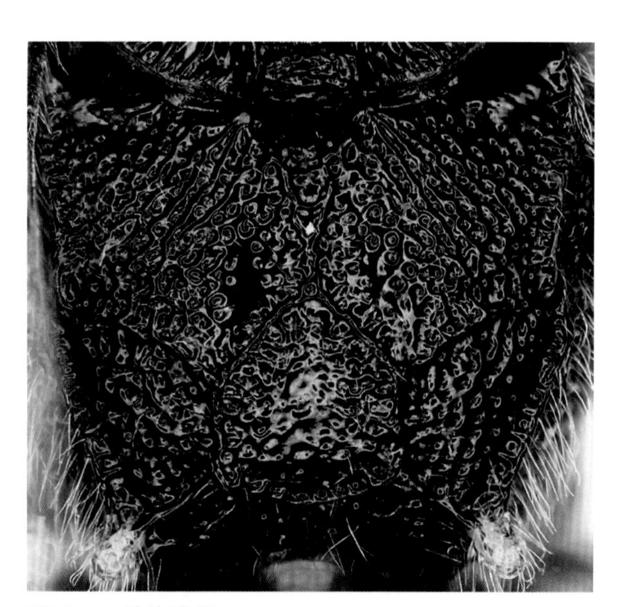

图 62-5 并胸腹节 Propodeum

图 62-6 腹部背板 Tergites

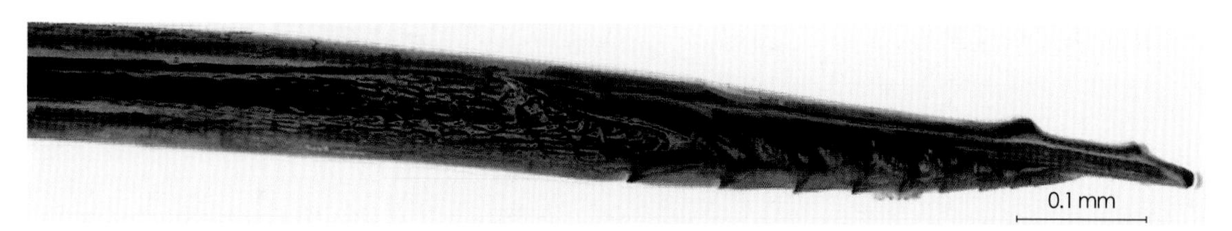

图 62-7 产卵器端部 Apical portion of ovipositor

63 红凿姬蜂 *Xorides cinnabarius* Sheng & Hilszczanski, 2009（图 63：1-7）

Xorides (*Xorides*) *cinnabarius* Sheng & Hilszczanski, 2009:166.

♀ 体长12.1～12.5 mm。前翅长8.9～9.3 mm。产卵器鞘长4.9～5.0 mm。

颜面宽为长的2.2～2.4倍，均匀隆起。唇基沟清晰；唇基凹之间的连线位于复眼下缘之间的连线之下。上颚亚基部上、下侧具长毛；颚眼距约为上颚基部宽的0.9倍。眼下沟清晰。侧单眼间距约为单复眼间距的1.6倍。额具稠密的刻点，侧面具弱的短横皱。触角鞭节21节；钉状毛位于倒数第2～6节。后头脊完整。

前胸背板前部具稠密的斜横皱，后部具粗大的横刻点；前沟缘脊强壮，背端呈扁片状突起。盾前沟内具1强壮的中纵脊。中胸侧板具清晰的细刻点，下部具细纵皱；镜面区小。后胸侧板具不规则的网状皱。翅稍带褐色，透明；后小脉在中央呈角状曲折。前中足胫节较粗壮（后者近似圆筒形，呈棒状），基部似1“小节”状。并胸腹节粗糙，第1侧区具较弱且不规则的细网状皱，其余具较粗且清晰的不规则皱；脊完整且强壮；基区呈狭长的三角形；侧突强壮；气门斜椭圆形。

腹部第1节背板长为端宽的1.7～1.8倍；中部具斜沟；纵脊完整；背中脊直，二者平行，

图 63-1 体 Habitus

图 63-2　头部正面观 Head, anterior view

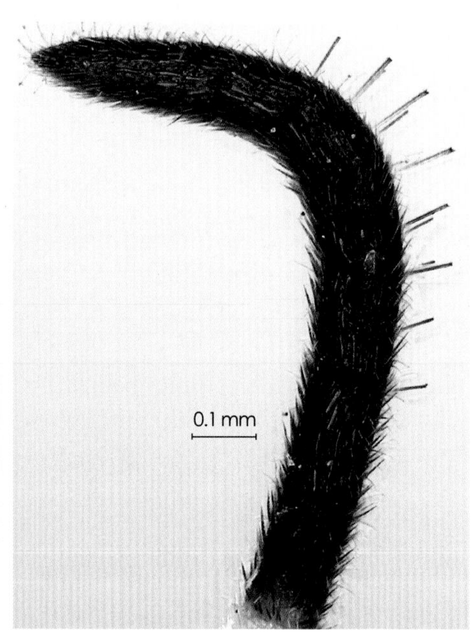

图 63-3　触角端部 Apical portion of antenna

图 63-4　胸部侧面 Mesosoma, lateral view

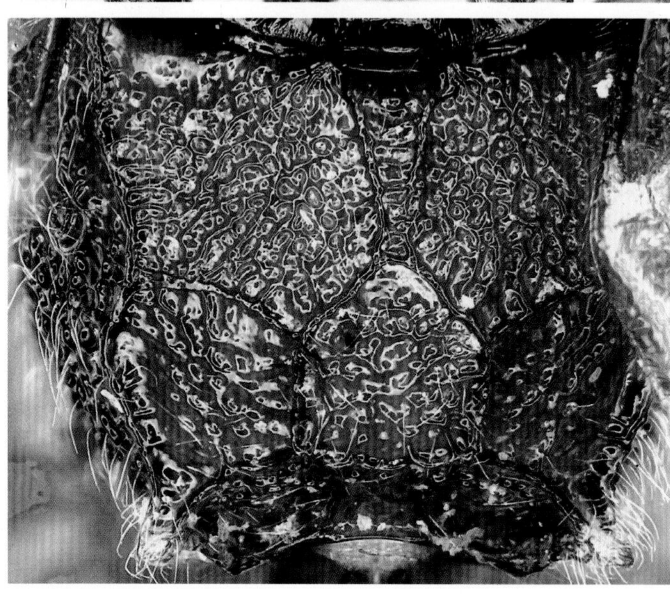

图 63-5　并胸腹节 Propodeum

二者之间稍抬高。第2节背板长约为端宽的0.7倍；粗糙；基侧角具深斜沟。第3节背板基部稍宽于端部，长约为基部宽的0.5倍。第4～6节背板具非常细的横线纹。产卵器鞘长约为后足胫节长的1.5倍。产卵器稍下弯，背瓣端部具2个小瘤突。

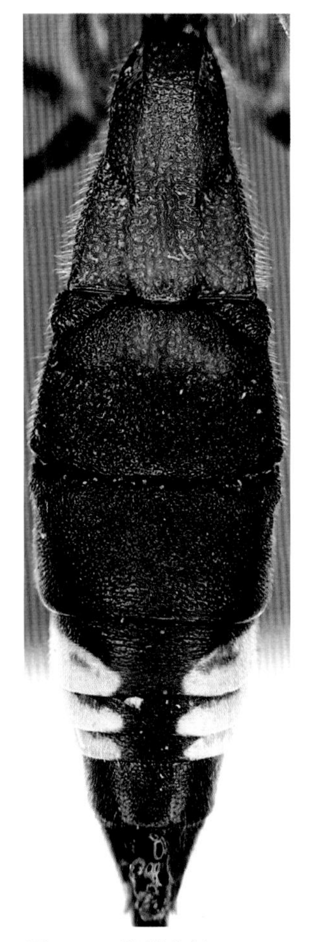
图 63-6 腹部背板 Tergites

体黑色。内眼眶中部，上颊眼眶中部，触角鞭节中部，小盾片端部，腹部第4～6节背板后部两侧的斑，中足胫节基端及跗节中部，后足胫节基部及跗节中部白色；上颚基部及唇基上缘带褐色；翅痣下方不规则的小斑及沿径脉至肘间横脉褐色；前足腿节及胫节前侧浅褐至红褐色；前胸背板前侧缘，中胸侧板大部分，中胸腹板侧面，中足基节大部分，后足基节，中后足腿节（两端除外），并胸腹节，后胸，腹部第1节背板，第2节背板基部或大部分（不均匀）红至红褐色。

♂ 体长9.5～11.0 mm。前翅长6.1～7.2 mm。触角鞭节24～25节，具与鞭节垂直的毛，毛长约等于鞭节直径。胸、腹部全部黑色，或后胸侧板、并胸腹节侧面及腹部第1节背板后部侧面或多或少红色。

寄主 锈斑楔天牛*Saperda balsamifera* Motschulsky。

分布 新疆。

观察标本 7♀♀6♂♂，新疆额敏，2008-02-18～04-07，盛茂领。

图 63-7 产卵器端部 Apical portion of ovipositor

64 丽凿姬蜂 *Xorides irrigator* (Fabricius, 1793)（图 64：1–10）

Ichneumon irrigator Fabricius, 1793:152.

♀ 体长6.5～13.0 mm。前翅长5.2～9.2 mm。产卵器鞘长3.0～6.0 mm。

颜面稍隆起，具稠密不规则的刻点；上缘中央具向上隆起的突。上颚凿状，基部上下侧各具1根分叉的粗毛。眼下沟深。颚眼距约为上颚基部宽的1.2倍。上颊具稠密的细纵皱；上部夹杂刻点。额具稠密的刻点，中部具不清晰的横皱。触角鞭节21～22节，倒数第2～4节具钉状毛。

前胸背板具稠密的纵皱；背面具2个大深凹；背方亚后缘脊状，连接至前沟缘脊背端。

图 64-1 体 Habitus

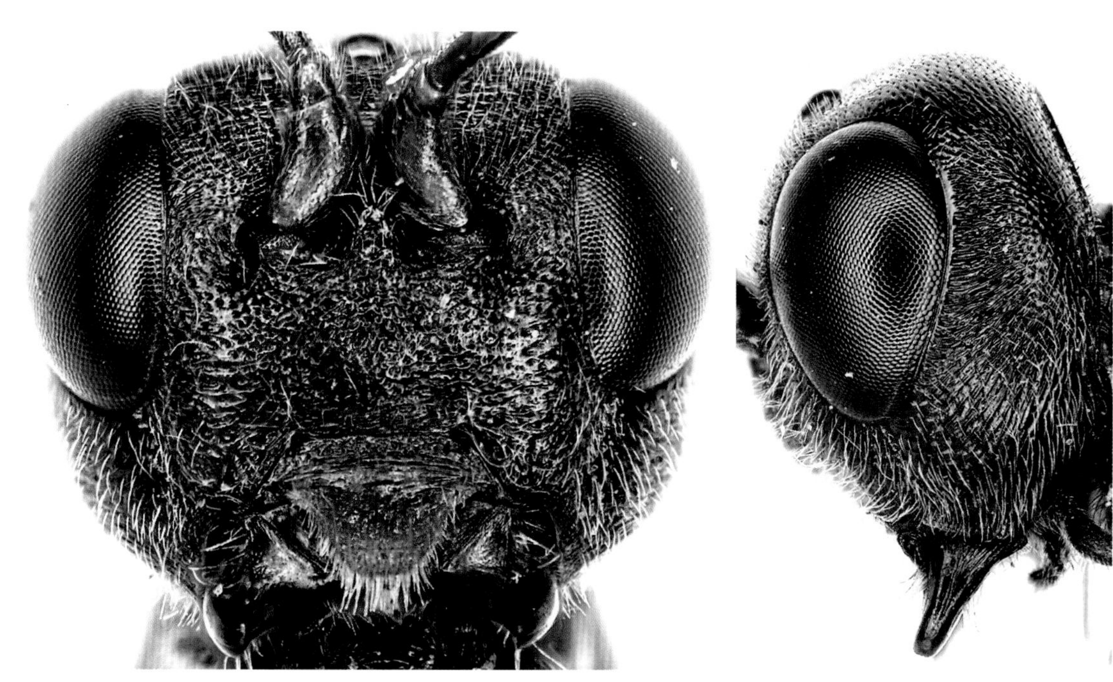

图 64-2 头部正面观 Head, anterior view

图 64-3 上颊 Gena

盾纵沟明显。小盾片具细纵皱。后胸侧板粗糙，具稠密而不清晰的斜皱。翅带褐色，透明，沿小脉深色，翅痣下方具深色斑；后小脉在中部或中部稍下方曲折。足所有胫节的基部似1“小节”状；前中足胫节非常粗，近似圆筒形，亚基部腹面扁平。并胸腹节分区完整；脊强壮；侧突强大。

腹部第1节背板长约为端宽的1.6倍，中部稍后方明显收缩变窄，具向后伸至背中脊的斜沟。第2节背板基部具明显的基侧沟。产卵器细，稍下弯。

体黑色；上颚基部和端部稍带红色或暗红色；触角柄节带红色，鞭节中部白色；前中足带褐色；前足胫节前侧有时具白色纵纹；腹部第1～2（3）节背板红色或暗红色，或所有背板几乎全部黑色。

♂ 体长约9.0 mm。前翅长5.5～6.0 mm。触角鞭节具稠密、直立的短毛，鞭节25节。前足胫节、跗节褐色。

寄主 柠条绿虎天牛*Chlorophorus caragana* Xie & Wang、槐绿虎天牛*C.diadema* (Motschulsky) 等。

寄主植物 柠条*Caragana intermedia* Kuang & H.C. Fu。

分布 宁夏、黑龙江；俄罗斯，欧洲。

观察标本 3♀♀，黑龙江图强，1989-06-05，盛茂领；17♀♀3♂♂，黑龙江图强1989-07-14～28，盛茂领；1♀1♂，宁夏彭阳，2010-02-28，曹川健。

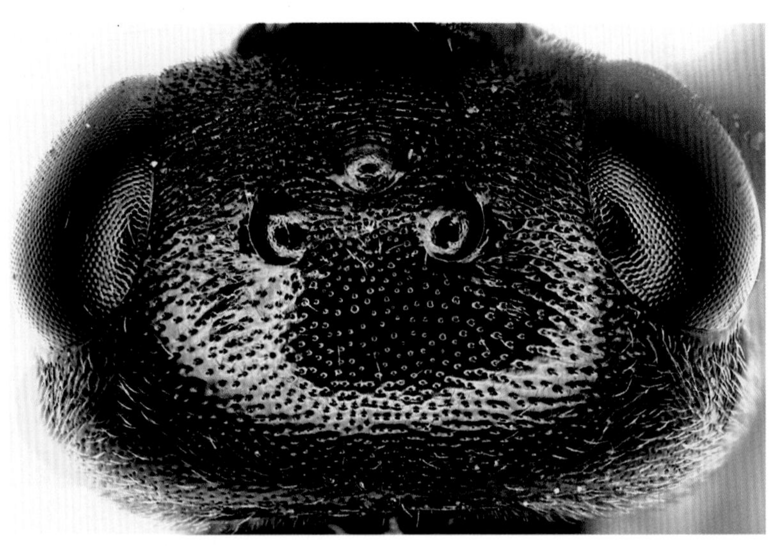

图 64-4 头部背面观 Head, dorsal view

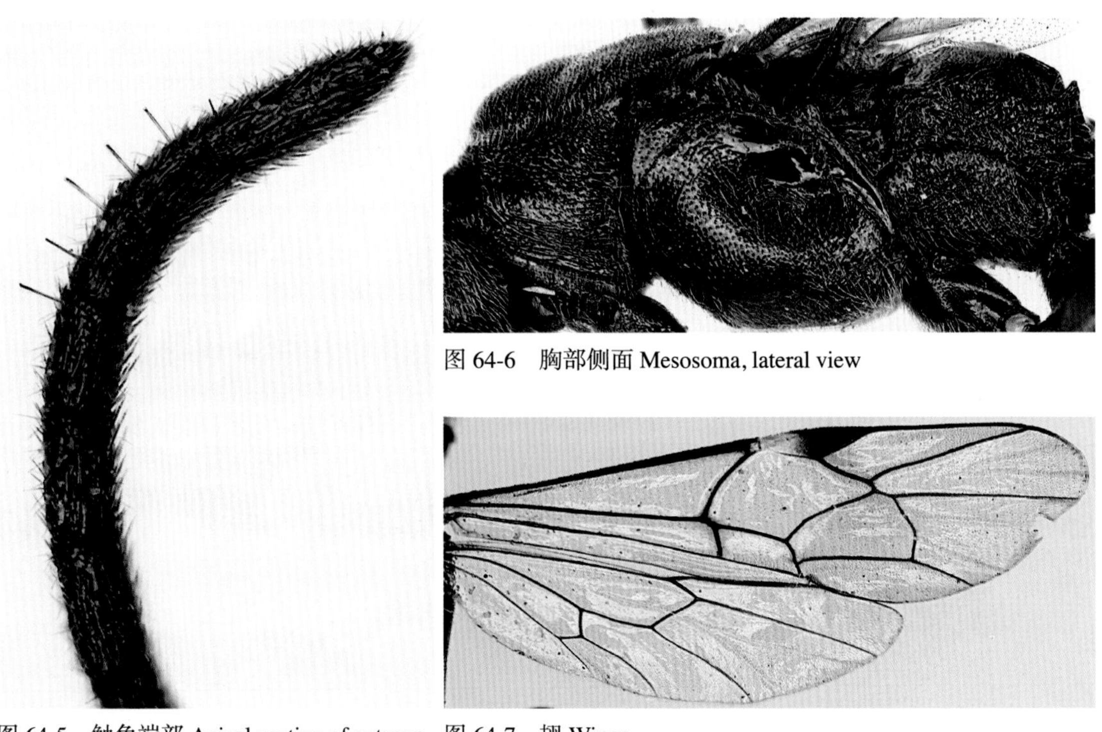

图 64-5 触角端部 Apical portion of antenna

图 64-6 胸部侧面 Mesosoma, lateral view

图 64-7 翅 Wings

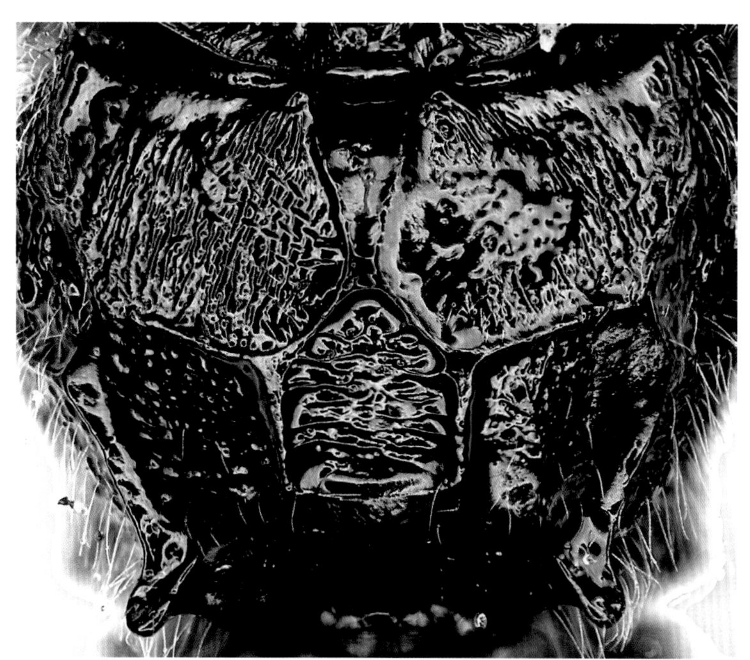

图 64-8　并胸腹节 Propodeum

图 64-9　腹部第 1 ～ 2 节背板
Tergites 1-2

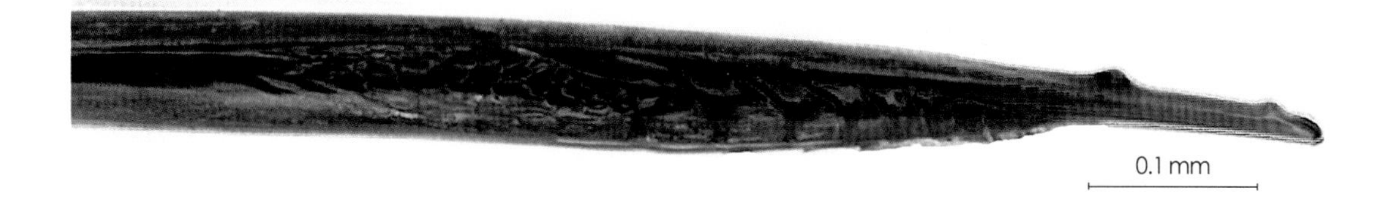

图 64-10　产卵器端部 Apical portion of ovipositor

65 北海道凿姬蜂 *Xorides sapporensis* (Uchida, 1928)（图 65：1－8）

Xylonomus (*Xorides*) *sapporensis* Uchida, 1928:18.

♀ 体长9.5～12.0 mm。前翅长7.0～8.5 mm。产卵器鞘长4.0～5.5 mm。

颜面几乎平坦，具不均匀的刻点；上缘中央强烈向上突起至触角间。上颚基部上、下侧各具1根分叉的粗毛。眼下沟非常深。侧单眼间距约为单复眼间距的1.7倍。触角亚端部弯曲，鞭节20～21节，倒数第2～4节各具2根钉状毛。

前胸背板背部具2个大深凹，由3条向前散射的大纵脊包围；前沟缘脊强壮，背端突起。胸腹侧脊抵达翅基下脊；镜面区小。后胸侧板具非常粗糙的网状皱。翅稍带褐色，透明，翅痣下方具1深褐色斑；后小脉约在中央曲折。爪非常小。并胸腹节具完整的脊；侧突小，尖锐。

腹部第1节背板侧面中部具斜凹。第2节背板长约为端宽的0.6倍，中央具网状皱，周围具刻点，基部中央具纵皱，基侧角具斜沟。第3节背板基部具不清晰的刻点，端部具稠密的横线纹。第4～6节背板具不清晰的横线纹。产卵器向下弯曲。

体黑色。颜面眼眶、上颊眼眶中部、触角柄节腹面、触角鞭节中部、腹部4～6节背板后侧缘的横斑、并胸腹节侧突、胫节基部黄白色；上颚（除端齿）棕红色；足黑色至黑褐色。

♂ 体长6.5～8.0 mm。前翅长4.3～5.5 mm。触角鞭节23～24节，具直立的毛，毛长约等于鞭节直径。

图 65-1 体 Habitus

图 65-2　头部正面观 Head, anterior view

寄主　环角坡天牛*Pterolophia alternata* Gressitt, 1938、窄吉丁*Agrilus* spp.和栎树枯木蛀虫等。

寄主植物　刺槐*Robinia pseudoacacia* L.、水曲柳*Fraxinus mandschurica* Rupr.、蔷薇科Rosaceae等。

分布　辽宁、吉林、黑龙江、河北、湖北；日本，俄罗斯，奥地利，捷克，德国，匈牙利，波兰。

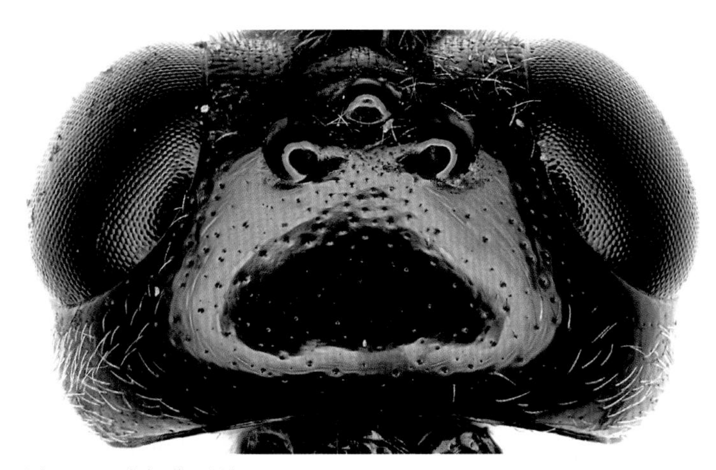

图 65-3　头部背面观 Head, dorsal view

图 65-4　触角端部 Apical portion of antenna

观察标本 1♂，辽宁沈阳，1990-07-30，盛茂领；2♂♂，辽宁沈阳，1991-05-19，盛茂领；2♀♀2♂♂，辽宁沈阳，1991-05-20，盛茂领；1♀2♂♂，辽宁沈阳，1991-06-04，盛茂领；1♀，辽宁沈阳，1991-07-02，盛茂领；1♀，辽宁新宾，1997-08-05，盛茂领；1♀，辽宁沈阳，1999-05-22，盛茂领；1♀，辽宁沈阳，2000-05-31，盛茂领；3♀♀3♂♂，辽宁宽甸，400m，2001-06-02，盛茂领；1♀，辽宁沈阳，2003-07-30，盛茂领；1♀，辽宁沈阳，2004-05-15，盛茂领；1♀，辽宁宽甸，2007-06-06，盛茂领；2♀♀，河北小五台，2009-06-16，盛茂领；1♀，辽宁本溪，2012-08-05，集虫网；1♀，黑龙江哈尔滨，2002-06-07，郝德君；1♀，湖北神农架，2003-07-16，杨亮。

图 65-5 中胸盾片和小盾片 Mesoscutum and scutellum

图 65-6 胸部侧面 Mesosoma, lateral view

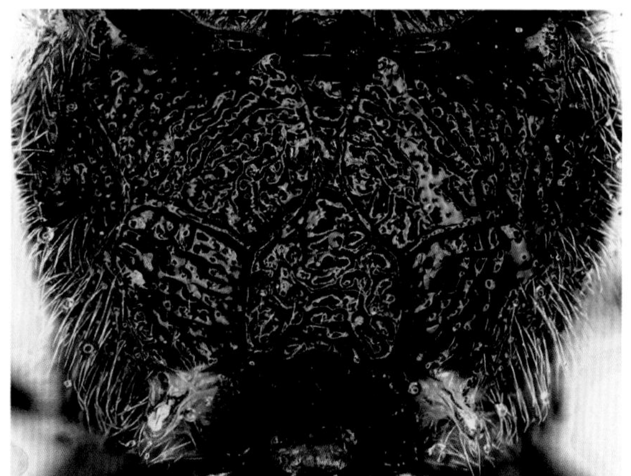

图 65-7 并胸腹节 Propodeum

图 65-8 产卵器端部 Apical portion of ovipositor

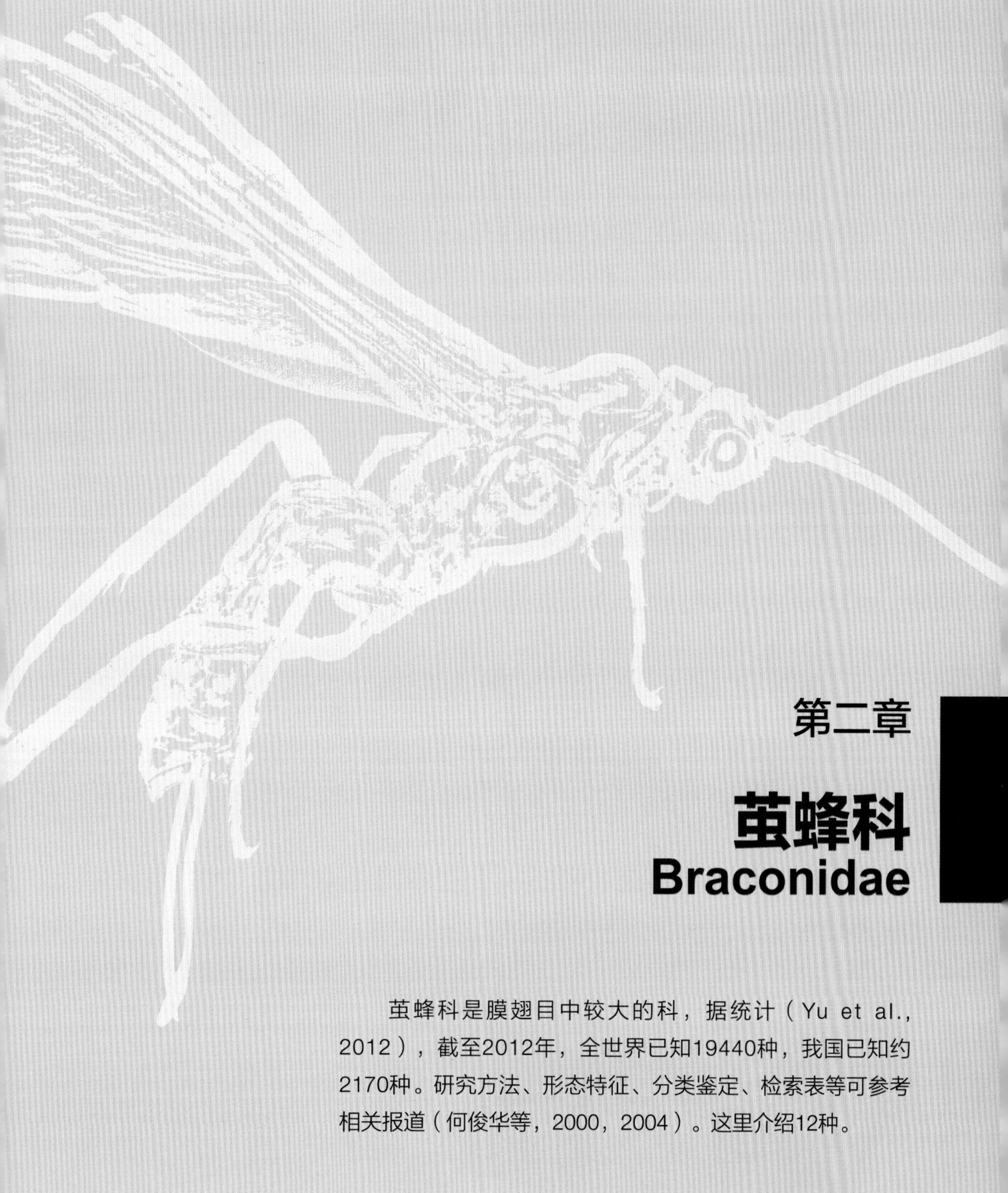

第二章

茧蜂科 Braconidae

茧蜂科是膜翅目中较大的科，据统计（Yu et al., 2012），截至2012年，全世界已知19440种，我国已知约2170种。研究方法、形态特征、分类鉴定、检索表等可参考相关报道（何俊华等，2000，2004）。这里介绍12种。

66 蒙大拿窄径茧蜂 *Agathis montana* Shestakov, 1932（图 66：1-6）

Agathis montana Shestakov, 1932:261.; Simbolotti & van Achterberg, 1999:88.

♀ 体长3.0～4.5 mm，前翅长3.0～4.0 mm。

头宽是长的1.8～2.0倍，是中胸盾片宽的1.0～1.1倍。头部光滑光亮，具稠密白色短毛。额在触角窝处明显凹陷，光滑光亮无刻毛，中央具1弱纵脊。单眼区位于头顶最高处，单眼中等大小，POL=2.2～2.3×OD=1.1～1.2×OOL；复眼具稠密白色短毛，卵圆形，复眼纵径是横径的1.2～1.3倍。触角窝直径约为触角窝间距的0.7～0.8倍，是窝眼距的1.2～1.3倍。颚眼距是复眼纵径的1.2～1.3倍，约为上颚基部宽的3.2～3.5倍。颜面极度延长，中部均匀隆起，具稠密细毛点和白色短毛；宽约为颜面和唇基总长的0.7～0.8倍。唇基中央隆起，质地同颜面，毛较颜面相对短，端缘平截。触角线状，28～30节；柄节长是其最大宽的1.5～1.6倍；第1鞭节长是端宽的4.2～4.5倍，是第2鞭节长1.4～1.5倍。鞭节倒数第2节长是其最大宽的1.0～1.1倍，约为倒数第1节的0.9～1.0倍。

胸长是高的1.4～1.5倍。前胸背板侧面观，光滑光亮，中央基半部具短皱，后缘具短皱和白色短毛。中胸盾片均匀隆起，光滑光亮，具稠密细毛点和白色短毛；盾纵沟明显，交叉于中央之后，沟内具弱皱。小盾片前凹阔，具7条明显短皱。小盾片稍平，光滑光亮，具稠密细刻点和白色短毛。中胸侧板稍隆起，具稠密细毛点和白色短毛；中胸侧板凹存在，下方光滑光亮，无刻点；胸腹侧脊明显，内具短皱。前翅长为最大宽的2.7～2.8倍。翅痣长约为其最大宽的3.2～3.3倍；r脉约从翅痣中部稍后方伸出。M+CU1脉直；r=1.0×3-SR=0.1×SR1。

图 66-1　体 Habitus

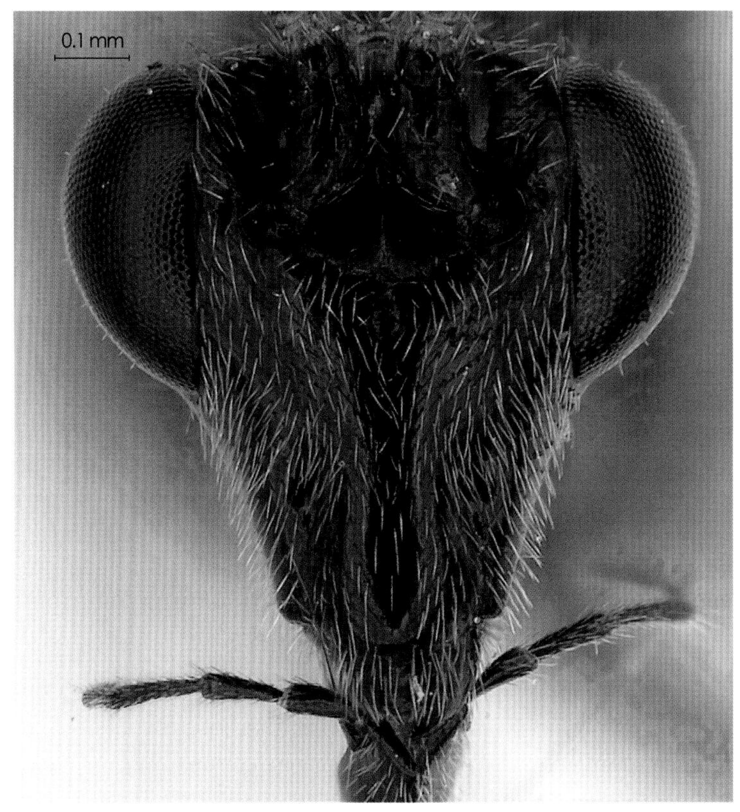

图 66-2 头部正面观 Head, anterior view

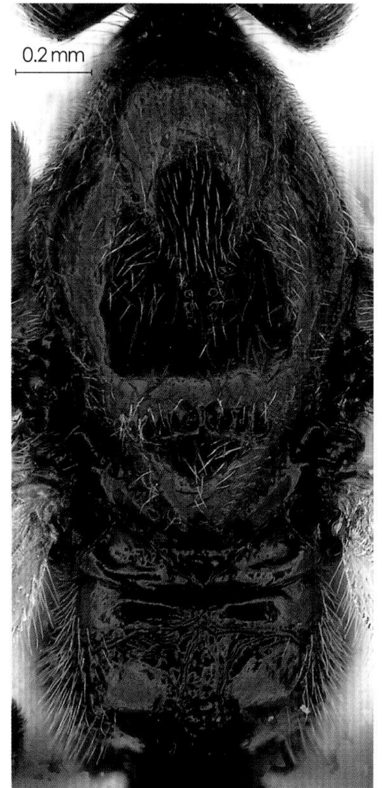

图 66-3 胸部背面 Mesosoma, dorsal view

后翅：M+CU1脉直；1-M=0.9～1.0 × M+CU1。后足腿节长是宽的3.6～3.7倍；后足跗节约为胫节长的1.1～1.2倍；基跗节长是第2-5跗节长的0.7～0.8倍；第2跗节长是基跗节长的0.4～0.5倍，是第5跗节长的1.2～1.3倍（不包括前跗节）。并胸腹节稍圆形隆起，光滑光亮，基半部具不规则皱，中纵脊存在且之间具不规则皱；中央光滑光亮无刻纹；外侧区具白色短毛。

腹长是头胸长度的0.9～1.0倍。第1节背板长约为端宽的1.1～1.2倍；基部稍凹，其余部分具细长皱，端缘光滑光亮，具弱细白色短毛。第2节背板中央大部光滑光亮，端缘具弱细白毛。其余部分具稀细毛点。其余背板质地和毛同第2节背板。产卵器鞘长约为腹部长的1.8～2.0倍。

体黑色。前足腿节端半部、胫节、跗节（第2～4节暗褐色，末跗节和爪黑褐色），中足腿节端部少许、胫节（端缘暗褐色）、基跗节基部少许，后足胫节（亚基部的斑暗褐色，端部黑褐色）、基跗节基部少许，褐色。翅透明，稍带暗褐色；前翅翅脉、翅痣、黑褐色；后翅翅脉黄褐色至褐色。

♂ 体长3.0～4.0 mm，前翅长3.0～3.5 mm。触角27～28节。其他特征同雌虫。

寄主 柽柳草蛾 *Ethmia* sp.（寄主新记录）。

寄主植物 柽柳 *Tamarix* sp.。

图 66-4　胸部侧面 Mesosoma, lateral view

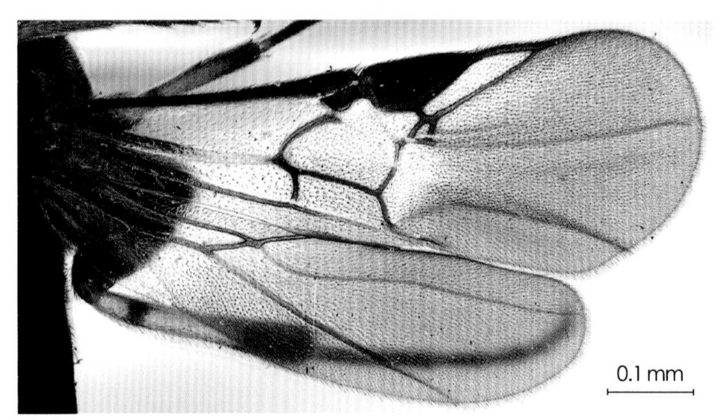

图 66-5　翅 Wings

图 66-6　腹部背板 Tergites

分布　宁夏、山西、湖北、福建；朝鲜，蒙古，俄罗斯，欧洲等。

观察标本　1♀1♂，宁夏盐池高沙窝，2015-08-26，盛茂领；1♂，宁夏盐池高沙窝，2015-09-06，盛茂领；1♀1♂，宁夏盐池高沙窝，2015-09-08，盛茂领；1♀，宁夏盐池高沙窝，2015-09-22，盛茂领。

67 鄂尔多斯柔茧蜂 *Bracon* (*Habrobracon*) *erduos* Wang, 2011（图 67：1–6）

Bracon (*Habrobracon*) *erduos* Wang, 2011:75.

♀ 体长2.5～3.3mm，前翅长2.6～3.2mm。

头宽是长的1.2～1.3倍，是中胸盾片宽的1.0～1.1倍。头部光滑光亮，具黄色长毛，在复眼后圆形收窄。额均匀隆起，光滑光亮。背面观单眼区位于头部中央，单眼中等大小，单眼区外侧明显凹陷，POL=1.3×OD=0.6×OOL；复眼光滑，近圆形隆起，复眼纵径是横径的1.2～1.3倍，复眼横径是上颊宽的2.9～3.0倍。触角窝直径约为触角窝间距的1.4～1.5倍，是窝眼距的1.6～1.7倍。颚眼距是复眼纵径的0.4～0.5倍，约为上颚基部宽的1.0～1.1倍。颚眼沟无。颜面光滑光亮，具黄白色长毛，宽约为复眼纵径的1.0～1.1倍，是颜面和唇基总长的1.4～1.5倍。唇基沟明显，前幕骨陷圆形。唇基下陷近半圆形，宽约为下陷边缘至复眼距离的1.1～1.2倍，是颜面宽的0.4～0.5倍。无后头脊。触角线状，21～23节，为体长的1.1～1.2倍；柄节长是其最大宽的2.1～2.2倍；第1鞭节长是端宽的2.5～2.6倍，是第2鞭节长的1.2～1.3倍；鞭节倒数第2节长是其最大宽的1.9～2.0倍，约为倒数第1节的0.7～0.8倍。

胸长是高的1.6～1.7倍。前胸背板侧面观，前缘凸起，侧凹具1斜皱，从前胸背板上角伸抵下后角。中胸盾片圆形隆起，光滑光亮，具均匀稠密黄白色短毛，后部中央几乎无

图 67-1 体 Habitus

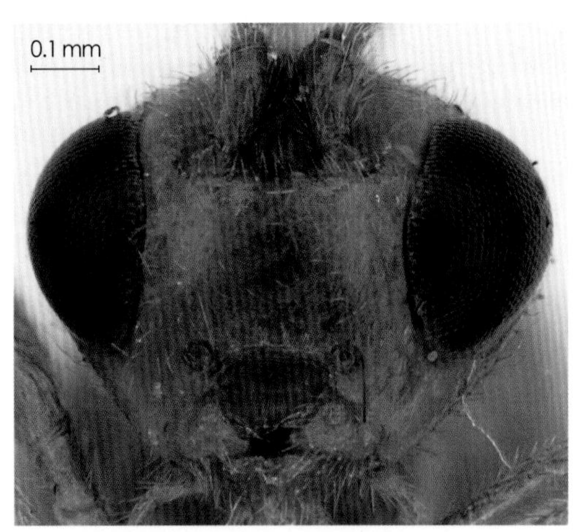

图 67-2 头部正面观 Head, anterior view

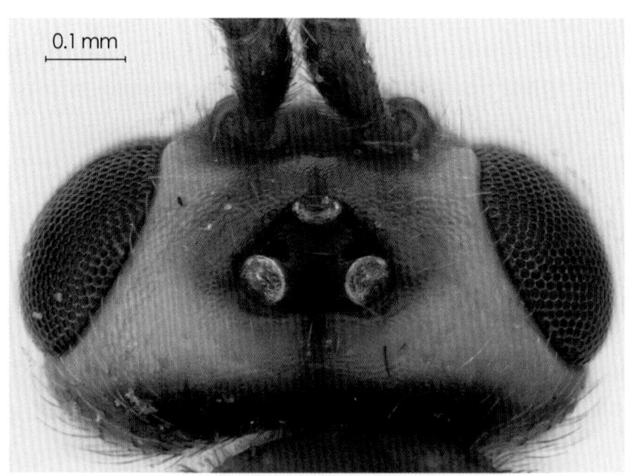

图 67-3 头部背面观 Head, dorsal view

毛；盾纵沟仅有痕迹。小盾片前凹宽，具8条明显中脊，光滑光亮，前凹长是小盾片长的0.1倍。小盾片较平，光滑光亮，具均匀黄白色短毛。中胸背板腋下槽光滑光亮，前半部具1斜皱，将其分为2个深凹陷；后胸背板光滑光亮。中胸侧板稍平，细革质状表面，光滑光亮，上半部具稀疏黄白色短毛，中央和后下部无毛；镜面区大，光滑光亮无刻点，中胸侧板凹不明显，短横沟状；腹板侧沟无。前翅长为最大宽的2.9～3.0倍。翅痣长约为其最大宽的3.8～3.9倍；r脉从翅痣中部稍前方伸出。M+CU1脉几乎直；1-SR+M直；r-m脉存在；2-SR=1.8～1.9 × r=1.9～2.0 × 3-SR=0.3～0.4 × SR1=2.3～2.4 × r-m。后翅M+CU1脉直；1-M=2.8～2.9 × M+CU1；SC+R1=2.8～2.9 × 1r-m=7.8～7.9 × 2SC+R。后足光滑光亮，具黄白色短毛；腿节长是宽的3.3～3.4倍；后足跗节约为胫节长的1.0～1.1倍；基跗节长是第2～5跗节长的0.5～0.6倍；第2跗节长是基跗节长的0.6～0.7倍，是第5跗节长的1.5～1.6倍（不包括前跗节）。并胸腹节基半部稍隆起，细革质状表面，基缘光滑光亮，端半部较平稍凹，具粗纵皱；中纵脊强壮，长约为并胸腹节长的0.9倍，中纵脊两侧具斜皱；并胸腹节基部中央和端部光滑光亮，其余部分具黄白色长毛。

腹长是头胸长度的1.1～1.2倍。第1节背板基半部背脊愈合，端半部分离直达背板后缘，背脊处凹陷，具短皱；背板端半部具不规则皱。第2节背板光滑光亮，具细纵皱，宽约为长的2.3～2.4倍；第3节背板基半部具纵皱，端半部具革质状网纹，宽约为长的2.9～3.0倍；第4～5节背板质地同第3节端半部。产卵器鞘长约为腹部长的0.4～0.5倍，为前翅长的0.2～0.3倍。

体黄褐色至暗红褐色。头部（单眼区、后头中央大部，上颚端齿黑褐色；额眼眶，头顶大部黄白色）、前胸背板、中胸背板侧叶前缘和中叶中后部、小盾片侧缘、足（爪暗褐色）、腹部第2节背板（基部中央红褐色）、第3节背板基部黄褐色；第3～5节背板黄褐色（暗红褐色，个体有差异）；中胸腹板、并胸腹节、腹部第1节背板黑褐色。触角、翅痣、翅脉褐色。

♂ 体长2.4～2.8 mm，前翅长2.1～2.6 mm。触角23～25节。其他特征同雌虫。

寄主 灰斑古毒蛾*Orgyia ericae* Germar。

寄主植物 沙冬青*Ammopiptanthus mongolicus* (Kom.) S. H. Cheng。

分布 内蒙古（鄂尔多斯）。

观察标本 副模，13♀♀10♂♂，内蒙古鄂尔多斯，2008-07，盛茂领。

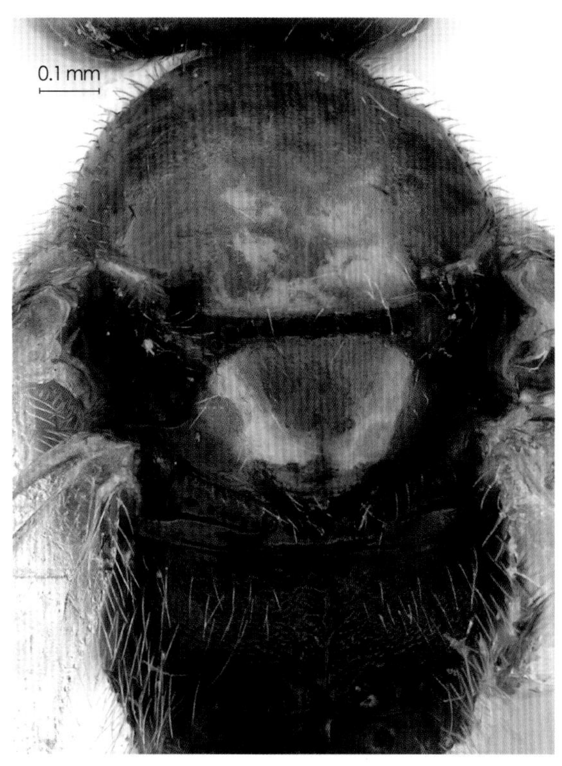

图 67-4 胸部背面 Mesosoma, dorsal view

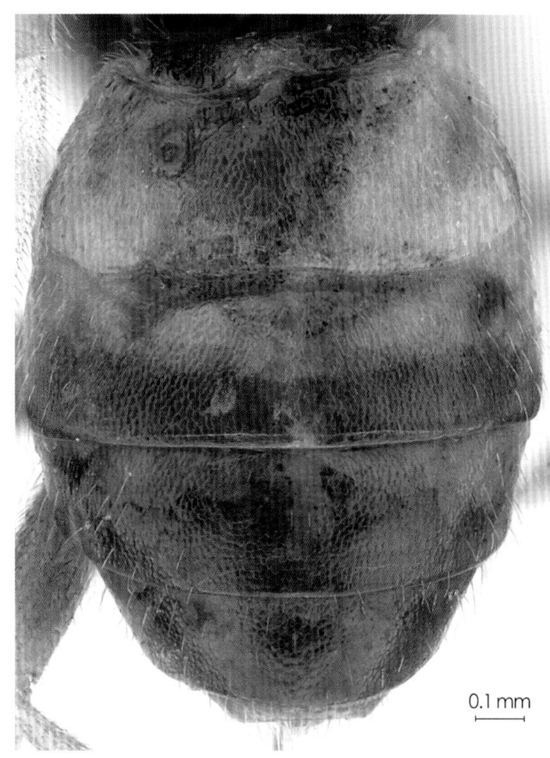

图 67-6 腹部背板 Tergites

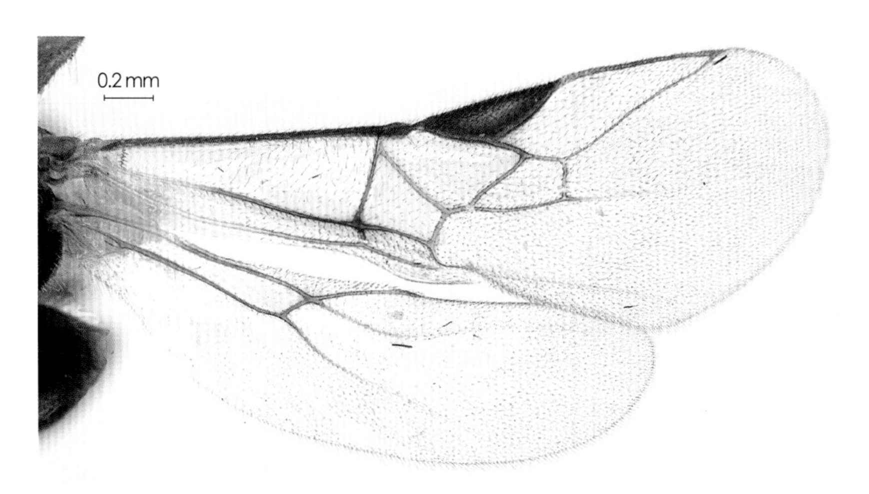

图 67-5 翅 Wings

68 杨透翅蛾长颊茧蜂 *Dolichogenidea paranthreneus* (You & Dang, 1987)（图 68：1–5）

Apanteles paranthreneus You & Dang, 1987:279.

Dolichogenidea paranthreneus (You & Dang, 1987). Chen & Song, 2004:131.

♀ 体长3.6～3.8 mm，前翅长3.6～4.0 mm。

头宽是长的1.8倍，是中胸盾片宽的0.9倍。头部光滑光亮，具稠密白色短毛。额稍平，上半部具细密毛点和白色短毛，下半部在触角窝处明显凹陷，光滑光亮无刻毛。单眼区位于头顶最高处，单眼中等大小，POL=2.0 × OD=0.9 × OOL；复眼具稠密白色短毛，卵圆形，复眼纵径是横径的1.6倍。触角窝直径约为触角窝间距的1.6倍，是窝眼距的1.3倍。颚眼距是复眼纵径的0.2倍，约为上颚基部宽的0.9倍。颚眼沟存在。颜面中部均匀隆起，具稠密细毛点和白色短毛；宽约为颜面和唇基总长的0.9～1.0倍。唇基稍平，具均匀稠密细毛点和白色短毛，端缘平截；唇基沟存在。上颚扭曲，上端齿明显长于下端齿。触角线状，18节；柄节长是其最大宽的1.9～2.0倍；第1鞭节长是端宽的2.8～2.9倍，是第2鞭节长1.0～1.1倍；鞭节倒

图 68-1 体 Habitus

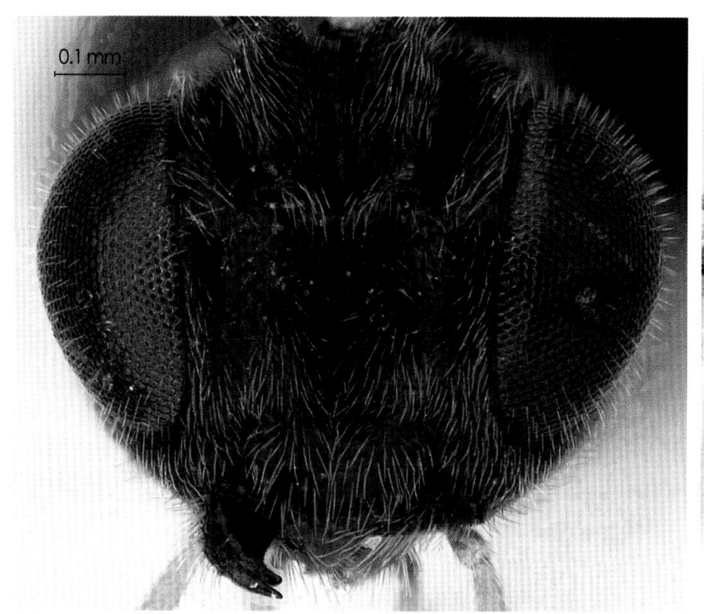

图 68-2　头部正面观 Head, anterior view

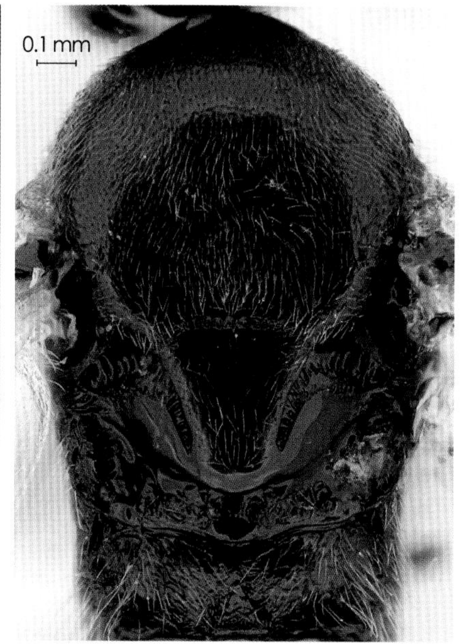

图 68-3　胸部背面 Mesosoma, dorsal view

数第2节长是其最大宽的1.3～1.4倍，约为倒数第1节的0.6～0.7倍。

胸长是高的1.5～1.6倍。前胸背板侧面观，光滑光亮，中央稍下方具1明显沟伸抵后缘，具背上沟。中胸盾片均匀稍隆起，光滑光亮，具稠密细毛点和白色短毛，盾纵沟缺。小盾片前凹窄，具明显短皱。小盾片较平，光滑光亮，刻点较中胸盾片稍稀。中胸侧板稍隆起，前半部具稠密细毛点和白色短毛；中央大部分稍凹，光滑光亮，无刻点。前翅长为最大宽的2.7～2.8倍。翅痣长约为其最大宽的2.6～2.7倍；r脉约从翅痣中部伸出。M+CU1脉直；1-SR+M几乎直。1-CU1=0.9～1.0 × 2-CU1=1.0～1.1m-cu。后足腿节长是宽的3.5～3.6倍；后足跗节约为胫节长的1.2～1.3倍；基跗节长是第2～5跗节长的0.7～0.8倍；第2跗节长是基跗节长的0.4～0.5倍，是第5跗节长的1.1～1.2倍（不包括前跗节）。并胸腹节横向稍隆起，光滑光亮，基半部具均匀细毛点和白色短毛，中央纵向稍凹具不规则皱；气门圆形，气门后具皱。

腹长是头胸长度的0.7～0.8倍。第1节背板基部稍凹，中央强烈隆起，具不规则细皱，两侧具弱细皱，第1节背板长约为端宽的1.2～1.3倍。第2节背板中央光滑光亮，其余部分具稀细毛点。第3节背板基半部光滑光亮，其他部分具稀细毛点和白色短毛。其余背板具稀细白色短毛。产卵器鞘长约为腹部长的1.1～1.2倍。

体黑色。上颚端齿稍带暗红褐色；下颚须、下唇须、前足（基节黑色，爪暗褐色）、中足（基节黑色，末跗节、爪暗褐色）、翅基片、翅基（基半部暗褐色）黄褐色；后足基节、第1转节黑色，腿节、胫节（端部少许暗褐色）黄褐色，基跗节（端半部暗褐色）、其余各节黑褐色。翅透明，翅脉浅黄褐色，翅痣（基部少许黄褐色）、痣外脉暗褐色。

♂　体长3.0～3.2 mm，前翅长3.2～3.4 mm。触角18节。中足第2转节、胫节、跗节

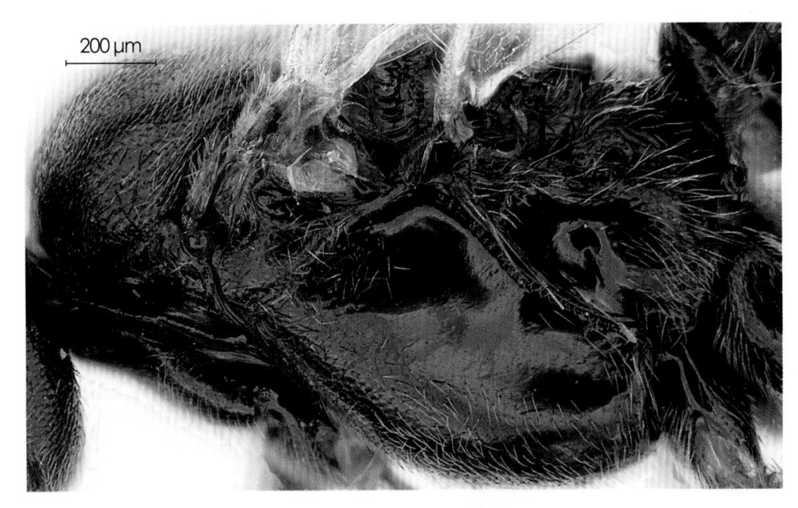

图 68-4 胸部侧面 Mesosoma, lateral view

图 68-5 翅 Wings

（末跗节暗褐色）黄褐色；中足腿节（端缘黄褐色）褐色至黑褐色。后足胫节（基半部黄褐色）、第1跗节（基部黄褐色）、其余跗节和爪暗褐色。其他特征同雌虫。

寄主 白杨透翅蛾*Paranthrene tabaniformis* (Rottemberg)。

寄主植物 杨树*Populus* sp.。

分布 宁夏（青铜峡）、福建、陕西。

观察标本 1♀5♂♂，宁夏青铜峡，2015-01-16，盛茂领；1♀，宁夏青铜峡，2015-01-18，盛茂领；2♀♀1♂，宁夏青铜峡，2015-01-18，盛茂领；4♂♂，宁夏青铜峡，2015-01-18，盛茂领；2♀♀2♂♂，宁夏青铜峡，2015-01-22，盛茂领；1♂，宁夏青铜峡，2015-01-25，盛茂领。

69 具柄矛茧蜂 *Doryctes petiolatus* Shestakov, 1940（图 69：1–7）

Doryctes petiolatus Shestakov, 1940:5.

♀ 体长7.3～8.0 mm，前翅长5.9～6.2 mm。

头宽是长的1.2～1.3倍，是中胸盾片宽的0.8～0.9倍。头部近圆形，光滑光亮，具稀疏黄褐色长毛，在复眼后较阔。额较平，在触角窝上方微凹，中央具1中纵沟，光滑光亮，几乎无毛点。背面观单眼区位于头部中央稍前方，单眼较小，单眼区外侧明显凹陷，POL=1.5～1.6 × OD=0.8～0.9 × OOL；复眼光滑，近圆形隆起，复眼纵径是横径的1.1～1.2倍，复眼横径是上颊宽的0.9～1.0倍。触角窝直径约为触角窝间距的1.0～1.1倍，是窝眼距的2.0～2.1倍。颚眼距是复眼纵径的0.3～0.4倍，约为上颚基部宽的0.89～1.0倍。颚眼沟无。颜面稍隆起，上方中央在触角窝之间凹，光滑光亮，具均匀稠密细毛点和黄白色毛；靠近唇基沟处有2个凹沟；颜面宽约为复眼纵径的0.9～1.0倍，是颜面和唇基总长的1.1～1.2倍。唇基沟明显，前幕骨陷圆形；唇基具较颜面稠密的黄白色毛。唇基下陷近圆形，宽约为下陷边缘至复眼距离的1.1～1.2倍，是颜面宽的0.5～0.6倍。后头脊在上颚基部上方缺。触角线状，53～60节；柄节长是其最大宽的1.3～1.4倍；

图 69-1 体 Habitus

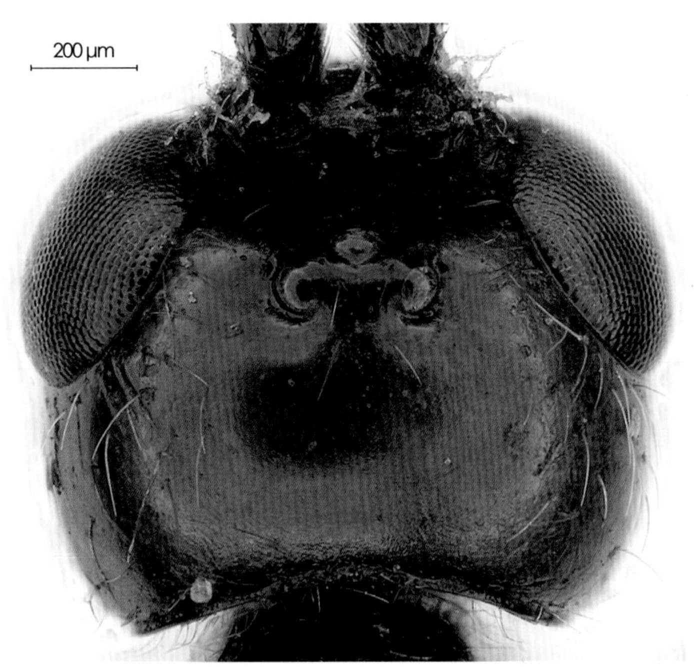

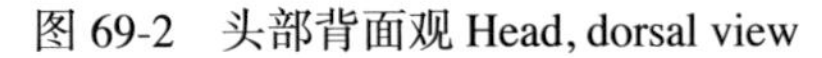
图 69-2 头部背面观 Head, dorsal view

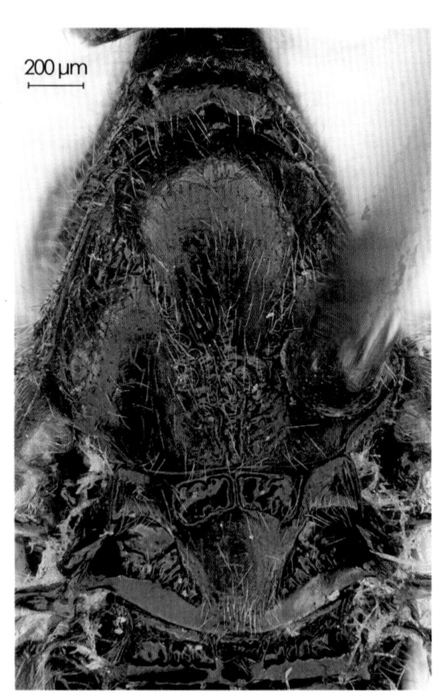

图 69-3 中胸盾片和小盾片 Mesoscutum and scutellum

第1鞭节长是端宽的2.8～2.9倍，是第2鞭节长1.0～1.1倍；鞭节倒数第2节长是其最大宽的2.6～2.7倍，约为倒数第1节的1.1～1.2倍。

胸长是高的2.2～2.3倍。前胸背板侧面观，光滑光亮，具均匀稠密黄白色毛；前胸背板上部具1长脊；侧凹内具短横皱，中央的皱稍长；后缘具短皱。中胸盾片稍隆起，光滑光亮，具均匀稠密黄白色毛；盾纵沟明显，具粗短皱，收敛于中胸盾片后方中央，基部非常阔；中胸盾片中央后方具纵脊和不规则网状纹。小盾片前凹阔，光滑光亮，具1强壮中脊；长约为小盾片长的0.3～0.4倍。小盾片稍隆起，光滑光亮，基半部及中央的毛稀疏，端缘的毛非常稠密。中胸背板腋下槽光滑光亮，基半部具粗斜皱。后胸背板基半部具短皱，端缘光滑光亮。中胸侧板均匀稍隆起，光滑光亮，具稠密黄白色毛；翅基下脊具斜皱；中胸侧板凹明显，周围的毛相对稀疏；腹板侧沟线状，达中胸侧板中部之后，后端明显凹。前翅长为最大宽的3.7～3.8倍。翅痣长约为其最大宽的4.5～4.6倍；r脉从翅痣中部稍前方伸出。M+CU1脉几乎直；1-SR+M弯曲；r-m脉存在；2-SR=1.3～1.4×r=0.6～0.7×3-SR=0.3～0.4×SR1=1.1～1.2×r-m；1-CU1=0.1～0.2×2-CU1。后翅：M+CU1脉几乎直；1-M=0.9～1.0×M+CU1。后足腿节长是宽的3.2～3.3倍；后足跗节约为胫节长的1.0～1.1倍；基跗节长是第2～5跗节长的0.8～0.9倍；第2跗节长是基跗节长的0.5～0.6倍，是第5跗节长的1.8～1.9倍（不包括前跗节）。并胸腹节基半部稍平，光滑光亮，几乎无毛，端半部斜具粗皱；中纵脊基部合并，外侧具弱短皱，从中央处分叉达并胸腹节端缘；外侧脊粗壮，两侧具短皱；侧突明显；外侧区网纹状。

腹长是头胸长度的0.9～1.0倍。第1节背板强烈隆起，光滑光亮，具明显长纵皱和不规则网状皱；背凹大；长为端宽的1.2～1.3倍，为基部宽的2.0～2.1倍。第2、3节背板愈合，愈合缝弧形弯曲；第2节背板基半部的弧形区域具不规则斜皱，其余部分光滑光亮，具稀细毛点；第3节及以后各节背板光滑光亮，具稀细毛点。产卵器鞘长约为腹部长的1.2～1.3倍。

体暗红褐色至黑色。头（上颚黑色，下颚须、下唇须褐色至暗褐色，触角暗褐色至黑褐色），前胸，中胸盾片（侧叶的斑暗红褐色至黑褐色），小盾片，并胸腹节（端半部暗红褐色），腹部第1、2节背板红色至红褐色。前足（基节红色至红褐色，跗节褐色至暗褐色），中足（基节基半部红褐色，胫节基部少许、跗节褐色至暗褐色），后足（基节基半部红褐色，胫节基部少许、跗节褐色至暗褐色），中胸侧板及腹板，后胸侧板，腹部第3节背板（基部中央少许红色至红褐色）及以后各节背板、腹板，产卵器鞘黑色。翅痣、翅脉暗褐色至黑褐色；翅脉（中央的斑透明）暗褐色。

♂ 体长4.6～8.4 mm，前翅长3.6～6.0 mm。触角48～64节。胸长是高的2.5～2.6倍。其他特征同雌虫。

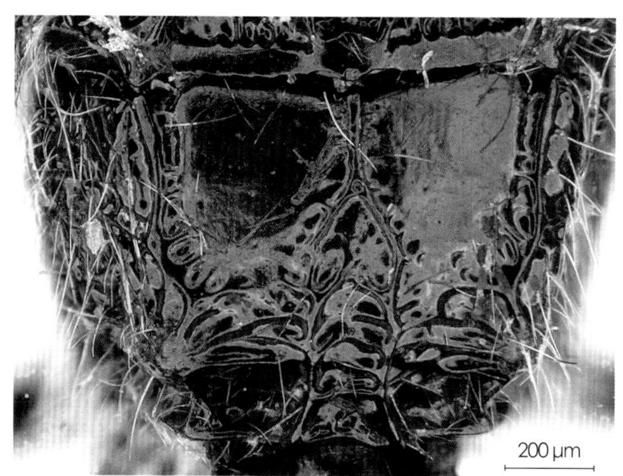

图 69-4 并胸腹节 Propodeum

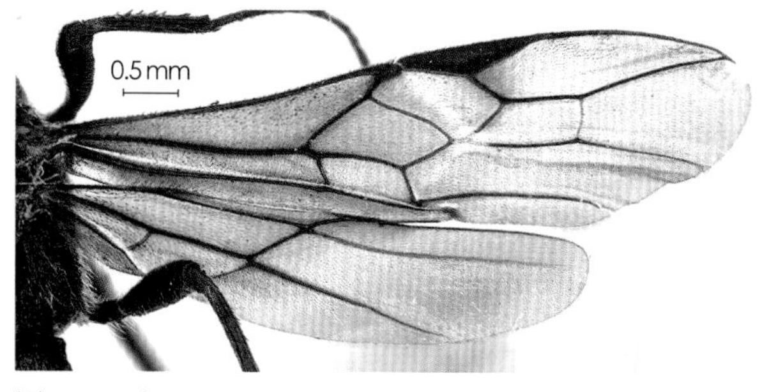

图 69-6 翅 Wings

图 69-5 腹部第 1 ～ 2 节背板 Tergites 1-2

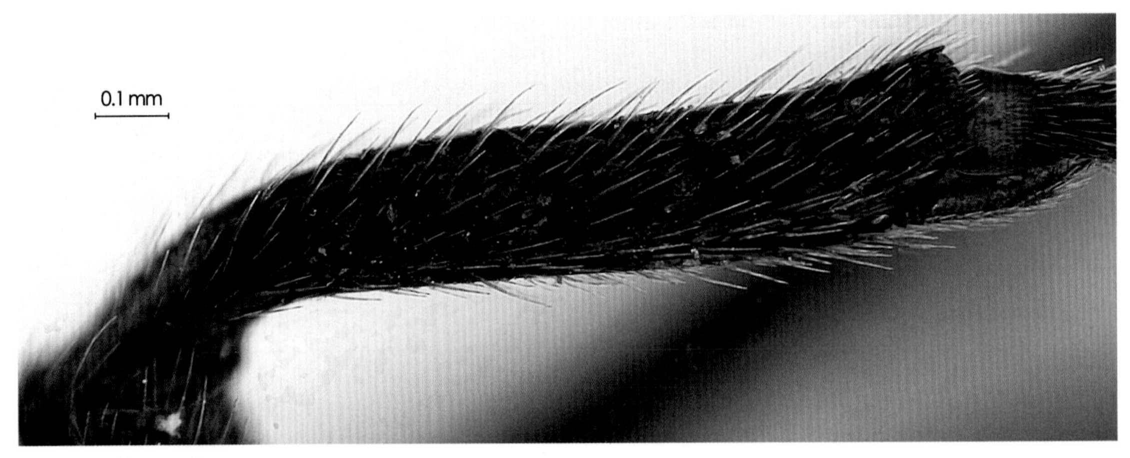

图 69-7 前足腿节 Fore femur

寄主 红缘天牛*Asia halodendri* (Pallas)、柠条绿虎天牛*Chlorophorus caragana* Xie & Wang、槐绿虎天牛*Chlorophorus diadema* (Motschulsky)（寄主新记录）。

寄主植物 沙棘*Hippolhae rhamnoides* L.、柠条锦鸡儿*Caragana korshinskii* Kom.、四合木*Tetraena mongolica* Maxim.。

分布 宁夏（中卫）、内蒙古（鄂托克旗）、黑龙江、吉林、辽宁、内蒙古、河南、浙江；哈萨克斯坦，朝鲜，俄罗斯。

观察标本 3♀♀2♂♂，宁夏中卫，2009-09-06，宗世祥；1♀，宁夏灵武，2009-05-19，宗世祥；1♀，宁夏灵武，2011-07-21，张燕如；2♂♂，宁夏中卫沙坡头，2014-10-08，盛茂领，从槐绿虎天牛危害的沙棘饲养获得；2♂♂，宁夏中卫沙坡头，2015-04-29，盛茂领；1♂，宁夏中卫沙坡头，2015-05-04，盛茂领，从柠条绿虎天牛危害的柠条饲养获得；1♂，宁夏中卫沙坡头，2015-05-13，盛茂领；1♂，内蒙古鄂托克旗蒙西镇，2015-07-23，盛茂领，从红缘天牛、槐绿虎天牛危害的四合木饲养获得；1♀，内蒙古鄂托克旗蒙西镇，2015-09-04，李涛；1♂，内蒙古鄂托克旗蒙西镇，2015-09-06，李涛；1♀，内蒙古鄂托克旗蒙西镇，2015-09-07，盛茂领；1♀，内蒙古鄂托克旗蒙西镇，2015-09-10，李涛；1♂，内蒙古鄂托克旗蒙西镇，2015-10-14，盛茂领；1♂，内蒙古鄂托克旗蒙西镇，2016-05-24，盛茂领；1♂，内蒙古鄂托克旗蒙西镇，2016-05-24，盛茂领；1♂，内蒙古鄂托克旗蒙西镇，2016-05-24，盛茂领。

70 黑脉长尾茧蜂 *Glyptomorpha nigrovenosa* (Kokujev, 1898)（中国新记录）（图 70：1–9）

Vipio nigrovenosa Kokujev, 1898:388.

Glyptomorpha nigrovenosa (Kokujev, 1898). Szépligeti, 1904:15.

♀ 体长9.0 mm，前翅长7.0 mm。

头宽是长的1.5～1.6倍，是中胸盾片宽的1.2～1.3倍。头部光滑光亮，具稠密黄褐色短毛。额较平，光滑光亮，具均匀细毛点和褐色微短毛，中单眼下方光滑光亮无刻点。单眼区位于头顶中央，单眼较小，POL=2.6～2.7 × OD=0.5～0.6 × OOL；复眼卵圆形，复眼纵径是横径的1.6～1.7倍。触角窝直径约为触角窝间距的1.2～1.3倍，是窝眼距的1.2～1.3倍。颚眼距是复眼纵径的0.2～0.3倍，约为上颚基部宽的0.7～0.8倍。颜面中央微隆起，具稠密细毛点和褐色短毛；宽约为颜面和唇基总长的1.6～1.7倍。唇基沟存在。唇基质地同颜面，端缘反卷，亚侧缘具1排褐色长毛。触角线状，60节；柄节长是其最大宽的1.5～1.6倍；第1鞭节长是端宽的1.5～1.6倍，是第2鞭节长1.2～1.3倍。鞭节倒数第2节长是其最大宽的0.9～1.0倍，约为倒数第1节的1.1～1.2倍。

胸长是高的1.7～1.8倍。前胸背板侧面观，光滑光亮，无刻点。中胸盾片均匀稍隆起，光滑光亮；盾纵沟痕迹存在，沿盾纵沟和中胸盾片外缘具褐色毛。小盾片前凹窄，具10条短皱。小盾片稍平，光滑光亮，端半部具稀疏细毛点和褐色毛。中胸侧板稍隆起，光

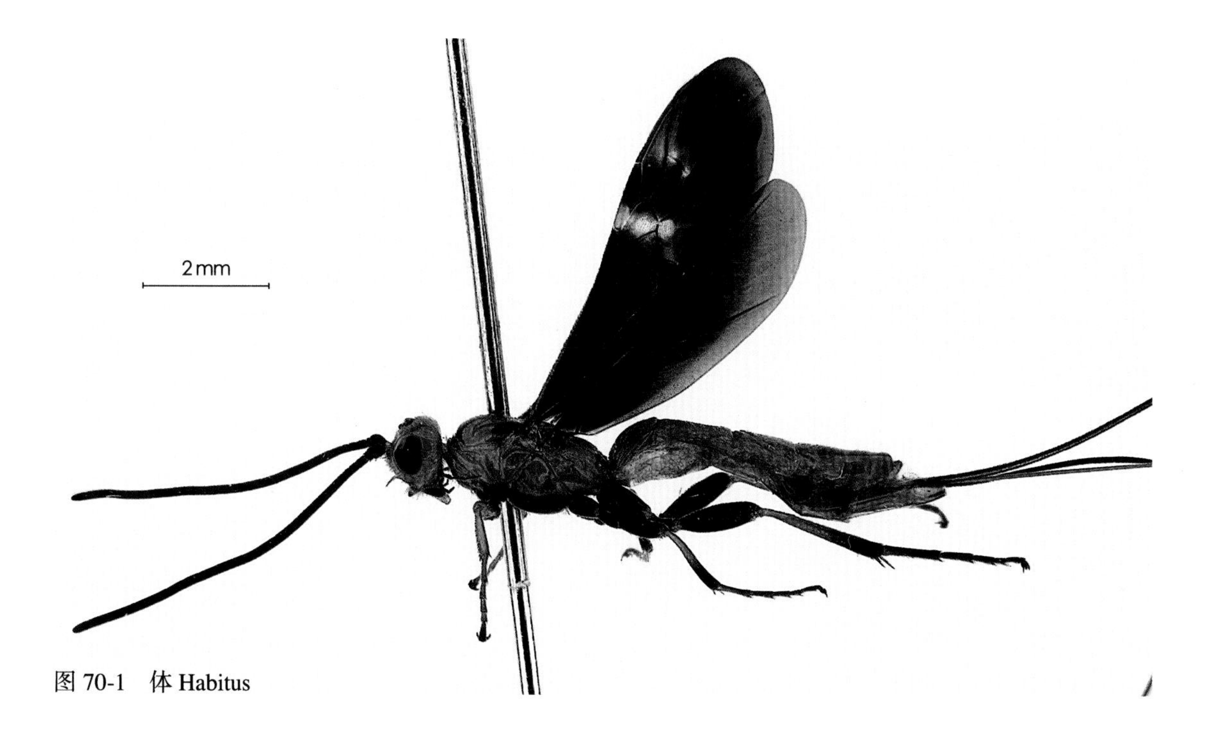

图 70-1　体 Habitus

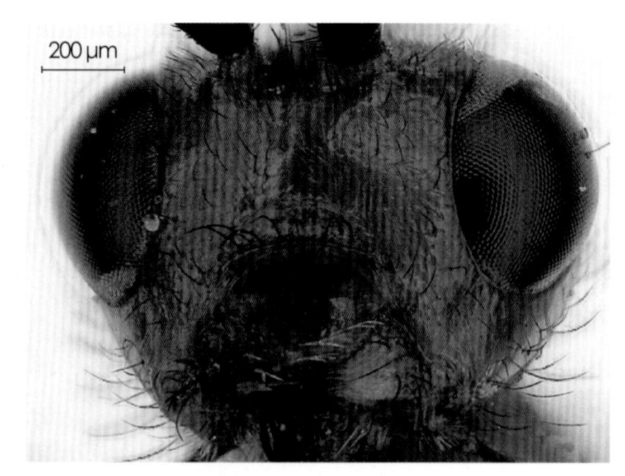

图 70-2　头部正面观 Head, anterior view

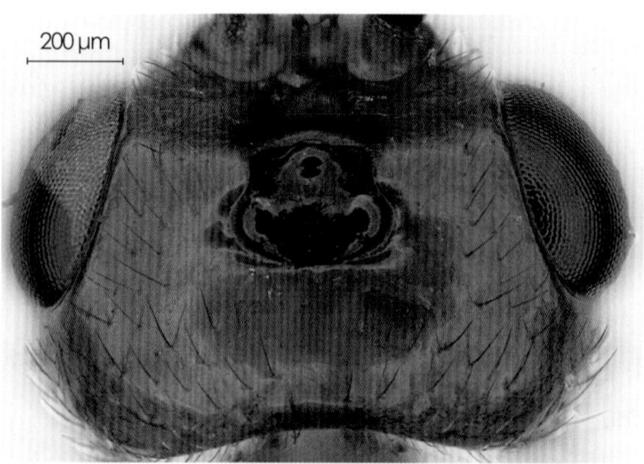

图 70-3　头部背面观 Head, dorsal view

图 70-4　触角基部 Basal segments of antenna

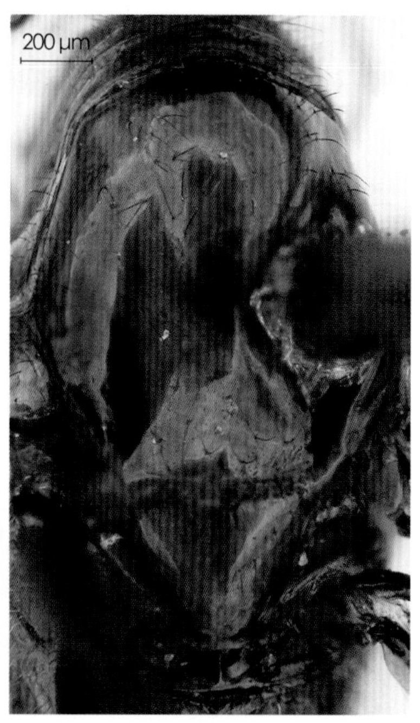

图 70-5　中胸盾片和小盾片 Mesoscutum and scutellum

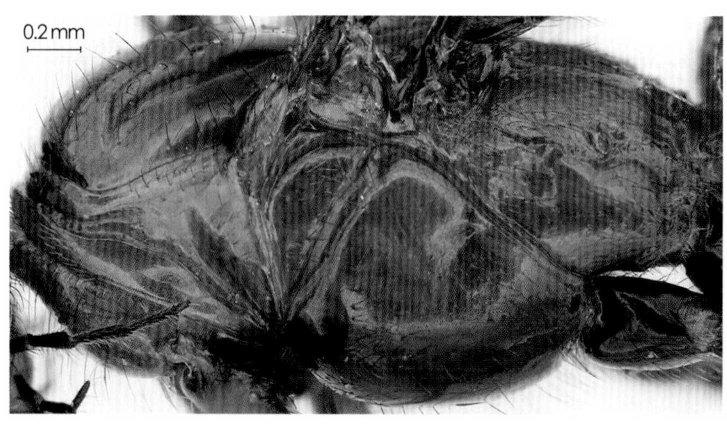

图 70-6　胸部侧面 Mesosoma, lateral view

滑光亮，具稀疏细毛点和褐色短毛；中胸侧板凹存在，下方光滑光亮，无刻点。前翅长为最大宽的3.4～3.5倍。翅痣长约为其最大宽的3.6～3.7倍；r脉约从翅痣中部伸出。M+CU1脉直；r-m脉存在；2-SR=3.2 × r=0.5～0.6 × 3-SR=0.4～0.5 × SR1。后翅：M+CU1脉直；1-M=3.3～3.4 × M+CU1。后足腿节长是宽的3.5～3.6倍；后足跗节约为胫节长的1.0～1.1倍；基跗节长是第2-5跗节长的0.6～0.7倍；第2跗节长是基跗节长的0.5～0.6倍，是第5跗节长的1.8～2.0倍（不包括前跗节）。并胸腹节稍圆形隆起，光滑光亮，具均匀细毛点和褐色毛，中纵脊存在；气门小，卵圆形。

腹长是头胸长度的1.4～1.5倍。第1节背板长约为端宽的1.2～1.3倍；背脊围成的区域卵圆形，稍隆起，非常大，光滑光亮，具稀疏黄褐色毛。第2节背板具“八”字形斜沟，中央大部具不规则刻纹，端缘光滑光亮。第3节背板基缘具1排短纵皱，“八”字形斜沟较短，中央大部具不规则细刻纹。第4节背板基半部具弱皱，端半部光滑光亮，具稀细毛点和褐色毛。第5节背板光滑光亮，具稀细毛点和褐色毛。产卵器鞘长约为腹部长的4.0倍。

体红色至红褐色。触角，下颚须、下唇须，单眼区，额中央的斑，中胸盾片中叶前方的斑、侧叶后缘的斑，中胸腹板，前足基节、第1转节，中足（胫节基半部红褐色，跗节褐色），后足（胫节基半部红褐色），腹板第3、4、5节折缘的斑，翅基均为黑色。翅褐色透明，翅脉、翅痣（基半部黄褐色）暗褐色。产卵器鞘褐色至黑褐色。

分布　内蒙古；哈斯克斯坦、土库曼斯坦。

观察标本　1♀，内蒙古杭锦旗柠条林地，2016-05-20，盛茂领。

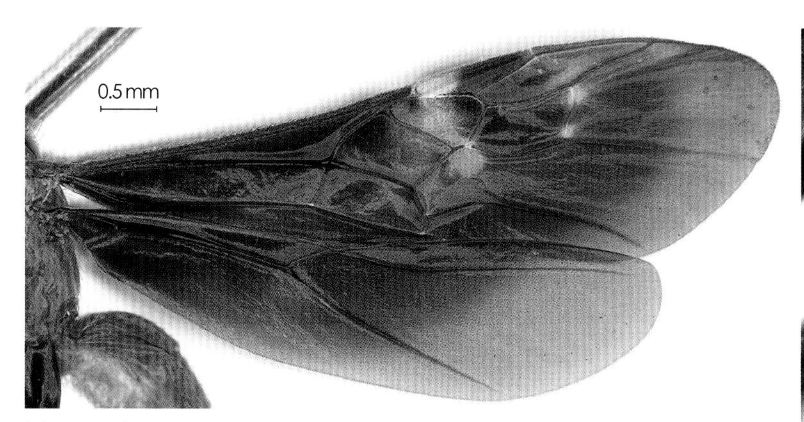

图 70-7　翅 Wings

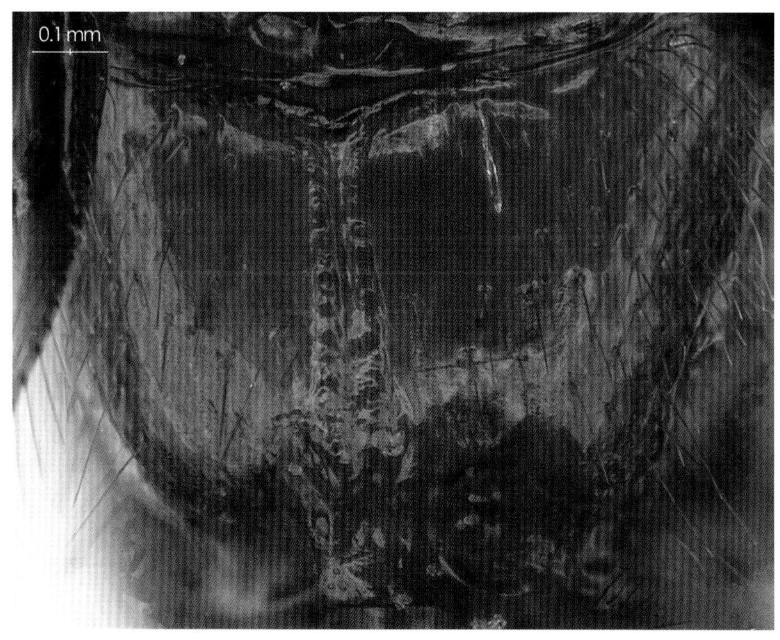

图 70-8　并胸腹节 Propodeum

图 70-9　腹部背板 Tergites

71 赤腹深沟茧蜂 *Iphiaulax impostor* (Scopoli, 1763)（图 71：1－8）

Ichneumon impostor Scopoli, 1763:287.

Iphiaulax impostor (Scopoli, 1763). Förster, 1862:234.

♀ 体长9.5～10.4 mm，前翅长8.5～9.7 mm。

头宽是长的1.3～1.4倍，是中胸盾片宽的1.2～1.3倍。头部光滑光亮，具均匀稠密褐色长毛，在复眼后较阔。额中央大部均匀凹陷，中央具1中纵沟，光滑光亮，亚侧缘具稠密细毛点和黄褐色毛。背面观单眼区位于头部中央，单眼中等大小，单眼区外侧明显凹陷，POL=1.7～1.8×OD=0.5～0.6×OOL；复眼光滑，近圆形隆起，在触角窝处微凹，复眼纵径是横径的1.4～1.5倍，复眼横径是上颊宽的1.3～1.4倍。触角窝直径约为触角窝间距的1.6～1.7倍，是窝眼距的1.2～1.3倍。颚眼距是复眼纵径的0.5～0.6倍，约为上颚基部宽的1.0～1.1倍。颚眼沟存在。颜面均匀隆起，上方中央在触角窝之间稍凹，光滑光亮，具均匀稠密细毛点和褐色毛，中部中央毛较稀疏，颜面眼眶的毛特别长；宽约为复眼纵径的1.2倍，是颜面和唇基总长的1.7～1.8倍。唇基沟明显，前幕骨陷圆形。唇基下陷近圆形，宽约为下陷边缘至复眼距离的1.0～1.1倍，是颜面宽的0.4～0.5倍，唇基端缘的毛特别长。后头脊无。触角线状，80～84节；柄节长是其最大宽的1.4～1.5倍；第1鞭节长是端宽的1.1～1.2倍，是第2鞭节

图 71-1　体 Habitus

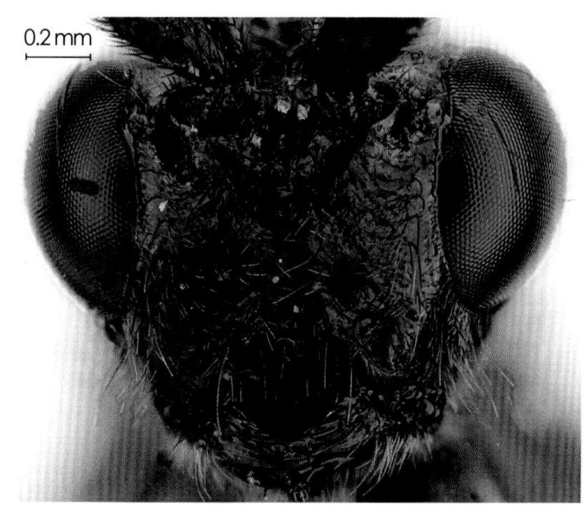

图 71-2　头部正面观 Head, anterior view

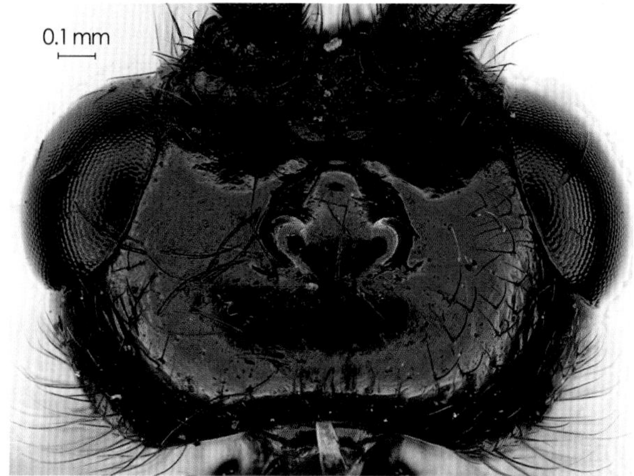

图 71-3　头部背面观 Head, dorsal view

长1.3～1.4倍；鞭节倒数第2节长是其最大宽的1.5～1.6倍，约为倒数第1节的0.7～0.8倍。

胸长是高的2.0～2.1倍。前胸背板侧面观，光滑光亮无刻点，中央凹，前缘和上缘上部具稠密细毛点，后上部具稀疏细毛点。中胸盾片圆形隆起，光滑光亮，具均匀褐色长毛，中叶及侧叶中部毛几乎无，沿盾纵沟毛相对稠密；盾纵沟无。小盾片前凹窄，中脊不明显。小盾片圆形隆起，光滑光亮，具稀疏褐色毛。中胸背板腋下槽光滑光亮，后缘具弱皱。后胸背板光滑光亮，前缘具几根褐色毛。中胸侧板均匀稍隆起，光滑光亮，具均匀稀疏褐色毛；中胸侧板凹明显；镜面区光滑光亮，无刻点；中胸侧板中央大部光滑光亮无刻点。前翅长为最大宽的3.0～3.2倍。翅痣长约为其最大宽的3.7～3.8倍；r脉从翅痣中部稍前方伸出。M+CU1脉直；1-SR+M直；r-m脉存在；2-SR=1.7～1.8 × r=0.4～0.5 × 3-SR=0.3～0.4 × SR1=1.0～1.1 × r-m。后翅：M+CU1脉几乎直；1-M=2.7～2.8 × M+CU1。后足基节、转节、腿节，光滑光亮，具均匀稠密褐色毛；腿节长是宽的3.6～3.7倍；后足跗节约为胫节长的1.0～1.1倍；基跗节长是第2-5跗节长的0.5～0.6倍；第2跗节长是基跗节长的0.6～0.7倍，是第5跗节长的1.4～1.5倍（不包括前跗节）。并胸腹节圆形稍隆起，光滑光亮，具稠密褐色毛，基部中央和端半部无毛，外侧区的毛相对稠密；气门中等，近圆形。

腹长是头胸长度的1.0～1.1倍。第1节背板光滑光亮，基半部凹，背脊在端半部分离达后缘且围成部分圆形隆起，具稀细褐色毛，隆起中央具一纵脊，背板亚侧缘具长纵皱；气门小，圆形，位于中央之前，气门前具稠密褐色长毛。第2、3节背板愈合，光滑光亮，具稀细毛点；端宽为基部宽的0.9～1.0倍，为长的1.3～1.4倍；第2节背板具“八”字形斜沟，中央大部具不规则纵皱，端半部光滑光亮，具稀细毛点；第3节背板基部具粗纵皱，中央大部至端缘光滑光亮，具稀细毛点。第4节背板亚基部具短纵皱，其余部分光滑光亮，具稀细毛点；第5节亚基部具短纵皱，其余部分光滑光亮。下生殖板大，三角形。产卵器鞘长约为腹部长的0.6～0.7倍，端部直；产卵器侧扁，端部尖，不弯曲。

体红色。头（眼眶的斑黄褐色）、前胸腹板、中胸背板中叶及侧叶的大斑、足、中胸腹

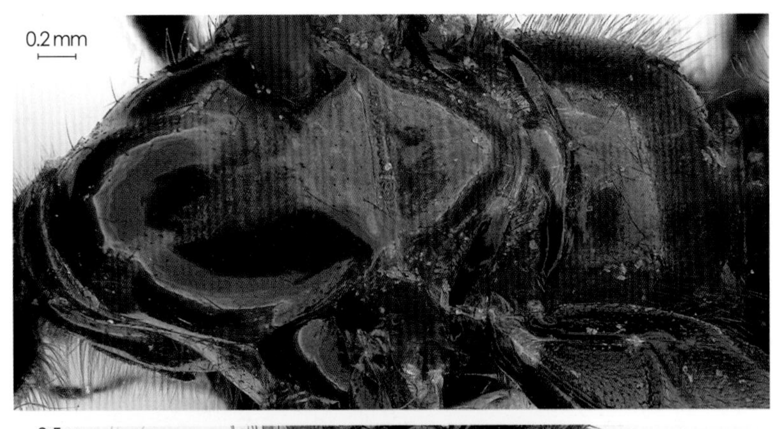

图 71-4 胸部背面 Mesosoma, dorsal view

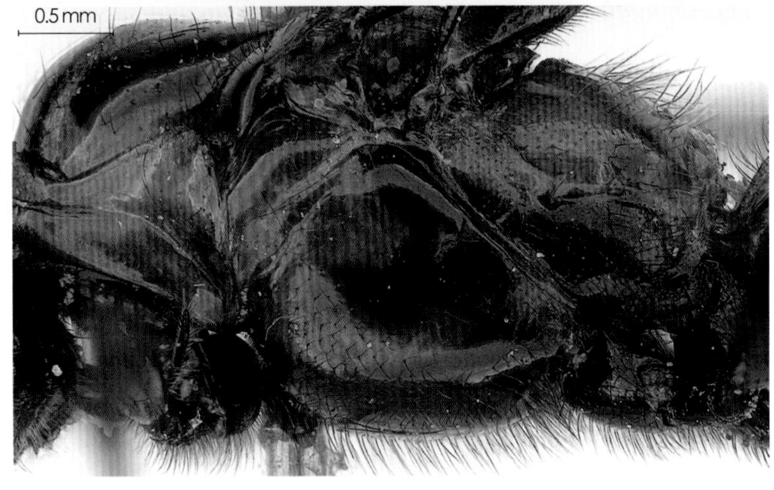

图 71-5 胸部侧面 Mesosoma, lateral view

板、中胸侧板中部延伸到后部的大斑、后胸侧板、产卵器鞘黑色。翅面暗褐色。翅痣（基部少许暗褐色）、翅脉黑褐色。胸部黄褐色至红色（个体有差异）。

♂ 体长5.7～9.3 mm。前翅长4.3～7.5 mm。触角53～70节。胸长是高的1.8～1.9倍。其他特征同雌虫。

寄主 红缘天牛*Asia halodendri* (Pallas)（寄主新记录）、青杨天牛*Saperda populnea* (L.)。

寄主植物 沙棘*Hippolhae rhamnoides* L.、杨树*Populus* sp.。

分布 宁夏（灵武）、黑龙江（黑河）、辽宁（彰武）、吉林（长白山、长岭、大兴沟）、河南、湖北、江苏、江西、山东、陕西、内蒙古、山西、浙江、云南、新疆；阿尔巴尼亚，阿尔及利亚，亚美尼亚，阿塞拜疆，保加利亚，克罗地亚，塞浦路斯，芬兰，法国，德国，希腊，匈牙利，伊朗，以色列，意大利，日本，朝鲜，波兰，蒙古，罗马尼亚，俄罗斯，西班牙，苏丹，瑞典，荷兰，塔吉克斯坦，土耳其，乌克兰，英国等。

观察标本 2♀♀5♂♂，吉林长岭，2004-05-26，陈玉衡，从青杨天牛危害的杨树枝条饲养获得；1♀，黑龙江黑河，2004-06-21，盛茂领；1♀，吉林大兴沟，2005-08-07，盛茂领；1♀2♂♂，宁夏灵武，2007-05-19，盛茂领；1♀，宁夏灵武，2007-06-06，盛茂领；

3♀♀，吉林长白山，1020m，2008-07-24，盛茂领；1♀，辽宁彰武，2011-05-18，盛茂领；1♂，宁夏石嘴山大武口，2015-03-30，盛茂领，从青杨天牛危害的杨树枝条饲养获得；3♀♀5♂♂，宁夏石嘴山大武口，2015-04-02～10，盛茂领。

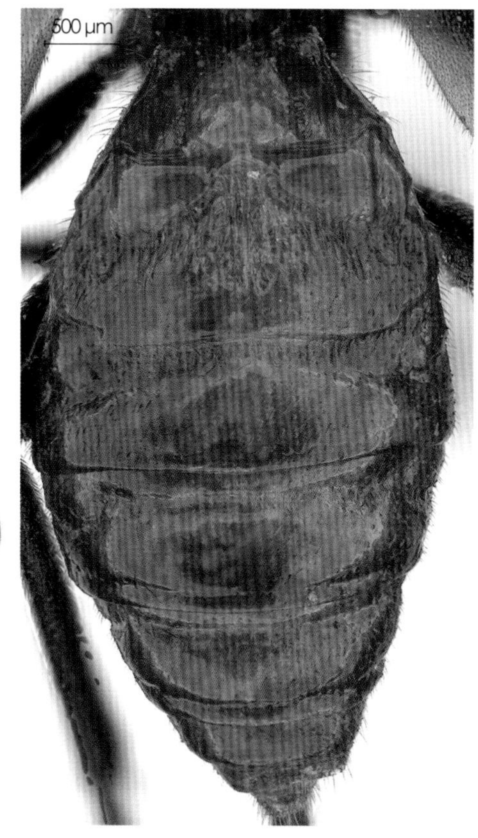

图 71-7　腹部背板 Tergites

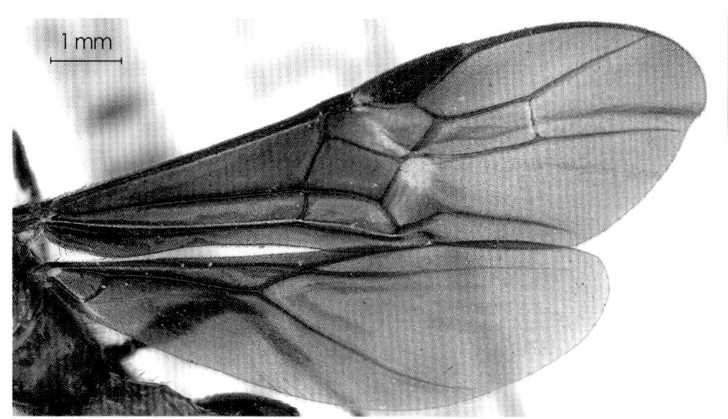

图 71-6　翅 Wings

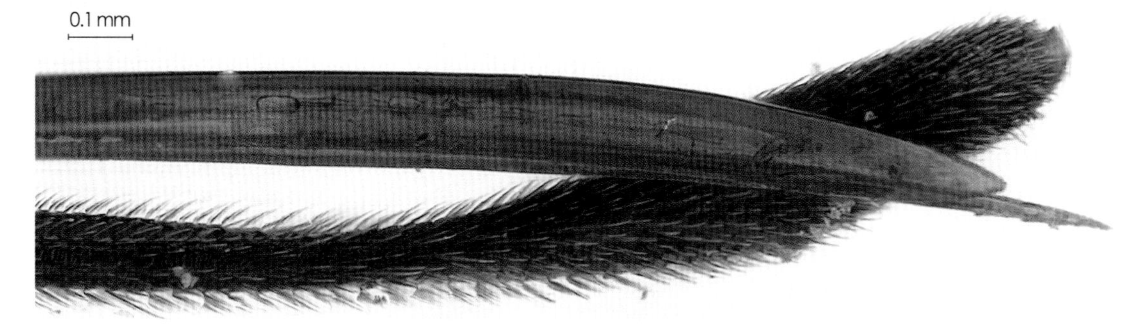

图 71-8　产卵器末端 Apical portion of ovipositor

72 长尾深沟茧蜂 *Iphiaulax mactator* (Klug, 1817)（图 72：1－7）

Bracon mactator Klug, 1817:258.

Iphiaulax mactator (Klug, 1817). Szépligeti, 1901:396.

♀ 体长5.6～10.8 mm。前翅长5.6～9.6 mm。

头宽是长的1.3倍，是中胸盾片宽的1.1～1.2倍。头部光滑光亮，具均匀稠密黄褐色长毛，在复眼后较阔。额中央大部均匀凹陷，中央具1中纵沟，光滑光亮，亚侧缘具稠密细毛点和黄褐色毛。背面观单眼区位于头部中央，单眼中等大小，单眼区外侧明显凹陷，POL=1.1～1.2 × OD=0.4～0.5 × OOL；复眼光滑，近圆形隆起，在触角窝处稍凹，复眼纵径是横径的1.2～1.3倍，复眼横径是上颊宽的2.1～2.2倍。触角窝直径约为触角窝间距的1.3倍，是窝眼距的1.2～1.3倍。颚眼距是复眼纵径的0.3～0.4倍，约为上颚基部宽的0.8～0.9倍。颚眼沟存在。颜面均匀隆起，上方中央在触角窝之间稍凹，光滑光亮，具均匀稠密细毛点和黄褐色毛，触角窝下方的毛相对长；宽约为复眼纵径的1.1倍，是颜面和唇基总长的1.3～1.4倍。唇基沟明显，前幕骨陷圆形。唇基下陷近圆形，宽约为下陷边缘至复眼距离的1.0～1.1倍，是颜面宽的0.4～0.5倍。后头脊无。触角线状，71～77节；柄节长是其最大宽的1.0～1.1

图 72-1 体 Habitus

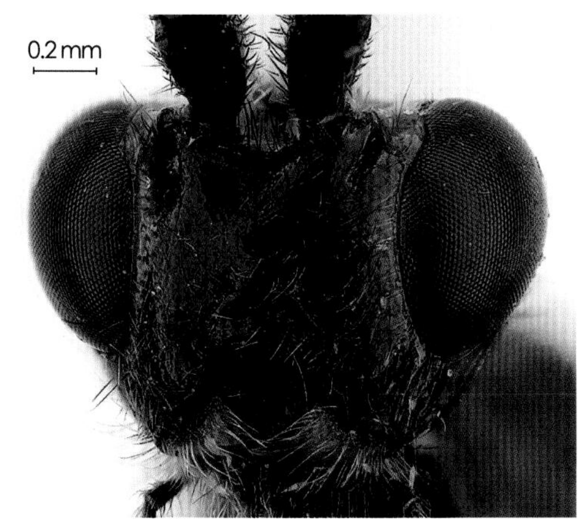

图 72-2 头部正面观 Head, anterior view

图 72-3 头部背面观 Head, dorsal view

倍；第1鞭节长是端宽的1.1～1.2倍，是第2鞭节长1.3～1.4倍；鞭节倒数第2节长是其最大宽的1.5～1.6倍，约为倒数第1节的0.6～0.7倍。

胸长是高的1.7～1.8倍。前胸背板侧面观，光滑光亮无刻点，中央凹，前缘和上缘上部具稠密细毛点，后上部具稀疏细毛点。中胸盾片强烈隆起，光滑光亮，具均匀黄褐色长毛，中叶及侧叶中部毛相对稀疏，盾纵沟基部毛稠密；盾纵沟痕迹明显。小盾片前凹窄，中脊不明显。小盾片圆形隆起，光滑光亮，具稀疏黄褐色毛。中胸背板腋下槽光滑光亮。后胸背板几乎光滑。中胸侧板均匀稍隆起，光滑光亮，具稠密黄褐色毛；中胸侧板凹明显；镜面区光滑光亮，无刻点；中胸侧板下部中央光滑光亮无刻点。前翅长为最大宽的3.0倍。翅痣长约为其最大宽的5.0～5.1倍；r脉从翅痣中部稍前方伸出。M+CU1脉直；1-SR+M直；r-m脉存在；2-SR=1.6～1.7×r=0.5～0.6×3-SR=0.3～0.4×SR1=1.0～1.1×r-m。后翅：M+CU1脉几乎直；1-M=2.2～2.3×M+CU1。后足基节、转节、腿节，光滑光亮，具均匀黄褐色毛；腿节长是宽的3.9～4.0倍；后足跗节约为胫节长的1.1～1.2倍；基跗节长是第2-5跗节长的0.6～0.7倍；第2跗节长是基跗节长的0.5～0.6倍，是第5跗节长的1.6～1.7倍（不包括前跗节）。并胸腹节圆形稍隆起，光滑光亮，具稠密黄褐色毛，端半部无毛，基半部及侧缘的毛相对稠密；气门中等，近圆形。

腹长是头胸长度的0.8～1.1倍。第1节背板光滑光亮，具稠密黄褐色毛，基半部凹，背脊在端半部分离达后缘且围成部分圆形隆起，隆起处几乎无毛，隆起处前侧方具斜脊；气门小，圆形，位于中央之前。第2、3节背板愈合，光滑光亮，具稀细毛点；端宽为基部宽的1.0～1.1倍，为长的0.7～0.8倍；第2节背板具“八”字形斜沟，亚侧缘中央凹陷且光滑光亮无刻点，中央具弱纵皱，端半部毛点相对稀疏；第3节背板基部具粗纵皱，中央大部刻点稀细。第4节背板光滑光亮，具稠密细毛点，基部具短纵皱，中央大部毛点稀细。下生殖板大，三角形。产卵器鞘长约为腹部长的0.9～1.0倍，端部弧形下弯；产卵器侧扁，端部尖，弧形后弯。

体红色。头（眼眶的斑、上颚中央大部红褐色）、前胸腹板、中胸背板侧叶的斑（有的个体无）、前足（跗节暗褐色）、中后足、中胸腹板、产卵器鞘黑色。上颚端齿、翅基前部

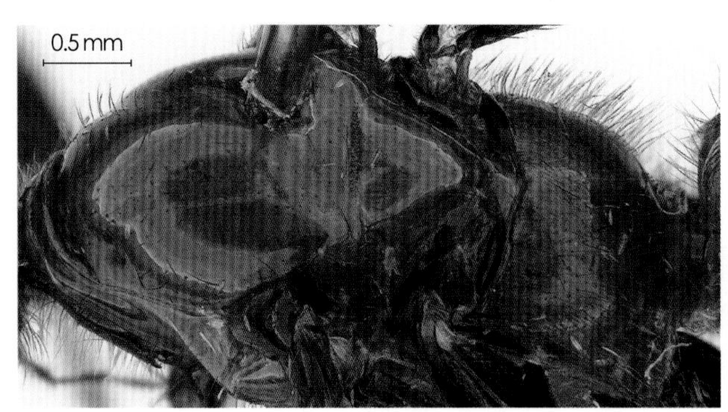

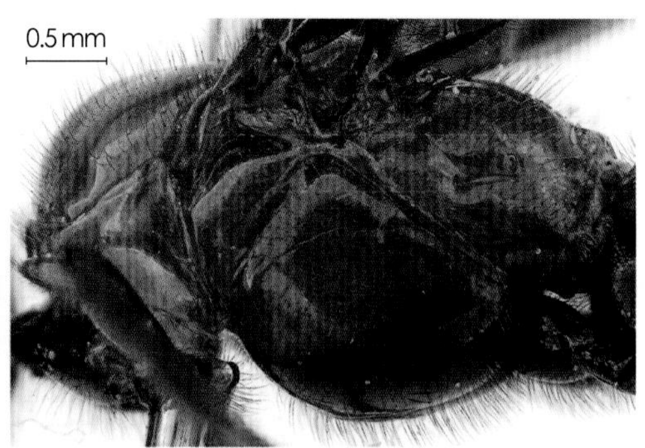

图 72-4　胸部背面 Mesosoma, dorsal view

图 72-5　胸部侧面 Mesosoma, lateral view

的斑、翅面暗褐色。翅痣（基部少许暗褐色）、翅脉黑褐色。

♂　体长6.1～9.8 mm。前翅长4.6～7.4 mm。触角61～69节。胸长是高的1.8～1.9倍。其他特征同雌虫。

寄主　红缘天牛*Asia halodendri* (Pallas)（寄主新记录）。

寄主植物　沙棘*Hippolhae rhamnoides* L.。

分布　宁夏（灵武）、辽宁（彰武）、吉林（长白山）、河南、湖北、江苏、江西、山东、陕西、内蒙古、山西、浙江、云南、新疆；阿尔巴尼亚，阿尔及利亚，亚美尼亚，阿塞拜疆，保加利亚，克罗地亚，塞浦路斯，芬兰，法国，德国，希腊，匈牙利，伊朗，以色列，意大利，日本，朝鲜，波兰，蒙古，罗马尼亚，俄罗斯，西班牙，苏丹，瑞典，荷兰，塔吉克斯坦，土耳其，乌克兰，英国等。

观察标本　2♀♀1♂，内蒙古东胜，1370m，2006-05-28，盛茂领；1♀1♂，内蒙古东胜，1380m，2006-07-17，盛茂领；3♀♀1♂，宁夏灵武，2007-05-19，盛茂领；1♂，宁夏灵武，2007-06-01，盛茂领；1♂，宁夏灵武，2007-06-10，盛茂领；3♀♀4♂♂，宁夏灵武，2009-05-19，宗世祥。

图 72-6　腹部背板 Tergites

图 72-7　产卵器末端 Apical portion of ovipositor

73 波塔深沟茧蜂 *Iphiaulax potanini* (Kokujev, 1898)（中国新记录）（图 73：1-9）

Vipio potanini Kokujev, 1898:405.

Iphiaulax potanini (Kokujev, 1898). Szépligeti, 1904:22.

♀ 体长8.0～9.2 mm。前翅长7.3～8.0 mm。

头宽是长的1.4～1.5倍，是中胸盾片宽的0.8～1.0倍。头部光滑光亮，具均匀稠密褐色长毛，在复眼后较阔。额中央大部均匀稍凹陷，中央具1中纵沟，光滑光亮，亚侧缘具稠密细毛点和弱斜皱。背面观单眼区位于头部中央，单眼中等大小，单眼区外侧明显凹陷，POL=1.2～1.3 × OD=0.4～0.5 × OOL；复眼光滑，近圆形隆起，在触角窝处稍凹，复眼纵径是横径的1.1～1.1倍，复眼横径是上颊宽的2.1～2.2倍。触角窝直径约为触角窝间距的1.6～1.7倍，是窝眼距的1.6倍。颚眼距是复眼纵径的0.3～0.4倍，约为上颚基部宽的1.5～1.6倍。颚眼沟存在。颜面均匀隆起，上方中央在触角窝之间“V”形深凹，光滑光亮，具均匀稠密细毛点和褐色长毛，触角窝下方的毛相对长；宽约为复眼纵径的1.1～1.2倍，是颜面和唇基总长的1.5～1.5倍。唇基沟明显，前幕骨陷圆形。唇基较平，端缘反卷；唇基下陷近圆形，宽约为下陷边缘至复眼距离的0.9～1.0倍，是颜面宽的0.3～0.4倍。后头脊无。触角线状，68～74节；柄节长是其最大宽的1.3～1.4倍；第1鞭节长是端宽的1.3～1.4倍，是第2鞭节长1.6～1.7倍；鞭节倒数第2节长是其最大宽的1.3～1.4倍，约为倒数第1节的0.7～0.8倍。

胸长是高的1.7～1.8倍。前胸背板侧面观，光滑光亮无刻点，中央凹，上方中央具稠密细毛点，后上部具稀疏细毛点。中胸盾片强烈隆起，光滑光亮，具褐色长毛；中叶、侧叶中部光滑光亮；盾纵沟痕迹明显。小盾片前凹窄。小盾片稍平，光滑光亮，具稀疏褐色毛。中胸背板腋下槽光滑光亮。后胸背板几乎光滑。中胸侧板均匀稍隆起，光滑光亮，具

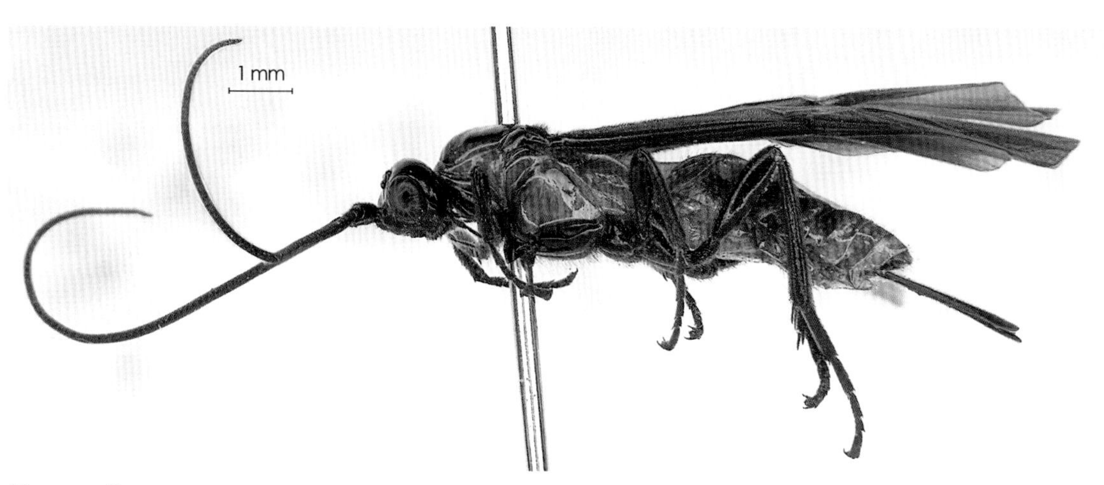

图 73-1　体 Habitus

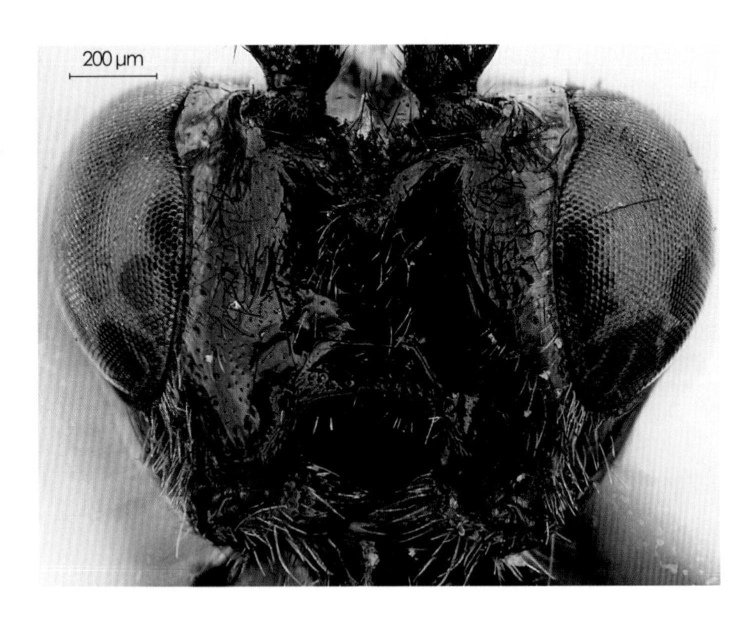

图 73-2　头部正面观 Head, anterior view

稠密褐色毛；中胸侧板凹明显，前方具1横沟；镜面区光滑光亮，无刻点；中胸侧板下部中央光滑光亮无刻点。前翅长为最大宽的3.2～3.3倍。翅痣长约为其最大宽的4.0倍；r脉从翅痣中部稍前方伸出。M+CU1脉直；1-SR+M直；r-m脉存在；2-SR=2.1～2.2 × r=0.5～0.6 × 3-SR=0.3～0.4 × SR1=1.4～1.51 × r-m。后翅：M+CU1脉几乎直；1-M=2.0～2.1 × M+CU1。后足基节、转节、腿节光滑光亮，具褐色毛；腿节长是宽的2.8～2.9倍；后足跗节约为胫节长的

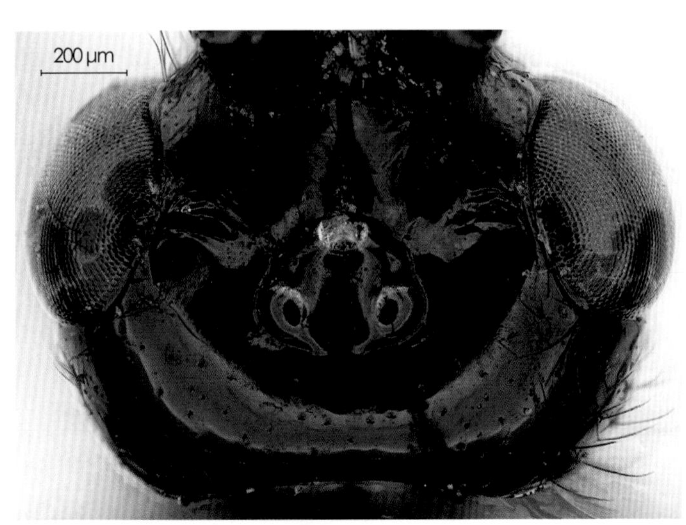

图 73-3　头部背面观 Head, dorsal view

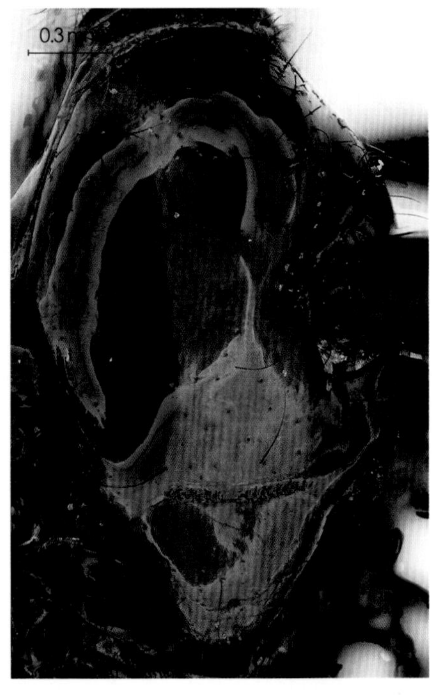

图 73-4　中胸盾片和小盾片 Mesoscutum and scutellum

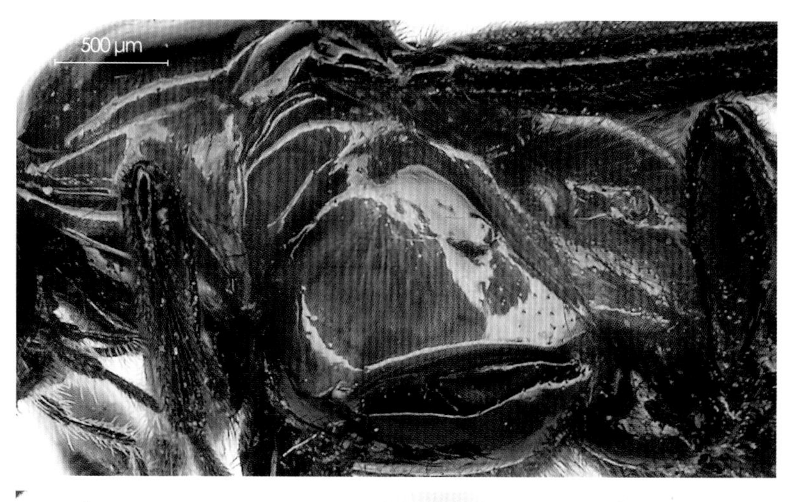

图 73-5　胸部侧面 Mesosoma, lateral view

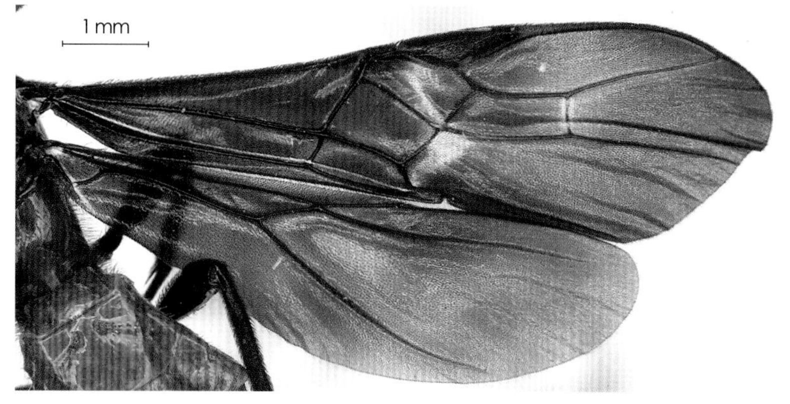

图 73-6　翅 Wings

1.0～1.1倍；基跗节长是第2～5跗节长的0.5～0.6倍；第2跗节长是基跗节长的0.6～0.7倍，是第5跗节长的1.4～1.5倍（不包括前跗节）。并胸腹节圆形稍隆起，光滑光亮，具稠密黄褐色长毛；基区道三角形，中央稍隆起，外侧具斜沟；气门中等，近圆形。

腹长是头胸长度的0.9～1.0倍。第1节背板光滑光亮，具稠密黄褐色毛，侧缘的毛相对长；基半部凹，背脊在端半部分离达后缘且围成部分圆形隆起，隆起处几乎无毛；气门小，圆形，位于中央之前。第2节背板光滑光亮，具弱细白色短毛，基部中央具“八”字形斜沟；第3节背板基部中央具粗短皱，其余部分光滑光亮。其余各节背板光滑光亮。产卵器鞘长约为腹部长的0.6～0.7倍；产卵器侧扁，端部尖，几乎直。

体红色至红褐色。头（颜面眼眶、触角和复眼之间黄色），前胸侧板，中胸背板中叶、侧叶的斑，中胸侧板中央的斑、中胸腹板，后胸腹板，翅基片，翅基，产卵器鞘，足黑色。翅痣、翅脉，黑色；翅中央的斑稍透明；翅面黑褐色。并胸腹节褐色。

♂　体长6.0～8.5 mm。前翅长5.8～8.0 mm。触角61～68节。胸长是高的1.3～1.6倍。其他特征同雌虫。

寄主　青杨天牛*Saperda populnea* (L.)。

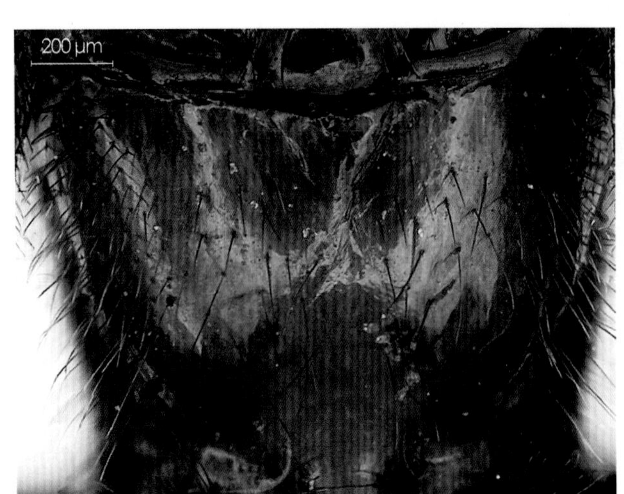

图 73-7　并胸腹节 Propodeum

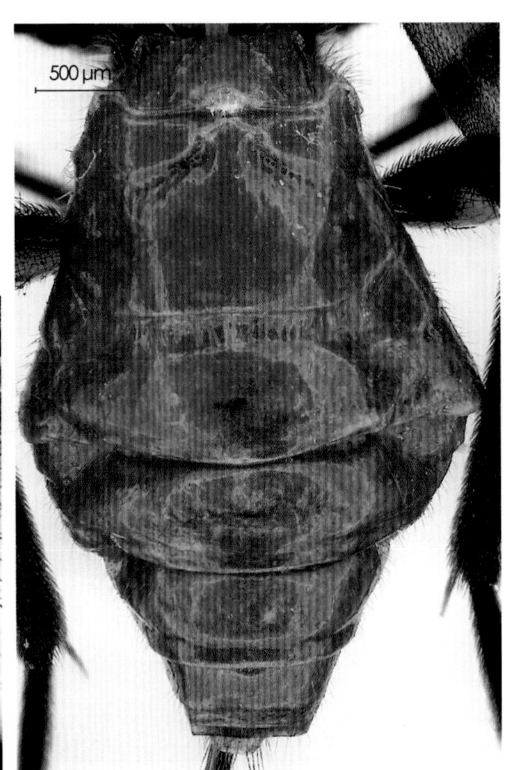

图 73-8　腹部背板 Tergites

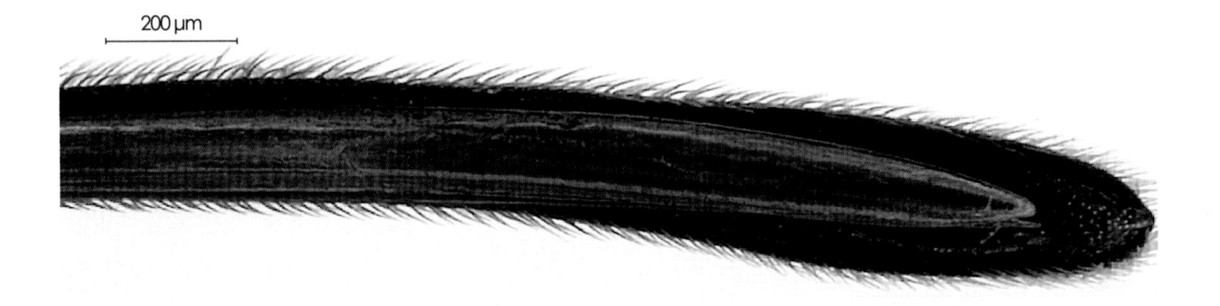

图 73-9　产卵器末端 Apical portion of ovipositor

寄主植物　杨树*Populus* sp.。

分布　宁夏（石嘴山）；蒙古，塔吉克斯坦，土库曼斯坦。

观察标本　1♂，宁夏石嘴山大武口，2015-03-30，盛茂领；1♂，宁夏石嘴山大武口，2015-04-02，盛茂领；1♂，宁夏石嘴山大武口，2015-04-03，盛茂领；1♂，宁夏石嘴山大武口，2015-04-05，盛茂领；1♂，宁夏石嘴山大武口，2015-04-07，盛茂领；1♂，宁夏石嘴山大武口，2015-04-10，盛茂领；2♀♀，宁夏石嘴山大武口，2015-04-13，盛茂领；1♀，宁夏石嘴山大武口，2015-04-20，盛茂领。

74 中华红矛茧蜂 *Leluthia chinensis* Li & van Achterberg, 2015（图 74：1－7）

Leluthia chinensis Li & van Achterberg, 2015:595.

♀ 体长3.0 mm。前翅长2.0 mm。

头宽是中间长的1.4倍，是中胸盾片宽的1.0倍。头部光滑光亮，细网状表面，在复眼后圆形收窄。额在触角窝处稍凹陷，细网状表面，光滑光亮。背面观单眼区位于头部中央稍前方，单眼小，单眼区外侧稍凹陷，POL=2.7 × OD=0.7 × OOL；复眼光滑，近圆形隆起，复眼纵径是横径的1.1倍，复眼横径是上颊宽的1.6倍。触角窝直径约等长于触角窝间距，是窝眼距的1.8倍。颚眼距是复眼纵径的0.4倍，约等长于上颚基部宽。颚眼沟无。颜面光滑光亮，具白色长毛，中央均匀隆起部分具弱细横皱；颜面宽约为复眼纵径的1.2倍，是颜面和唇基总长的1.7倍。唇基沟不明显。唇基下陷圆形，宽约为下陷边缘至复眼距离的0.9倍，是颜面宽的0.4倍。后头脊背面完整，下方不与口后脊相接。触角线状，24～25节，长2.7 mm，为体长的0.9倍；柄节长是其最大宽的1.8倍；第1鞭节长是端宽的4.0倍，与第2鞭节等长；鞭节倒数

图 74-1　体 Habitus

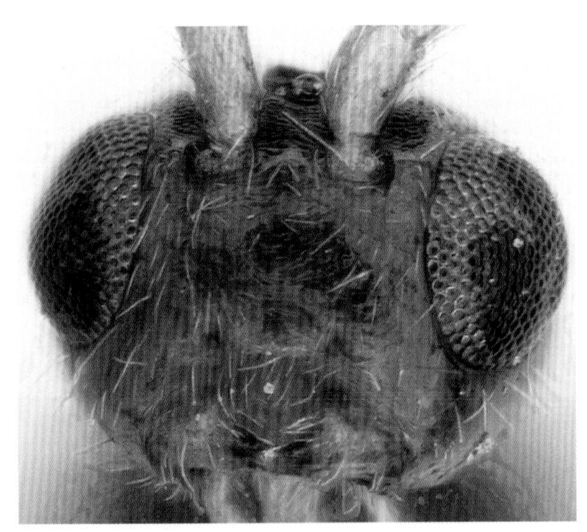

图 74-2 头部正面观 Head, anterior view

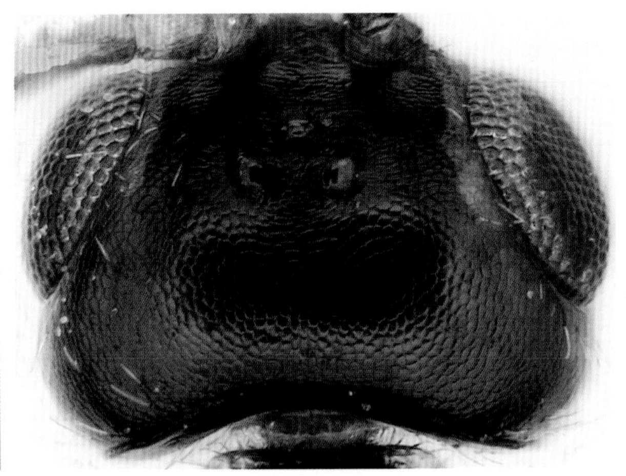
图 74-3 头部背面观 Head, dorsal view

第2节长是其最大宽的3.0倍，约等长于倒数第1节。

胸长是高的2.7倍。前胸背板侧面观，前缘凸起，具不规则皱。中胸盾片稍隆起，光滑光亮，细网状表面，中胸盾片后半部中央具条纹状脊和不规则短皱。盾纵沟不明显。小盾片前凹宽，具7～8条明显脊，光滑光亮，前凹长是小盾片长的0.3倍。小盾片较平，细网状表面。后胸背板基半部具明显短脊，端半部光滑光亮。中胸侧板上半部具1条明显斜皱，其他部分光滑光亮；胸腹侧脊明显。前翅长为最大宽的3.2倍。翅痣长约为其最大宽的3.8倍；r脉从翅痣前方约0.4倍处伸出。M+CU1脉直；1-SR+M稍弯曲；r-m脉消失；2-SR=1.6 × r=1.5 × m-cu=0.7 × 1-SR+M；1-CU1=0.3 × 2-CU1。后翅：1-M=0.4 × M+CU1；3-M透明；SR脉消失。后足基节长是宽的1.6倍，光滑光亮，具白色长毛；腿节长是宽的3.3倍；后足跗节约为胫节长的1.1倍；基跗节长是第2～5跗节长的0.7倍；第2跗节长是基跗节长的0.6倍，是第5跗节长的2.1倍（不包括前跗节）。并胸腹节圆形稍隆起，粗网格状，中纵脊长约为并胸腹节长的0.2倍。

腹长是头胸长度的1.2倍。第1节背板背凹中等大小；表面纵条纹明显且完整，相对均匀，纵条纹间具短皱；背中脊基部明显；第1节背板端宽是基部宽的2.5倍，长约为端宽的0.8倍。第2节背板长约等于基部宽，为第3节背板长的2.1倍；背合缝明显；基半部具完整纵条纹，相对均匀，纵条纹间具短皱；亚端部网纹状细表面；中央的斑和端缘0.2，光滑光亮。第3节背板基部0.7，细网纹状表面；端部0.3，光滑光亮。第4节背板基部0.6，细网纹状表面；端部0.4，光滑光亮。第5节背板基半部具细密弱刻纹，端半部光滑光亮。其余背板光滑光亮。产卵器鞘长约为腹部长的0.3倍，为前翅长的0.3倍。

体暗褐色。触角基部6节、下颚须、足（末跗节和爪、黑褐色）、翅基片、黄褐色。颜面、额眼眶、上颚（端部暗黄褐色）、颊区、上颊、前胸背板和侧板、腹部（第1节背板大部暗褐色至黑褐色）暗褐色稍带红色。额中央大部、单眼区、头顶大部、中胸盾片（侧叶前方的斑和盾纵沟后方的斑暗褐色稍带红色）、小盾片、盾前凹、中胸侧板（前上方和后方中部暗褐

图 74-4 胸部背面 Mesosoma, dorsal view

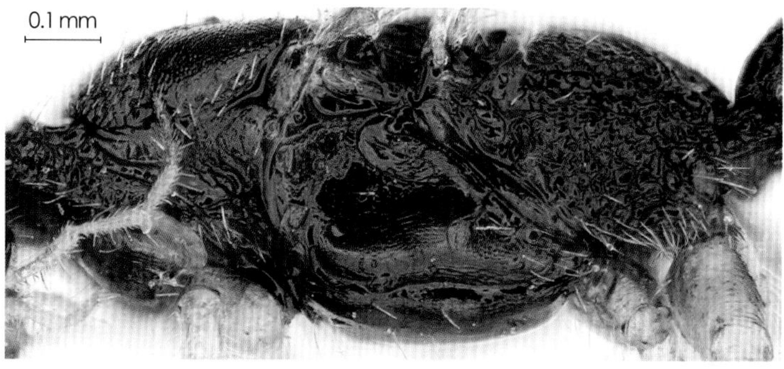

图 74-5 胸部侧面 Mesosoma, lateral view

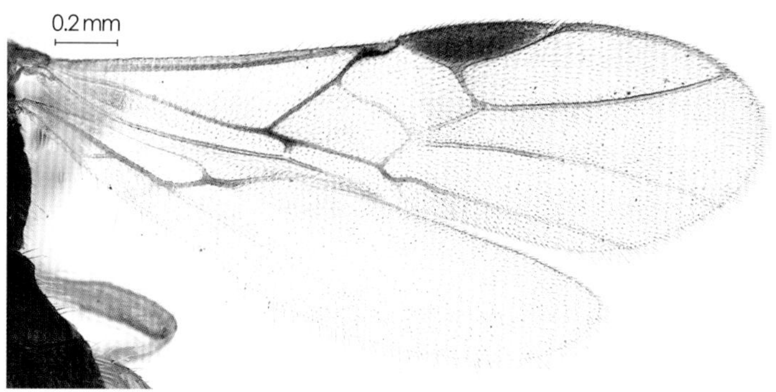

图 74-6 翅 Wings

色稍带红色）、并胸腹节暗褐色至黑褐色。翅透明，翅痣、翅脉褐色。

♂ 体长2.2 mm。前翅长1.5 mm。触角17节。胸长是高的2.7倍。腹部第1节背板长是其端宽的1.2倍，端宽为基宽的2.2倍。第2节背板长为其基宽的1.5倍，为第3节背板长的2.4倍。前翅r-m脉存在；后翅翅痣强度骨化，暗褐色。体暗褐色，并胸腹节暗褐色稍带红色，腹部黄褐色，其他特征同正模。

寄主 柠条窄吉丁*Agrilus* sp.。

寄主植物 柠条锦鸡儿*Caragana korshinskii* Kom.。

分布 内蒙古（杭锦旗）。

观察标本 1♀（正模），内蒙古杭锦旗，2013-05-17，李涛；3♀♀1♂（副模），内蒙古杭锦旗，2013-05-17，李涛。

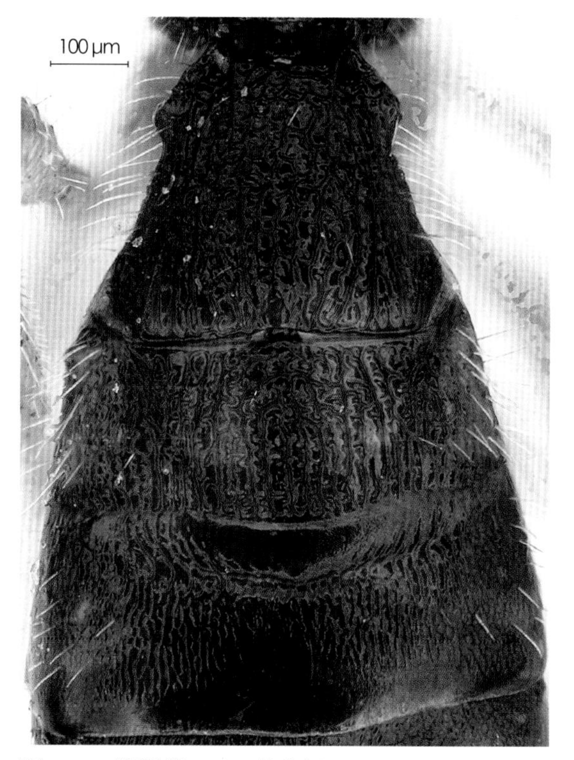

图 74-7 腹部第 1～2 节背板 Tergites 1-2

75 长尾皱腰茧蜂 *Rhysipolis longicaudatus* Belokobylskij, 1994（图 75：1－7）

Rhysipolis longicaudatus Belokobylskij, 1994:5-77; Zhang et al., 2016:3.

♀ 体长2.7～4.0 mm。前翅长2.9～4.0 mm。

头宽是长的1.6倍，是中胸盾片宽的1.1倍。头部光滑光亮，具均匀白色短毛，在复眼后圆形收窄。额较平，光滑光亮；中央纵向稍凹，具弱细皱；额眼眶具稀疏白色短毛。背面观单眼区位于头部中央，单眼中等大小，单眼区外侧明显凹陷，POL=1.1 × OD=0.5 × OOL；复眼光滑，近圆形隆起，在触角窝处稍凹，复眼纵径是横径的1.3倍，复眼横径是上颊宽的3.1倍。触角窝直径约为触角窝间距的0.9倍，是窝眼距的1.7倍。颚眼距是复眼纵径的0.2倍，约为上颚基部宽的0.8倍。颚眼沟无。颜面光滑光亮，具白色长毛，触角窝下方具明显斜皱；宽约为复眼纵径的0.8倍，是颜面和唇基总长的1.2倍。唇基沟明显，前幕骨陷圆形。唇基下陷近圆形，宽约为下陷边缘至复眼距离的1.9倍，是颜面宽的0.5倍。后头脊背面完整，下方与上颚基部相接。触角线状，28～34节，为体长的1.1～1.2倍；柄节长是其最大宽的1.5倍；第1鞭节长是端宽的3.5倍，是第2鞭节长的0.9～1.0倍；鞭节倒数第2节长是其最大宽的1.9倍，约为倒数第1节的0.8倍。

图 75-1　体 Habitus

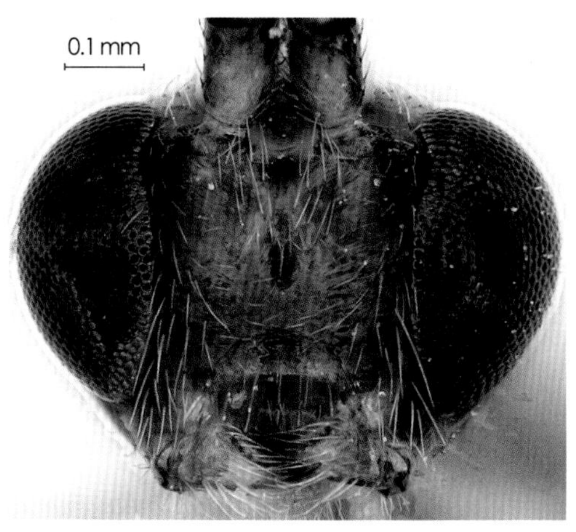

图 75-2 头部正面观 Head, anterior view

图 75-3 头部背面观 Head, dorsal view

胸长是高的1.7倍。前胸背板侧面观，前缘凸起，具不规则皱。中胸盾片强烈隆起，光滑光亮，具均匀稠密白色短毛，中胸盾片后半部中央具细纵皱；中胸盾片侧叶中央大部光滑光亮；盾纵沟基半部深，端半部较浅，具细横皱。小盾片前凹长，具明显中脊，光滑光亮，前凹长是小盾片长的0.3～0.4倍。小盾片较平，光滑光亮，具均匀白色短毛。中胸背板腋下槽具明显斜皱。后胸背板深凹，具明显短皱。中胸侧板上半部具明显皱和白色短毛，后部具白色短毛，中央大部光滑光亮；中胸侧板凹明显；胸腹侧脊完整，伸抵中胸侧板前缘；腹板

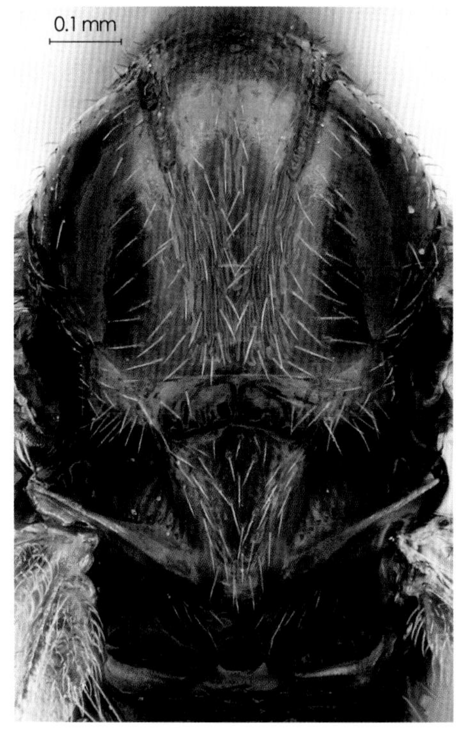

图 75-4 胸部背面 Mesosoma, dorsal view

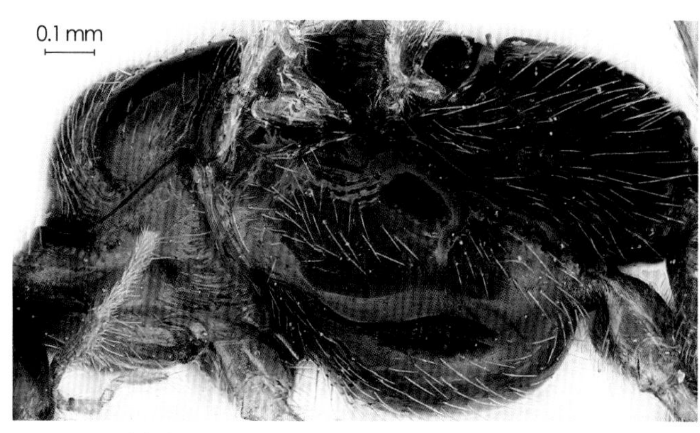

图 75-5 胸部侧面 Mesosoma, lateral view

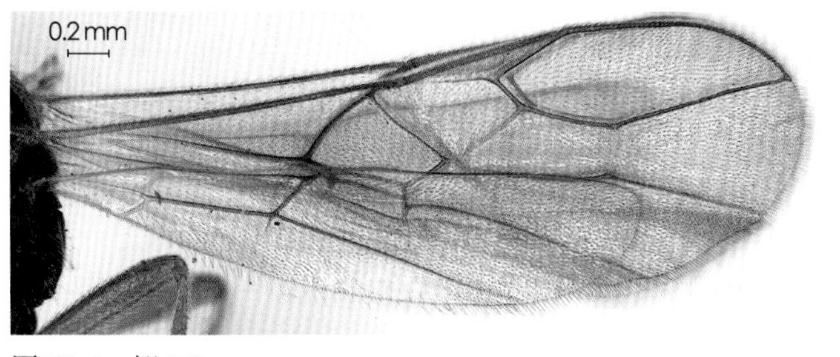

图 75-6 翅 Wings

侧沟明显，具明显短皱。前翅长为最大宽的3.0倍。翅痣长约为其最大宽的5.3～5.4倍；r脉从翅痣中部稍后方伸出。M+CU1脉直；1-SR+M几乎直；r-m脉存在；2-SR=2.3×r=0.7×3-SR=0.5×SR1=1.9～2.0×r-m；1-CU1=0.3～0.4×2-CU1。后翅：M+CU1脉稍弯曲；1-M=1.1～1.3×M+CU1；3-M明显；SR脉弱。后足基节长是宽的1.9～2.0倍，光滑光亮，具白色长毛；腿节长是宽的5.3～5.6倍；后足跗节约为胫节长的0.9倍；基跗节长是第2～5跗节长的0.6～0.7倍；第2跗节长是基跗节长的0.5～0.6倍，是第5跗节长的1.7～1.8倍（不包括前跗节）。并胸腹节圆形稍隆起；中纵脊强壮，长约为并胸腹节长的0.6倍，中纵脊两侧具短横皱；侧纵脊明显；并胸腹节基部中央和端部0.2光滑光亮，其余部分具明显皱纹和白色短毛。

腹长是头胸长度的0.8～0.9倍。第1节背板背凹非常大，近三角形；端半部均匀隆起，表面纵条纹细密，相对均匀，纵条纹间具短皱；背中脊强壮，向中央收窄，长约为背板长的0.5～0.6倍；第1节背板端宽是基部宽的2.0～2.3倍，长约为端宽的0.9～1.0倍。第2节背板光滑光亮，具稀疏细毛点，端部白色短毛相对均匀。其余背板光滑光亮，具均匀细毛点和白色短毛。下生殖板大，三角形；产卵器鞘长约为腹部长的0.6～0.7倍，为前翅长的0.3倍。

体暗褐色至黑褐色。上颚（端部暗褐色）、下颚须、下唇须、前胸背板、足（末跗节和爪暗褐色）、翅基片、翅痣浅黄褐色。中胸盾片中叶、小盾片、中胸侧板暗褐色稍带红褐色。翅透明，翅脉褐色。

♂ 体长2.5～3.1 mm。前翅长2.2～3.2 mm。触角28～33节，长2.6～4.0 mm。胸长是高的2.0～2.6倍。腹部第1节背板长是其端宽的1.0～1.2倍，端宽为基宽的1.9～2.0倍。头、腹部、触角暗褐色；下颚须、下唇须、前胸、中胸、足（末跗节和爪褐色）、翅基片、翅痣、翅脉黄褐色；并胸腹节褐色。其他特征同雌虫。

寄主 柠条蓑蛾*Taleporia* sp.、灰钝额斑螟*Bazaria turensis* Ragonot。

寄主植物 柠条锦鸡儿*Caragana korshinskii* Kom.、白刺*Nitraria tangutorum* Bobrov。

分布 内蒙古（鄂托克旗）、青海（都兰）；蒙古，俄罗斯。

观察标本 1♀1♂，内蒙古鄂托克旗，2014-09-09，盛茂领；15♀♀11♂♂，内蒙古鄂托克旗，2014-10-02～15，盛茂领；3♀♀，青海都兰，2014-09-30，盛茂领；1♀1♂，青海都兰，2014-10-07～09，盛茂领。

图 75-7 并胸腹节和腹部第 1 节背板
Propodeum and tergite 1

76　帕普颚钩茧蜂 *Uncobracon pappi* (Tobias, 2000)（图 76：1-6）

Bracon (*Uncobracon*) *pappi* Tobias, 2000:121.

Uncobracon pappi (Tobias, 2000). Tan *et al*., 2012:65.

♀　体长3.8 mm。前翅长4.9 mm。

头宽是长的1.7倍，是中胸盾片宽的1.2倍。头部光滑光亮，具稠密黄褐色毛，在复眼后强烈收窄。额稍隆起，亚侧缘具稀疏毛点，光滑光亮，亚侧缘具稠密黄褐色毛。单眼区位于头部中央，单眼中等大小，POL=1.0 × OD=0.5 × OOL；复眼光滑，近圆形隆起，在触角窝处微凹，复眼纵径是横径的1.7倍，复眼横径是上颊宽的1.6倍。触角窝直径约为触角窝间距的0.6倍，是窝眼距的1.4倍。颚眼距是复眼纵径的0.3倍，约为上颚基部宽的0.5倍。颚眼沟存在。颜面中部隆起，宽约为颜面和唇基总长的2.0倍。唇基半圆形，隆起；唇基沟明显，前幕

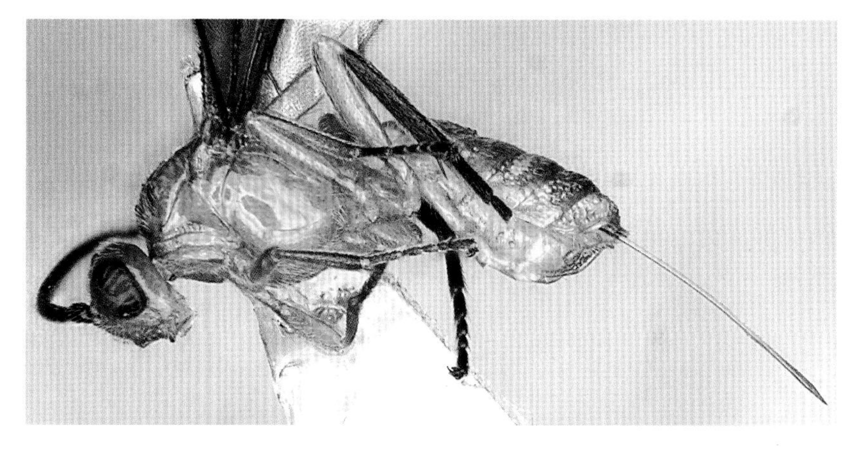

图 76-1　体 Habitus

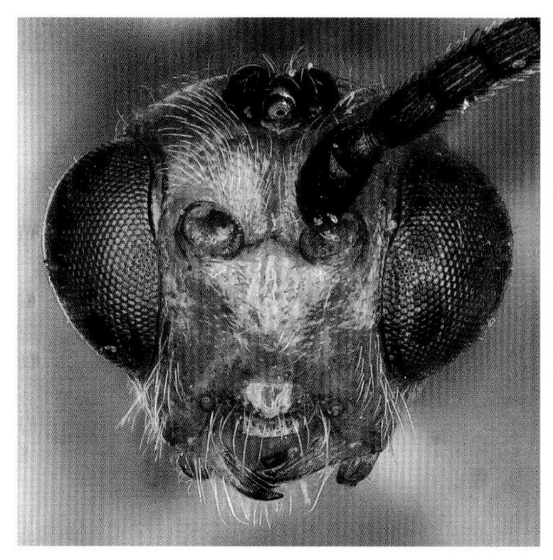

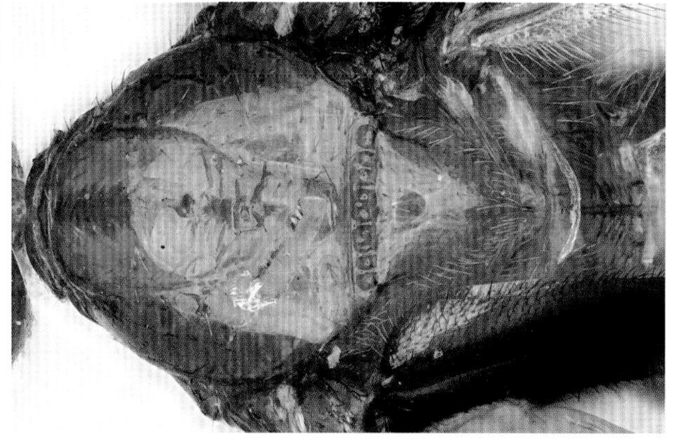

图 76-3　中胸盾片和小盾片 Mesoscutum and scutellum

图 76-2　头部正面观 Head, anterior view

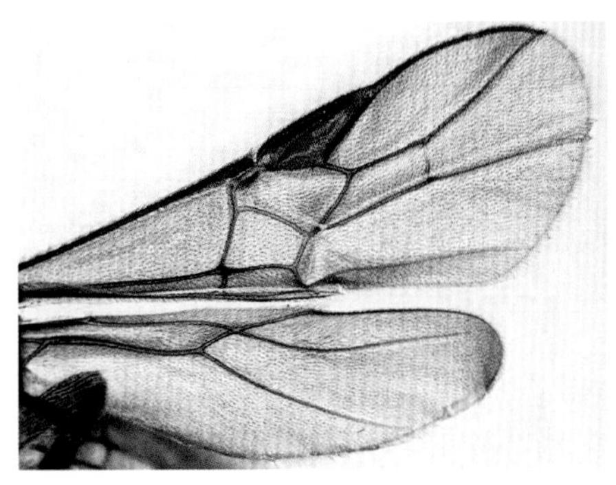
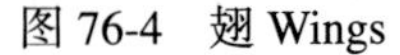
图 76-4 翅 Wings

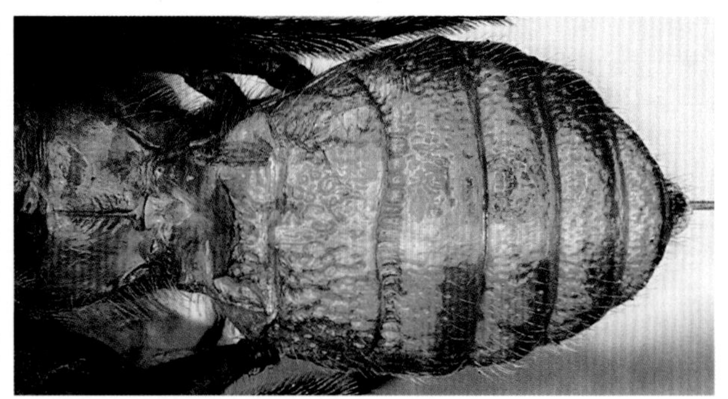
图 76-5 并胸腹节和腹部背板 Propodeum and tergites

骨陷圆形。唇基下陷近圆形，宽约为颜面宽的0.5倍。触角线状，32节；柄节长是其最大宽的1.4倍；第1鞭节长是端宽的1.6倍，是第2鞭节长1.2倍；鞭节倒数第2节长是其最大宽的1.5倍，约为倒数第1节的0.8倍。

胸长是高的1.4倍。前胸背板侧面观，光滑光亮，中央凹。中胸盾片强烈隆起，光滑光亮，具稀疏黄褐色长毛，盾纵沟明显，几乎达中胸盾片后缘。小盾片前凹阔，中脊明显。小盾片圆形隆起，光滑光亮，具稀疏黄褐色毛。中胸侧板均匀稍隆起，光滑光亮，腹板侧沟窄且光滑。前翅长为最大宽的3.1倍。翅痣长约为其最大宽的2.9倍；r脉从翅痣中部稍前方伸出。M+CU1脉直；1-SR+M直；r-m脉存在；2-SR=2.1 × r=0.7 × 3-SR=0.4 × SR1=1.8 × r-m；1-CU1=0.3 × 2-CU1。后翅：M+CU1脉稍弯；1-M=3.4 × M+CU1。后足腿节长是宽的5.3倍；后足跗节约为胫节长的0.9倍；基跗节长是第2-5跗节长的0.6倍；第2跗节长是基跗节长的0.5倍，是第5跗节长的1.1倍（不包括前跗节）。并胸腹节圆形稍隆起，光滑光亮，中纵脊明显，两侧具不规则皱。

腹长是头胸长度的0.8倍。第1节背板基半部凹，光滑光亮，端半部具1横皱，后方具不规则皱。第2节背板具不规则网状皱。第3节背板基部具粗短纵皱，其他部分几乎光滑光亮，具稀细黄色毛。第4～6节背板，光滑光亮，具弱皱和黄色毛。产卵器鞘长约为腹部长的1.0倍。

体黄褐色。触角、眼、单眼区、上颚端部黑色。中足胫节端半部，中后足跗节和爪黑褐色至黑色。翅膜质透明，翅脉黑褐色；翅痣暗褐色。产卵器鞘黑褐色。

寄主 红缘天牛*Asia halodendri* (Pallas)。

寄主植物 沙棘*Hippolhae rhamnoides* L.。

分布 宁夏（彭阳）；朝鲜，俄罗斯。

观察标本 1♀，宁夏彭阳，2006-06-18，盛茂领。

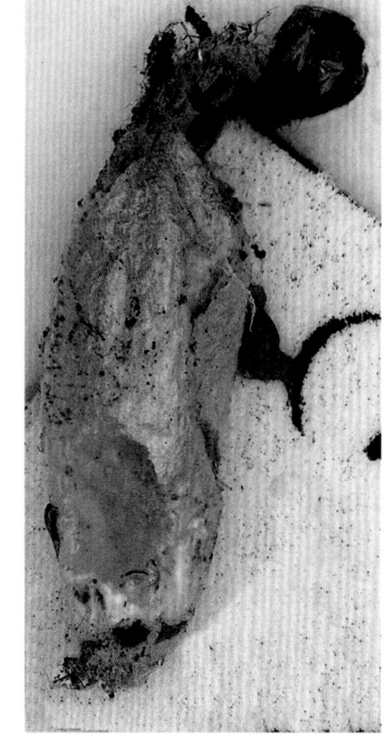
图 76-6 茧 Cocoon

77 双色刺足茧蜂 *Zombrus bicolor* (Enderlein, 1912)（图 77：1－8）

Neotrimorus bicolor Enderlein, 1912: 29.

Zombrus bicolor (Enderlein, 1912), Cao et al., 2015: 472.

♀ 体长10.0～11.7 mm。前翅长8.5～9.7 mm。

头宽是长的1.4～1.5倍，是中胸盾片宽的1.0～1.1倍。头部光滑光亮，具稀疏黄褐色毛，在复眼后较阔。额在触角窝上方均匀凹陷，光滑光亮，无刻点和毛；中央具1中纵脊，从中单眼伸抵颜面中央上方的瘤状突处；颜面眼眶具稀疏细毛点和黄褐色毛。背面观单眼区位于头部中央稍前方，单眼小，单眼区外侧微凹，POL=0.7～0.8 × OD=0.1～0.2 × OOL。复眼光滑，近圆形隆起，在触角窝处微凹，复眼纵径是横径的1.1～1.2倍，复眼横径是上颊宽的1.2～1.3倍。触角窝直径约为触角窝间距的0.6～0.7倍，是窝眼距的0.9～1.0倍。颚眼距是复眼纵径的0.9～1.0倍，约为上颚基部宽的1.8～1.9倍。颚眼沟缺。颜面圆形隆起，上方中央在触角窝之间明显凹，中央具1瘤状突；光滑光亮，具均匀稠密刻点和黄褐色毛，亚侧缘的刻点和毛几乎无；宽约为复眼纵径的1.4～1.5倍，是颜面和唇基总长的1.1～1.2倍。唇基沟

图 77-1　体 Habitus

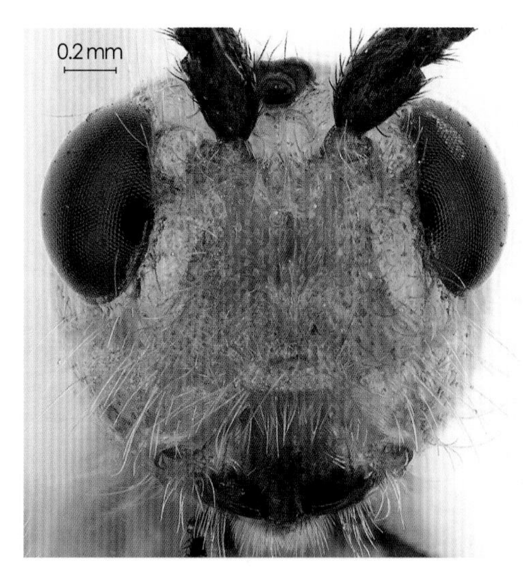

图 77-2　头部正面观 Head, anterior view

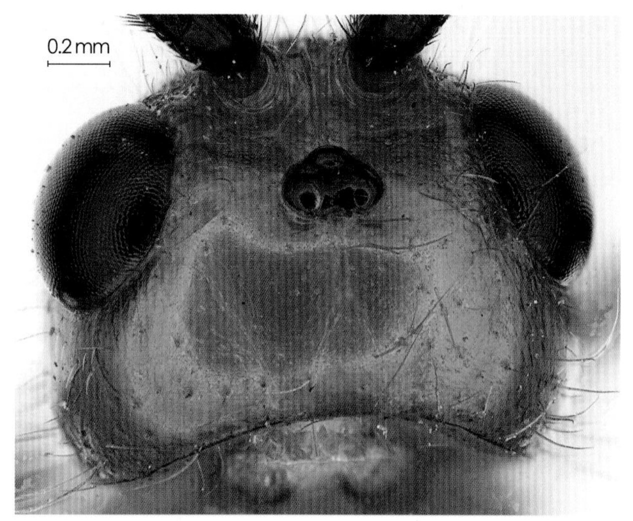

图 77-3　头部背面观 Head, dorsal view

图 77-4　中胸盾片和小盾片 Mesoscutum and scutellum

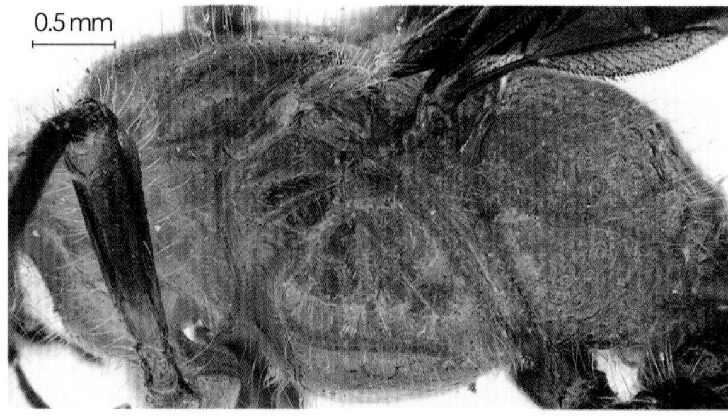

图 77-5　胸部侧面 Mesosoma, lateral view

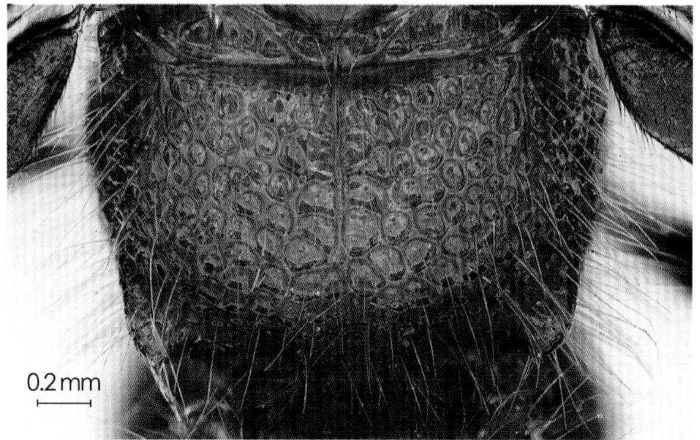

图 77-6　并胸腹节 Propodeum

存在，唇基沟处具短皱，上方中央两侧与颜面连接处具2个凹，前幕骨陷圆形。唇基下陷近圆形，宽约为下陷边缘至复眼距离的0.5～0.6倍，是颜面宽的0.3～0.4倍。上颚强壮，仅具1齿。后头脊在上颊后方存在。触角线状，53～56节。柄节长是其最大宽的1.3～1.4倍。第1鞭节长是端宽的3.6～3.7倍，是第2鞭节长1.3～1.4倍。鞭节倒数第2节长是其最大宽的2.0～2.1倍，约为倒数第1节的0.7～0.8倍。

胸长是高的1.9～2.0倍。前胸背板侧面观，光滑光亮，前半部具均匀细毛点和黄褐色毛；侧凹具粗横皱，前胸背板上方具网状纹和稀疏黄褐色长毛，后上部具稀疏细毛点。中胸盾片均匀隆起，光滑光亮，具稀疏黄褐色长毛；盾纵沟阔，前半部具明显短横皱，后部弱且收敛几乎达后缘。小盾片前凹阔，光滑光亮，具4中脊。小盾片稍隆起，光滑光亮，几乎无毛。中胸背板腋下槽光滑光亮，具粗斜皱。后胸背板光滑光亮，具短皱。中胸侧板圆形隆起，光滑光亮，具稀疏黄褐色长毛；翅基下脊下方的沟具粗短皱；腹板侧沟长约为中胸侧板长的0.8倍，具短皱。后胸侧板上半部光滑光亮，下半部具粗网纹状皱。前翅长为最大宽的3.9～4.0倍。翅痣长约为其最大宽的3.9～4.0倍；r脉从翅痣中

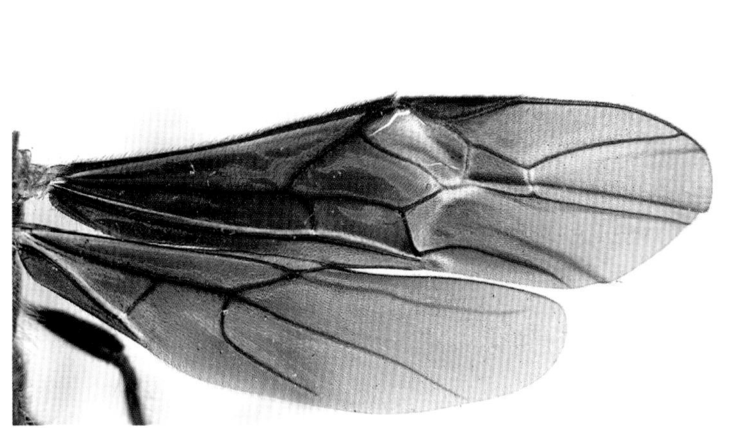

图 77-7 翅 Wings

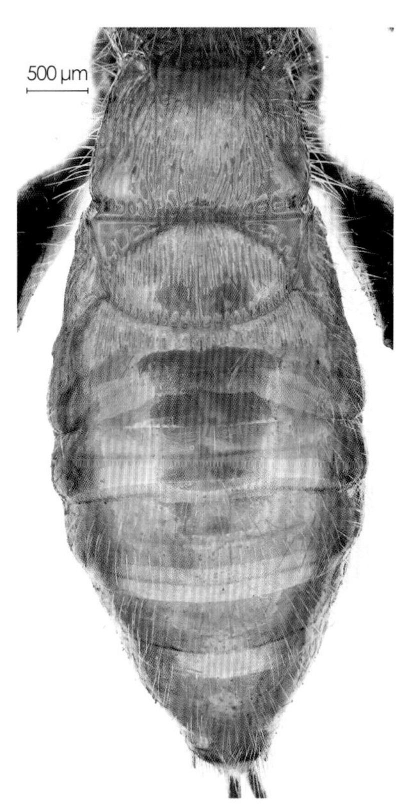

图 77-8 腹部背板 Tergites

部前方伸出。M+CU1脉直；1-SR+M弯曲；r-m脉存在；2-SR=1.6～1.7×r=0.6～0.7×3-SR=0.2～0.3×SR1=1.6～1.7×r-m；1-CU1=0.2～0.3×2-CU1。后翅：M+CU1脉直；1-M=0.5～0.6×M+CU1。足被黄褐色长毛。前足胫节外侧具4～5个棘刺。后足基节膨大，背面具2齿，中央的齿非常大；腿节长是宽的2.9～3.0倍；后足跗节约为胫节长的1.0～1.1倍；基跗节长是第2-5跗节长的0.5～0.6倍；第2跗节长是基跗节长的0.6～0.7倍，是第5跗节长的1.2～1.3倍（不包括前跗节）。并胸腹节圆形隆起，光滑光亮，具粗大网状纹和黄褐色长毛；中纵脊明显。

腹长是头胸长度的1.1～1.2倍。第1节背板光滑光亮，具黄褐色长毛，布满明显粗纵皱，背中脊特别明显。第2、3节背板愈合，光滑光亮，具稀疏黄褐色毛；端宽为基部宽的1.3～1.4倍，为长的1.5～1.6倍；背板中央具沟围成的椭圆形隆起，背板基部三分之二具强纵皱，端部三分之一光滑光亮，具稀疏黄褐色毛。第4及以后各节背板光滑光亮，具均匀黄褐色毛。产卵器鞘长约为腹部长的0.7～0.8倍；产卵器腹瓣具齿。

体黄色至黄褐色。单眼区、复眼、上颚端半部、下颚须、下唇须、触角（端半部暗褐色）、前足（基节黄褐色，转节、腿节大部暗褐色）、中后足、翅痣、翅脉、产卵器鞘黑褐色至黑色。翅面（中央具透明斑）暗褐色。

寄主 槐绿虎天牛*Chlorophorus diadema* (Motschulsky)、双条杉天牛*Semanotus bifasciatus* (Motschulsky)（寄主新记录），其他寄主可参考Cao et al. (2015)。

寄主植物 刺槐*Robinia pseudoacacia* L.、侧柏*Platyclaudus orientalis* (L.) Franco。

分布 宁夏（灵武）、河南（商丘）、辽宁（锦州）、北京、天津、安徽、甘肃、福建、广东、广西、贵州、海南、河北、黑龙江、湖北、湖南、江苏、吉林、内蒙古、陕西、四川、山西、山东、台湾、新疆、云南、浙江；日本，朝鲜，哈萨克斯坦，蒙古，俄罗斯。

观察标本 1♀，吉林汪清大兴沟，2005-08-07，盛茂领；2♂♂，宁夏灵武，2007-06-25，盛茂领；1♀，辽宁锦州，2007-05-29，盛茂领；1♀，天津官港，2007-06-10，王小艺；2♀♀，河南商丘，2013-05-28，盛茂领。

第三章

小蜂总科 Chalcidoidea

小蜂总科含21科，据统计（Yu et al., 2012），截至2012年，全世界已知约21870种，我国已知约1190多种。这里介绍5种。

78 广大腿小蜂 *Brachymeria lasus* (Walker, 1841)（图 78：1－2）

Chalcis lasus Walker, 1841: 219.

Brachymeria lasus (Walker, 1841). Joseph et al., 1973:33.; Yang et al., 2015:196.; Narendran & van Achterberg, 2016:55.

♀ 体长4.5～6.5 mm。前翅长4.0～4.5 mm。

头与胸几乎等宽，具刻窝和白色长毛，刻窝直径大于刻窝间距。背面观头宽是长的2.5～2.6倍，正面观头宽是高的1.1～1.2倍。单眼区位于头部正上方，单眼中等大小，POL=2.1～2.2×OD=2.2～2.3×OOL。复眼大，侧面观卵圆形，纵径为横径的1.5～1.6倍；无复眼内眼眶脊，复眼外眼眶脊明显。触角柄节伸抵中单眼处，具稠密白色短毛；第1鞭节长约等于其最大宽，第2鞭节长约为最大宽的0.9～1.0倍，第3鞭节长约为最大宽的0.9～1.0倍，第4鞭节长为最大宽的0.9倍。

前胸盾片和颈部具稠密刻窝，窝内具白色长毛，刻窝直径大于窝间距。中胸背板刻窝及毛同前胸盾片；盾纵沟明显，伸达中胸盾片后缘。小盾片圆形隆起，刻窝及毛同中胸背板；小盾片后缘微向上翘，中央稍凹。前翅长约为最大宽的3.3～3.4倍；亚缘脉是缘脉长的

78-1 体 Habitus

2.1～2.2倍，是痣后脉长的3.5～3.6倍，是痣脉长的11.0～11.1倍。后足基节内侧具1小突起；腿节膨大，长为最大宽的1.6～1.7倍，腹缘具9～12小齿。并胸腹节具粗皱围成的网状纹。

腹部略窄于胸；第1节背板光滑光亮，仅背板亚侧缘后部具稠密细毛点；第2节背板基部中央具稀疏细毛点，两侧具均匀细毛点和白色短毛，端半部中央具非常细密的刻点；第3节（中央部分刻点和毛稍稀疏）至第6节背板具稠密细毛点和白色短毛。

体黑色。前足腿节端部、胫节（腹面及侧面少许黄褐色）黄色，跗节黄褐色，爪黑褐色；中足腿节端部、胫节（腹面的斑若有，褐色至黑褐色）黄色，跗节黄褐色，爪黑褐色；后足腿节端部、胫节（腹面黑褐色，侧面少许黄褐色）黄色，跗节黄褐色，爪黑褐色。翅基片黄色（个别种黄褐色）。翅透明，翅脉基半段黄褐色稍带黄色，其余部分黄褐色至暗褐色。腹部侧缘红褐色。

♂ 体长3.5～5.0 mm。前翅长3.8～4.2 mm。后足基节内侧无突起，其他特征同雌虫。

寄主 灰斑古毒蛾*Orgyia ericae* Germar。

寄主植物 沙冬青*Ammopiptanthus mongolicus* (Kom.) S. H. Cheng。

分布 内蒙古（杭锦旗）、宁夏（盐池）。

观察标本 40♀♀26♂♂，内蒙古杭锦旗巴拉贡，1221m，2009-07-26～30，李涛；23♀♀15♂♂，宁夏盐池沙泉湾，2015-07-24～31，盛茂领。

图 78-2 中胸盾片和小盾片
Mesoscutum and scutellum

79 古毒蛾长尾啮小蜂 *Aprostocetus orgyiae* Yang & Yao, 2015（图 79：1－6）

Aprostocetus orgyiae Yang & Yao, 2015:89.

♀ 体长1.8～2.1 mm。前翅长1.3～1.6 mm。

头部皱缩，具细密网纹和白色短毛。正面观头宽是高的1.1～1.2倍。单眼区位于头部正上方，单眼中等大小，POL=2.7 × OD=2.7 × OOL。复眼大，侧面观近圆形，纵径为横径的1.2～1.3倍。颚眼沟弯曲，鄂眼距为复眼纵径长的0.5～0.6倍。触角位于复眼下缘连线下方；索节3节，第1节长为宽的0.7～0.8倍，第2节长为宽的1.4～1.5倍，第3节长为宽的1.8～1.9倍；鞭节和梗节之和小于头宽。

胸长是高的1.3～1.4倍，是宽的1.2～1.3倍，具细密网纹。中胸盾片稍隆起，盾纵沟完整且明显，伸抵中胸盾片后缘；中纵沟完整。小盾片长为中胸盾片长的0.5倍；圆形隆起，2条亚中沟完整，伸抵小盾片后缘；第1对刚毛位于小盾片后方0.6处，第2对刚毛位于后缘，且第2对刚毛明显长于第1对刚毛。前翅长约为最大宽的2.2～2.3倍；亚缘脉是缘脉长的0.8～0.9倍，是痣脉长的2.0～2.1倍。后足腿节长为最大宽的4.2～4.3倍，跗节长为胫节长的0.7～0.8倍。并胸腹节中长几乎等长于后胸盾片，网纹稍大于中胸盾片网纹；前缘中部向后凹入，后缘中部向前凹入；气门大，圆形，具前缘距离等长与气门直径。

腹部略窄于胸，长为自身宽的2.5～2.6倍，具稠密白色毛。尾须具2根长度相等的毛。

体金绿色，具蓝色光泽（头胸部蓝色光泽相对多，个体间有差异）。复眼浅红色至红色。上颚黄褐色。触角柄节、梗节（腹面黄色）背面黄褐色至褐色，鞭节褐色至暗褐色。足

图 79-1 体侧面观 Habitus, lateral view

图 79-2 体背面观
Habitus, dorsal view

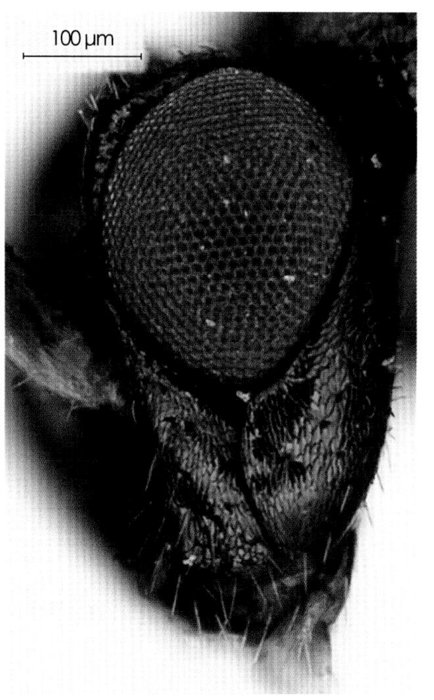

图 79-3 颚眼区 Malar space

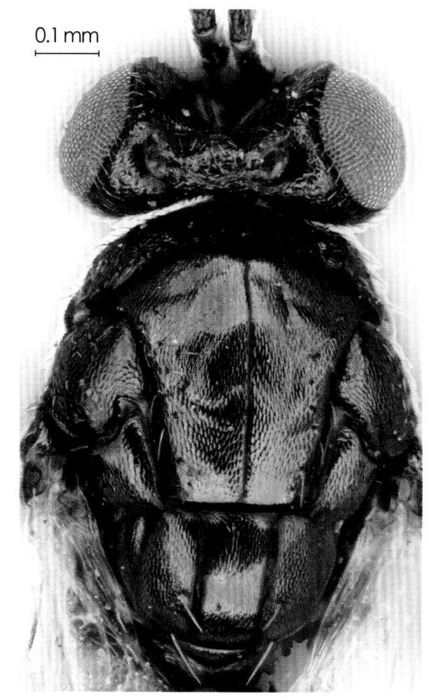

图 79-4 中胸盾片和小盾片
Mesoscutum and scutellum

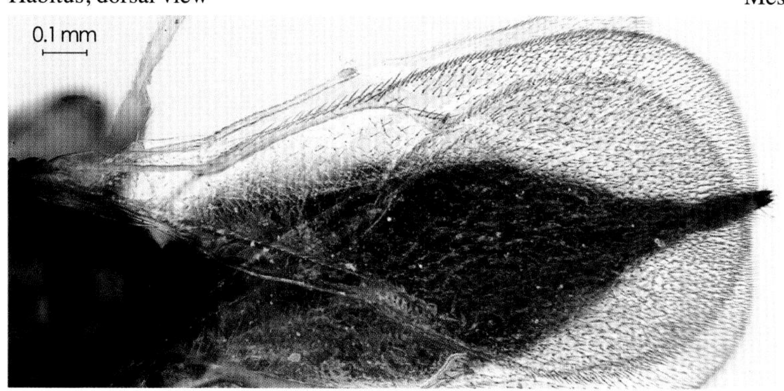

79-5 翅 Wings

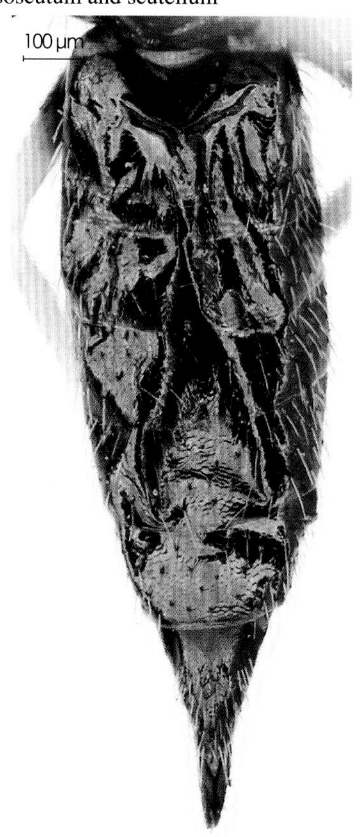

图 79-6 腹部背板 Tergites

基节、转节和腿节（基部和端半部黄色）同体色，跗节（末跗节褐色）黄色，爪褐色。翅透明，翅脉浅黄色。

寄主 灰斑古毒蛾*Orgyia ericae* Germar。

寄主植物 沙冬青*Ammopiptanthus mongolicus* (Kom.) S. H. Cheng。

分布 内蒙古（鄂尔多斯）、甘肃、宁夏。

观察标本 13♀♀，内蒙古鄂尔多斯，2008-07-12，盛茂领；26♀♀12♂♂，内蒙古杭锦旗巴拉贡，1221m，2009-07-26，李涛。

80 重巨胸小蜂 *Perilampus intermedius* Boucek, 1956（中国新记录）（图 80：1-4）

Perilampus intermedius Boucek, 1956:90.

Pondoros intermedius (Boucek, 1956). Argaman, 1990:232.; Synonymized by Darling, 1996.

♀ 体长3.2～3.5 mm。前翅长2.1～2.4 mm。

头宽为胸部宽的1.1～1.2倍，光滑光亮，具稀疏白色短毛。背面观头宽为长的2.8～2.9倍，正面观宽为高的1.1～1.2倍。单眼区位于头部正上方，单眼中等大小，POL=2.9～3.0×OD=1.4～1.5×OOL；侧单眼外侧稍凹。额在中单眼下方触角窝处明显纵凹，凹内及周围光滑光亮，无毛点；亚侧缘稍隆起，具稀疏白色短毛。复眼大，侧面观卵圆形，

图 80-1
体 Habitus

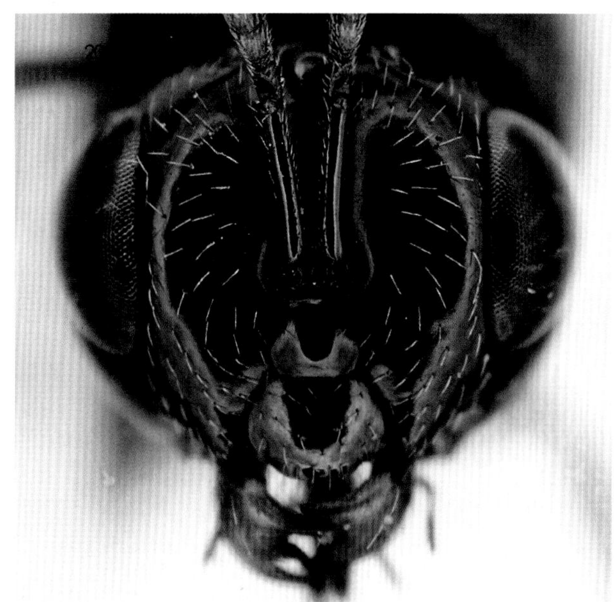

图 80-2　头部正面观 Head, anterior view

图 80-3　中胸盾片和小盾片
Mesoscutum and scutellum

纵径为横径的1.4～1.5倍。颚眼沟存在，颚眼距为复眼纵径的0.2～0.3倍。颊区后半部和后头区具非常明显且与后头脊平行的纵脊。颜面宽为长的4.3～4.4倍，约为复眼纵径长的1.3倍；颜面在触角窝外侧下方稍凹伸达唇基沟，颜面中央稍隆起光滑光亮无毛点。唇基沟明显。唇基稍隆起，宽约为长的1.2～1.3倍；光滑光亮，具稀疏白色短毛，亚侧缘的毛相对稠密；端缘光滑光亮，无毛点，稍微上翘。上颚阔且长，基部具稀疏的白色长毛；左上颚2齿，右上颚3齿。触角位于复眼下缘连线上方；柄节几乎伸达中单眼下方，长为最大宽的4.9～5.0倍，基半部光滑光亮，端半部具稠密细毛点，侧面具稀疏白色短毛；第1鞭节长为最大宽的1.1～1.2倍，第2鞭节长约为最大宽的0.9～1.0倍，第3鞭节长约为最大宽的0.9～1.0倍。

胸部非常强壮，长约等于高。颈部宽为前胸背板宽的0.1～0.2倍；具非常均匀的粗刻点，刻点内光滑光亮，具1白色短毛，刻点直径为刻点间距的2.8～3.4倍。中胸盾片均匀隆起，长为中胸盾片自身宽的0.5～0.6倍；中胸盾片中叶刻点同前胸盾片；中胸盾片侧叶上半部光滑光亮，沿盾纵沟具稀疏白色长毛，下半部刻点同中胸盾片中叶；盾纵沟完整，伸达中胸盾片后缘。小盾片圆形稍隆起，背面观几乎圆形，刻点同中胸盾片中叶。前翅长约为最大宽的2.2～2.3倍；缘脉是痣后脉长的1.7～1.8倍，是痣脉长的4.2～4.3倍。后足腿节长为最大宽的5.1～5.2倍，跗节长为胫节的0.7～0.8倍。并胸腹节中纵脊明显，两侧具1短横皱，其他区域光滑光亮。

腹部略窄于胸，长为自身宽的1.9～2.0倍。第1节背板长为腹部长的0.2～0.3倍，光滑光亮，后缘弧形凹入。第2节背板长为腹部长的0.7～0.8倍，光滑光亮，亚端部具非常稀疏的白

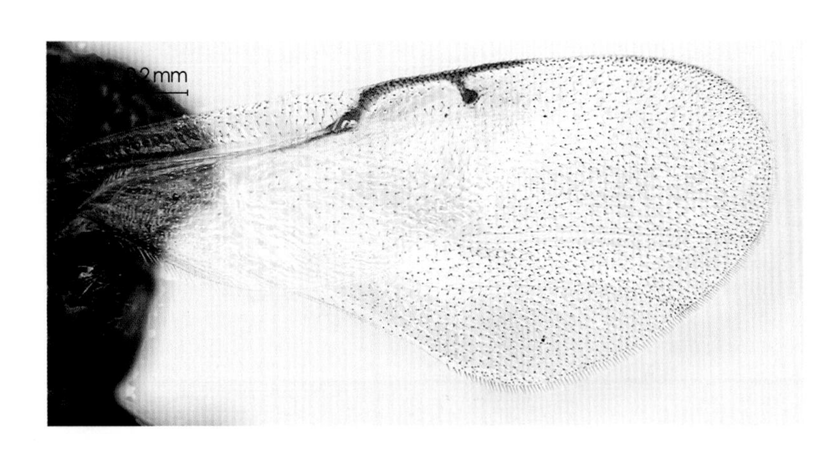

图 80-4 翅 Wings

色短毛。其他背板缩入第2节背板下。

体黑色，具黄绿色金属光泽。头，触角柄节、梗节黑色具黄绿色金属光泽；鞭节腹面黄褐色，背面暗褐色；单眼、上颚（端齿暗红褐色）红褐色。胸部黄绿色金属光泽，刻点内窝，中胸侧板上半部黑色。足基节、转节、腿节（前侧面黄褐色）黄绿色金属光泽，跗节黄褐色，爪暗褐色。腹部黑色。

♂ 体长2.8～3.3 mm。前翅长2.1～2.4 mm。并胸腹节中纵脊两侧的皱非常短。其他特征同雌虫。

寄主 从寄生柠条蓑蛾*Taleporia* sp.的茧蜂茧（待鉴定）羽化。

寄主植物 柠条锦鸡儿*Caragana korshinskii* Kom.。

分布 内蒙古（鄂托克旗）。

观察标本 5♂♂，内蒙古鄂托克旗，2014-03-20～31，盛茂领；27♂♂，内蒙古鄂托克旗，2014-04-01～30，盛茂领；1♀，内蒙古鄂托克旗，2015-04-19，盛茂领；1♀，内蒙古鄂托克旗，2015-04-28，盛茂领；2♂♂，内蒙古鄂托克旗，2015-05-02，盛茂领。

81 古毒蛾金小蜂 *Pteromalus orgyiae* Yang & Yao, 2015（图 81：1-4）

Pteromalus orgyiae Yang & Yao, 2015:57.

♀ 体长3.0～3.4mm。前翅长2.1～2.3 mm。

头宽为胸部宽的1.1～1.2倍，具刻纹和非常稀疏白色短毛。背面观头宽是长的2.3～2.4倍，正面观头宽是高的1.4～1.5倍。单眼区位于头部正上方，单眼中等大小，POL=2.7～2.8×OD=0.9～1.0×OOL。额在触角窝上方中央稍凹，凹内刻纹稍细。复眼侧面观卵圆形，纵径为横径的1.4～1.5倍。触角柄节伸达中单眼，长为最大宽的7.5～7.6倍；第1

图 81-1 体 Habitus

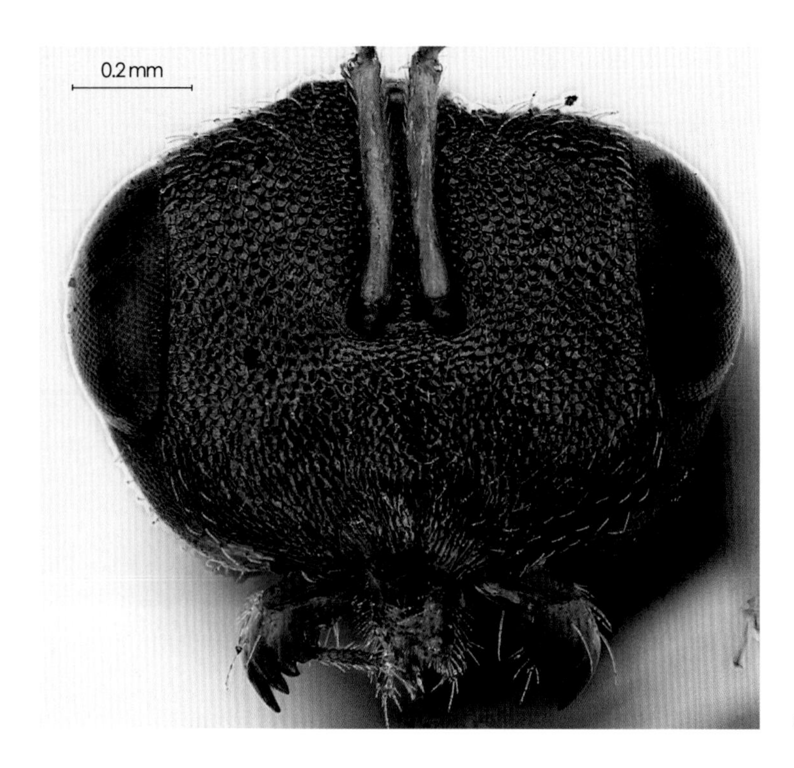

图 81-2 头部正面观 Head, anterior view

鞭节长为最大宽的1.8～1.9倍，第2鞭节长约为最大宽的1.4～1.5倍，第3鞭节长约为最大宽的1.5～1.6倍，第4鞭节长为最大宽的1.6～1.7倍；触角窝直径为触角窝间距的0.8～0.9倍，为窝眼距的0.2～0.3倍。颜面宽约为颜面和唇基长的2.2～2.3倍；颜面稍隆起，在复眼内侧亚侧方稍凹。唇基布满密斜皱，端缘光滑光亮。颚眼距约为复眼纵径的0.4～0.5倍。

胸部具稠密刻纹和稀细白色短毛。前胸盾片刻纹较中胸盾片的粗大。中胸盾片较平，长为宽的0.4～0.5倍；盾纵沟明显，达中胸盾片中部之后。小盾片圆形稍隆起；横沟非常弱，横沟前方刻纹同中胸盾片，后方刻纹稍粗。并胸腹节刻纹较小盾片细密；中纵脊完整，有时未达后缘；侧褶脊明显；胸后颈大，为并胸腹节长的0.2～0.3倍；侧胝密生白色长毛。前翅长约为最大宽的2.2～2.3倍；亚缘脉是缘脉长的2.9～3.0倍，是痣后脉长的2.1～2.2倍，是痣脉长的2.8～2.9倍。后足腿节长为最大宽的4.2～4.3倍；跗节约为胫节长的0.8～0.9倍；基跗节长约为第2～5跗节长的0.5～0.6倍。

腹部长卵圆形，长约为头胸之和的0.9～1.0倍。第1节背板长为腹部长的0.3～0.4倍，光滑光亮，无刻点。第2～4节背板基半部具弱细刻纹，端半部光滑光亮。第5、6节背板具弱细刻纹。产卵器鞘露出腹末少许。

体具铜绿色金属光泽。触角柄节黄色，梗节黄褐色，鞭节褐色至暗褐色。复眼红褐色。上颚黄褐色，端齿红褐色。足基节同体色；转节、腿节黄褐色；胫节（前足胫节有时黄褐色）、跗节（末跗节、爪暗褐色）黄色。翅基片褐色。翅透明，翅脉黄褐色。腹部色暗带彩虹状金属光泽。

♂ 体长2.1～2.6 mm。前翅长1.4～1.6 mm。体色较雌虫鲜亮，绿色带红铜色。触角、足（基节同体色，爪褐色）、腹部第1节端半部、第2节（两侧缘的斑铜绿色带暗褐色）黄色。其他特征同雌虫。

寄主 灰斑古毒蛾*Orgyia ericae* Germar。

寄主植物 沙冬青*Ammopiptanthus mongolicus* (Kom.) S. H. Cheng。

分布 内蒙古（杭锦旗）、宁夏。

观察标本 42♀♀13♂♂，内蒙古杭锦旗巴拉贡，1221m，2008-09-16，李涛；14♀♀10♂♂，内蒙古杭锦旗巴拉贡，1221m，2009-07-26，李涛；5♀♀，内蒙古杭锦旗，2012-09-24，盛茂领。

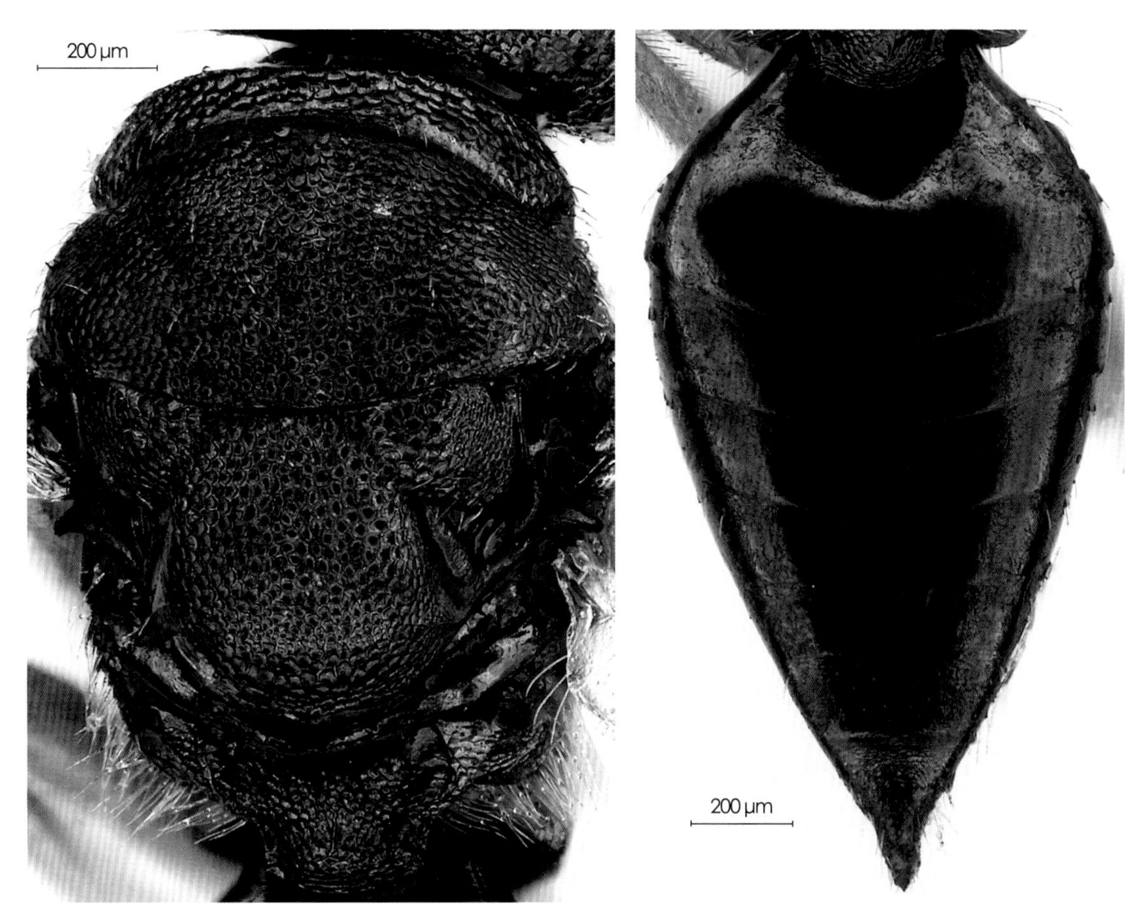

图 81-3 胸部背面 Mesosoma, dorsal view

图 81-4 腹部背板 Tergites

82 小齿腿长尾小蜂 *Monodontomerus minor* (Ratzeburg, 1848)（图 82：1-6）

Torymus minor Eatzeburg, 1848:178.

Monodontomerus minor (Ratzeburg, 1848). Steffan, 1952:293., Yang et al., 2015:182.

♀ 体长3.2～4.5 mm。前翅长3.0～3.4 mm。

头稍宽于胸，具刻纹和稠密白色短毛。背面观头宽是长的2.9～3.0倍，正面观头宽是高的1.2～1.3倍。单眼区位于头部正上方，单眼中等大小，POL=2.2～2.3 × OD=2.5～2.6 × OOL。复眼大，具细微毛；侧面观卵圆形，纵径为横径的1.7～1.8倍。触角柄节未伸达头顶，长为最大宽的4.3～4.4倍；第1鞭节长为最大宽的1.2～1.3倍，第2鞭节长约为最大宽的1.1～1.2倍，第3鞭节长约为最大宽的1.1～1.2倍，第4鞭节长为最大宽的1.1～1.2倍；触角窝直径为触角窝间距的1.3～1.4倍，为窝眼距的0.5～0.6倍。颜面宽约为颜面和唇基长的1.8～1.9倍；颜面稍隆起，中央横向稍凹。颚眼距约为上颚基部宽的1.3～1.4倍，约为复眼纵径的0.3～0.4倍；颚眼沟明显。

胸部具稠密刻纹和白色短毛。中胸盾片中叶圆形隆起，盾纵沟完整，伸达后缘。小盾片圆形隆起；横沟在小盾片后方0.6处，横沟内具短皱；横沟前方刻纹同中胸盾片，后方光滑光亮无刻点，在亚侧缘具一排短纵皱；小盾片后缘向后翘起，中央微凹。并胸腹节中脊基

图 82-1 体 Habitus

图 82-2 头部正面观 Head, anterior view

图 82-3 中胸盾片和小盾片 Mesoscutum and scutellum

部“V”形分开与前缘相接，中央的三角形凹陷去达后颈部，凹陷区内具粗皱。前翅长约为最大宽的2.5～2.6倍；亚缘脉是缘脉长的1.7～1.8倍，是痣后脉长的3.8～3.9倍，是痣脉长的6.0～6.1倍。后足腿节内侧具1小尖齿；腿节长为最大宽的4.0～4.1倍；跗节与胫节约等长；基跗节长约为第2～5跗节长的0.6～0.7倍。

腹部侧扁，长约为头胸之和的0.8～0.9倍。第1节背板长为腹部长的0.3～0.4倍，光滑光亮，无刻点。第2节背板仅基部具弱刻纹，光滑光亮，无刻点；背板非常窄，约为第1节背板长的0.2倍。第3节背板基半部具刻纹，两侧具稀疏白色毛；端半部光滑光亮无刻点；第3节背板长约为第2节背板的2.6～2.7倍。第4节背板基部具刻纹和毛，中央和端半部光滑光亮无刻点。产卵器鞘长约为腹部长的0.7～0.8倍。

体具深绿色金属光泽。头部亮绿色，复眼和单眼浅红色至红色，上颚（端齿黑褐色）黄褐色，触角鞭节暗褐色。前、中足腿节端部，胫节、跗节（爪暗褐色）黄褐色；后足腿节少许、胫节、跗节（爪暗褐色）黄褐色。翅透明，翅脉褐色，痣脉暗褐色，痣脉外侧的斑褐色。产卵器鞘黑褐色。

♂ 体长2.1～2.7mm。前翅长1.8～2.1mm。颜面和触角柄节蓝绿色，其他特征同雌虫。

寄主 灰斑古毒蛾*Orgyia ericae* Germar；杨忠岐等（2015）报道寄主还包括黄刺蛾*Cnidocampa flavescens* (Walkcr)、油松毛虫*Dendrolimus tabulaeformis* Tsai & Liu、赤松毛虫*Dendrolimus spectabilis* (Butler)。

寄主植物 白刺*Nitraria tangutorum* Bobrov、花棒*Hedysarum scoparium* Fisch. & Mey.。

分布 青海（都兰）、宁夏（盐池）、辽宁、河北、浙江、湖南、云南；奥地利，加拿

82-4 后足腿节 Hind femur

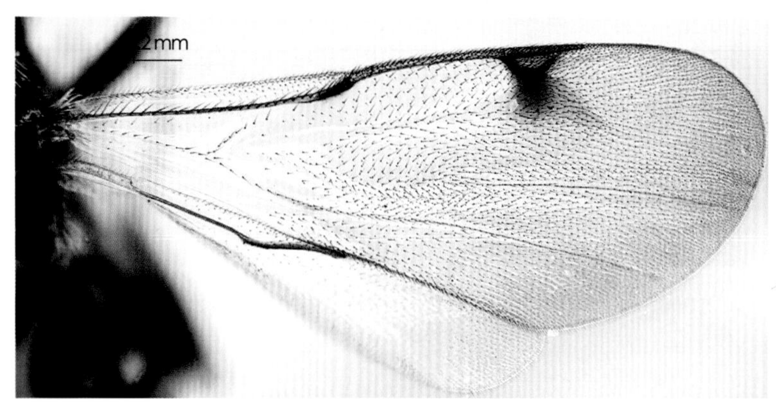

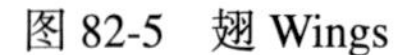

图 82-5 翅 Wings

图 82-6 腹部背板 Tergites

大，捷克，斯洛伐克，芬兰，法国，德国，匈牙利，印度，意大利，日本，哈萨克斯坦，韩国，摩尔多瓦，荷兰，巴基斯坦，波兰，俄罗斯，美国，乌克兰。

观察标本 6♀♀，青海都兰，2012-01-10，盛茂领，自实验室灰斑古毒蛾茧获得；1♂，青海都兰，2012-03-16，盛茂领；2♀♀，青海都兰，2012-03-28，盛茂领；1♀，青海都兰，2012-04-10，盛茂领；3♀♀，青海都兰，2012-04-13，盛茂领；3♀♀，青海都兰，2012-04-23，盛茂领；1♀1♂，青海都兰，2012-05-01，盛茂领；3♀♀1♂，青海都兰，2012-05-16，盛茂领；3♀♀，宁夏盐池沙泉湾，2014-07-16，王锦林。

第四章

寄蝇科 Tachinidae

寄蝇科昆虫含1500属，约8500种（O' Hara, 2013）；我国已知257属，约1110种（O' Hara et al., 2009），很多种类是林农业害虫的重要寄生天敌。这里介绍5种。

83 条纹追寄蝇 *Exorista fasciata* (Fallén, 1820)（图 83：1－1）

Tachina fasciata Fallén, 1820:5.

Exorista fasciata (Fallén, 1820). Chao et al., 2001:181; O' Hara et al., 2009:92; zhang et al., 2016:328.

♂ 体黑色，覆灰色或黄灰色粉被；触角、足黑色；翅灰色。复眼裸或被稀疏毛，额鬃下降至侧颜中部水平。触角第3节约为第2节长的2.5倍。口缘显著向前突出。中胸盾片具5黑纵条，中间1条在盾沟前不明显；中鬃3+3，背中鬃3+4。中脉心角至翅后缘的距离显著长于其至中肘横脉的距离。中足胫节具3根前背鬃。腹部第5背板具缘鬃1行。

寄主 灰斑古毒蛾*Orgyia ericae* Germar。

寄主植物 沙冬青*Ammopiptanthus mongolicus* (Kom.) S. H. Cheng。

分布 内蒙古（鄂尔多斯）、新疆（疏勒）、黑龙江、吉林、辽宁、北京、天津、河北、山东、山西、陕西、四川、西藏、青海、江苏、江西、浙江、安徽、福建、广东、广西、云南、海南、香港；蒙古，俄罗斯，欧洲。

观察标本 1♂，新疆疏勒，1280m，2007-05-22，盛茂领；14♀♀25♂♂，内蒙古鄂尔多斯，2008-07-15～20，盛茂领；1♀3♂♂，内蒙古杭锦旗，2008-09-16，李涛；30♀♀42♂♂，内蒙古杭锦旗巴拉贡，1221m，2009-07-26～08-02，李涛；5♀♀4♂♂，内蒙古乌拉特后旗，2013-07-29～08-02，盛茂领；1♀，内蒙古乌拉特后旗，2015-08-10，盛茂领；1♀1♂，内蒙古乌拉特后旗，2015-09-17，盛茂领；1♂，内蒙古乌拉特后旗，2015-09-21，盛茂领。

图 83-1 体 Habitus

84 褐翅追寄蝇 *Exorista fuscipennis* (Baranov, 1932)（图 84：1－2）

Eutachina fuscipennis Baranov, 1932:90.

Exorista fuscipennis (Baranov, 1932). Chao et al., 2001:185; O'Hara et al., 2009:95; zhang et al., 2016:346.

♂ 体黑色，覆银灰和灰黄色粉被；触角、足黑色；翅黄褐色。复眼裸，额鬃下降至侧颜不及中部水平。触角第3节较长，约为第2节长的3倍。口缘与中颜板大致处于同一平面，不显著向前突出，或略向前倾斜。唇瓣较大。侧颜宽于触角第3节。中胸盾片具4黑纵条；中鬃3+3，背中鬃3+4。中脉心角至翅后缘的距离与至中肘横脉的距离大致相等。中足胫节具2根前背鬃。腹部第5背板具心鬃、缘鬃2～3行；

寄主 灰斑古毒蛾*Orgyia ericae* Germar。

寄主植物 沙冬青*Ammopiptanthus mongolicus* (Kom.) S. H. Cheng。

分布 内蒙古（杭锦旗）、黑龙江、吉林、辽宁、北京、天津、山西、陕西、河北、山东、江苏、浙江、上海、江西、安徽、福建、广东、广西、贵州、重庆、海南、四川、西藏、云南、香港、台湾。

观察标本 8♂♂2♀♀，内蒙古杭锦旗巴拉贡，1221m，2009-07-26，李涛。

图 84-2 体背面观 Habitus, dorsal view

图 84-1 体侧面观 Habitus, lateral view

85 古毒蛾追寄蝇 *Exorista larvarum* (Linnaeus, 1758)（图 85：1－2）

Musca larvarum Linnaeus, 1758:596.

Exorista larvarum (Linnaeus, 1758). Chao et al., 2001:193.; O’ Hara et al., 2009:93; zhang et al., 2016:333.

♂ 体黑色，覆灰白或黄色粉被。触角第3节、足、间额黑色；下颚须、触角第2节、小盾片端部黄色。复眼裸，额鬃下降至侧颜达中部水平；单眼鬃发达，位于前后单眼之间。外侧额鬃缺，内侧额鬃2根。侧额上的粉被金黄色，侧额毛短而稀疏，显著小于颊毛。触角第3节约为第2节长的1.8～2.0倍。眼堤鬃上升不达第1根额鬃下降处水平。口缘显著向前突出。中胸盾片具4黑纵条。中鬃3+3，背中鬃3+4。前缘刺发达，长度约等长与径中横脉或长于径中横脉之半。中脉心角直角，至翅后缘的距离显著长于其至中肘横脉的距离。中足胫节具4根前背鬃。腹部第3、4节背板的毛半竖立，第4节腹板后缘向后突出。肛尾叶宽大。腹部第5背板具缘鬃1行及不规则的中心鬃。

图 85-1 体侧面观 Habitus, lateral view

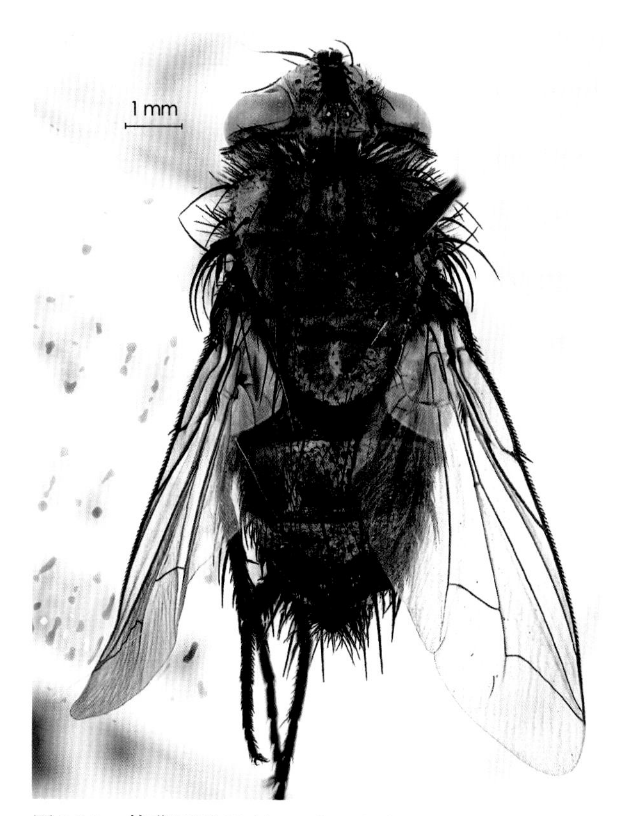

图 85-2　体背面观 Habitus, dorsal view

寄主　灰斑古毒蛾*Orgyia ericae* Germar。

寄主植物　花棒*Hedysarum scoparium* Fisch. et Mey.。

分布　宁夏（盐池）、黑龙江、吉林、辽宁、内蒙古、北京、天津、安徽、河北、河南、山东、江苏、江西、浙江、上海、台湾、福建、广东、四川、山西、陕西、甘肃、青海、西藏、新疆；日本，蒙古，印度，俄罗斯，加拿大，欧洲及北非。

观察标本　13♀♀28♂♂，宁夏盐池高沙窝，2014-07-09～28，王锦林；21♀♀34♂♂，宁夏盐池沙泉湾，2014-07-16～22，王锦林。

86 红尾追寄蝇 *Exorista xanthaspis* (Wiedemann, 1830)（图 86：1–2）

Tachina xanthaspis Wiedemann, 1830:314.

Exorista xanthaspis (Wiedemann,1830). Chao et al., 2001:215; O' Hara et al., 2009:94; zhang et al., 2016:340.

♂ 体黑色，覆黄白色粉被。复眼裸。颜、颊具灰黄色粉被。侧额、颊具稀疏黑色短毛。触角黑色；第3节基缘红色，第3节长为第2节的2.5～3.0倍，触角芒基半部加粗。第2节上具椭圆形突起。额鬃每侧7根，4根下降至侧颜中部水平。眼堤鬃5根。单眼鬃位于中单眼两侧。口缘显著向前突出。胸部黑色，中胸盾片具5黑纵条。中鬃3+3，背中鬃3+4。小盾片黄色至黄褐色，基部褐色。前缘刺不发达；中脉心角至翅后缘的距离大于其至中肘横脉的距离；中足胫节具前鬃3（2），后背鬃2，腹鬃1。腹部第3～5节背板基半部或多半部具黄白色粉被；第3节背板后端的黑斑约为背板长的一半，侧面具黄褐色斑；第2～3节背板具1对短小的中缘鬃；第4节背板具1行缘鬃；第5节背板具心鬃和缘鬃2～3行，末端红色。

寄主 灰斑古毒蛾*Orgyia ericae* Germar。

寄主植物 花棒*Hedysarum scoparium* Fisch. et Mey.。

分布 宁夏（盐池）、安徽、北京、福建、广东、广西、海南、河北、河南、香港、黑龙江、湖北、湖南、吉林、江苏、江西、辽宁、内蒙古、四川、山东、陕西、新疆、西藏、云南、浙江、台湾；中亚、欧洲、中东（各地）以及蒙古、北非、俄罗斯、日本、印度尼西亚、马达加斯加、塞舌尔、也门等。

观察标本 2♀♀4♂♂，宁夏盐池沙泉湾，2014-07-14～30，王锦林；2♀♀5♂♂，宁夏盐池高沙窝，2014-07-18～22，王锦林。

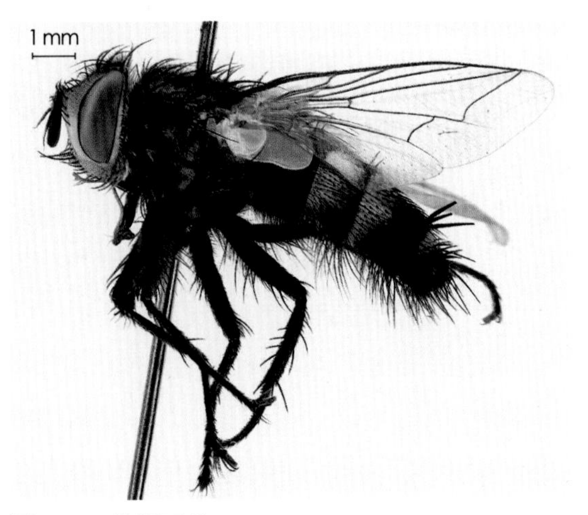

图 86-1 体侧面观 Habitus, lateral view

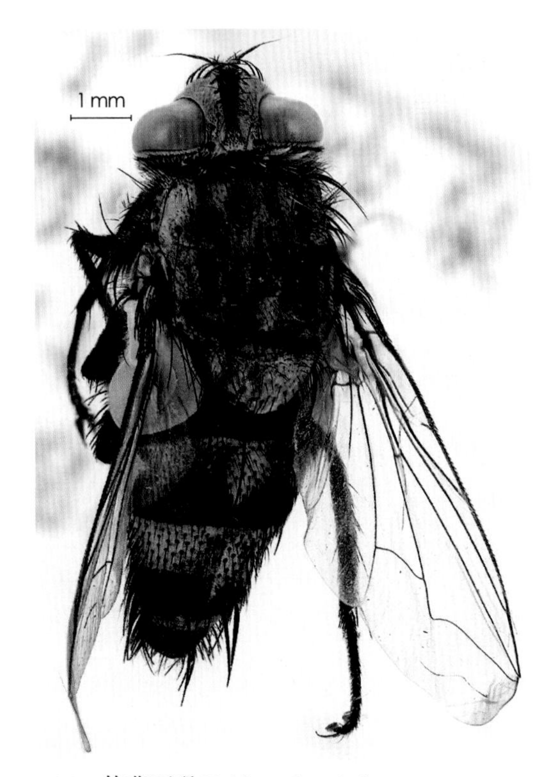

86-2 体背面观 Habitus, dorsal view

87 查禾短须寄蝇 *Linnaemya zachvatkini* Zimin, 1954（图 87：1－2）

Linnaemya zachvatkini Zimin, 1954:276.; Chao et al., 1998:2106; O’ Hara et al., 2009:148.; zhang et al., 2016:568.

♂ 体灰色；足黑色。触角第2节内侧后半部无棱状长形疣状感觉突起。无外侧额鬃，间额后端略宽于前端，其宽度约为侧额宽的2倍；外顶鬃发达，约为内侧额鬃的1/2。后头在眼后鬃后方无黑毛，或仅在后头上方具3～4根黑毛，其分布不达颊部。径脉主干裸。腹部底色黑，胸部和腹部主要被黑毛，前气门厣褐色或黄色。腹部第7+8背板的长度大于第9背板的长度。小盾侧鬃每侧两根（有时靠近基部的1根短小）。前足爪略短于第5分跗节。

寄主 灰斑古毒蛾*Orgyia ericae* Germar。

寄主植物 白刺*Nitraria tangutorum* Bobrov。

分布 青海（都兰）、黑龙江、吉林、辽宁、内蒙古、北京、天津、河北、山西、甘肃、青海、新疆、西藏、湖北、福建、广东、四川、云南。

观察标本 1♂，青海都兰，2857m，2011-09-26，盛茂领；4♀♀1♂，青海都兰，2014-09-13，盛茂领；1♀1♂，青海都兰，2014-09-15，盛茂领。

87-1 体侧面观 Habitus, lateral view

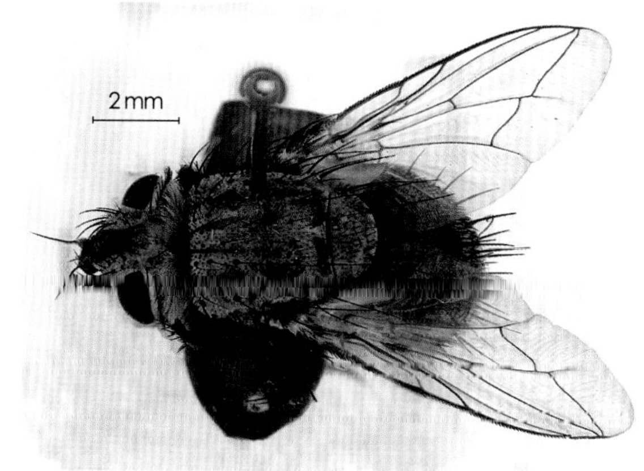

87-2 体正面观 Habitus, dorsal view

参考文献

宝山, 孙淑萍, 盛茂领. 2007. 宁夏发现柄卵姬蜂属一中国新记录(膜翅目: 姬蜂科)[J]. 宁夏农林科技, 6: 1, 9.

才让旦周，李涛，盛茂领. 2013. 寄生高山毛顶蛾的姬蜂科(膜翅目)中国一新纪录种[J]. 动物分类学报, 38(3): 672-674.

陈家骅, 宋东宝. 2004. 中国小腹茧蜂(膜翅目: 茧蜂科)[M]. 福州: 福建科学技术出版社: 354.

何俊华, 陈学新, 樊晋江, 等. 2004. 浙江蜂类志[M]. 北京: 科学出版社: 1373.

何俊华, 陈学新, 马云. 1996. 中国经济昆虫志(第五十一册): 膜翅目:姬蜂科[M]. 北京: 科学出版社: 697.

何俊华, 陈学新, 马云. 2000. 中国动物志: 昆虫纲(第十八卷) 膜翅目: 茧蜂科(一)[M]. 北京: 科学出版社: 757.

何俊华. 1981. 我国长尾姬蜂属Ephialtes Schrank及二种新记录[J]. 浙江农业大学学报, 7(3): 81-86.

何俊华. 1985. 中国姬蜂科新记录(七)[J]. 浙江农业大学学报, 11(4): 402.

李海燕, 宗世祥, 盛茂领, 等. 2009. 灰斑古毒蛾寄生性天敌昆虫的调查[J]. 林业科学, 45(2): 167-170.

路常宽, 盛茂领, 骆有庆. 2005. 毛缺沟姬蜂形态特征及生物学初步研究[J]. 中国生物防治, 21(2): 122-124.

盛茂领, Schönitzer K. 2008. 霸姬蜂属(膜翅目, 姬蜂科)一新种[J]. 动物分类学报，2008, 33(2): 391-394.

盛茂领, 寇明君, 崔永三, 等. 2002. 中国北方地区寄生林木蛀虫的姬蜂种类名录[J]. 甘肃林业科技, 27(3): 1-5.

盛茂领, 孙淑萍, 丁冬荪, 等. 2013. 江西姬蜂志[M]. 北京: 科学出版社: 569.

盛茂领, 孙淑萍. 2008. 黑茧姬蜂属(膜翅目, 姬蜂科)一新种. 昆虫分类与分布[M]. 北京: 中国农业科学技术出版社: 37-39.

盛茂领, 孙淑萍. 2009. 河南昆虫志(膜翅目: 姬蜂科)[M]. 北京: 科学出版社: 340.

盛茂领, 孙淑萍. 2010. 中国林木蛀虫天敌姬蜂[M]. 北京: 科学出版社: 378.

盛茂领, 孙淑萍. 2014. 辽宁姬蜂志[M]. 北京: 科学出版社: 464.

盛茂领, 武星煜, 骆有庆. 2004. 寄生榆童锤角叶蜂的姬蜂种类研究(膜翅目: 姬蜂科)[J]. 动物分类学报, 29(3): 549-552.

盛茂领, 闫峻. 2006. 短颚姬蜂属和棒角姬蜂属在中国首次发现并记述一新种(膜翅目: 姬蜂科)[J]. 动物分类学报, 31(3): 630-633.

盛茂领, 章英. 1998. 中国盾脸姬蜂亚科一新种及一新记录(膜翅目: 姬蜂科)[J]. 昆虫学报, 41(1): 92-93.

盛茂领, 赵瑞兴. 2012. 寄生灰斑古毒蛾的姬蜂(膜翅目, 姬蜂科)及一新种记述[J]. 动物分类学报, 37(3): 606-610.

时振亚, 申效诚. 1995. 寄生蜂鉴定[M]. 北京: 中国农业科技出版社: 407.

苏梅, 杨奋勇, 李海燕, 等. 2007. 灰斑古毒蛾寄生天敌调查技术[J]. 中国农村科技, 2(143): 19-20.

孙淑萍, 盛茂领. 2007. 六盘山克里姬蜂种类及一新种记述(膜翅目: 姬蜂科)[J]. 动物分类学报, 32(1): 212-215.

孙淑萍, 盛茂领. 2011. 裂臀姬蜂属(膜翅目, 姬蜂科)一新种及中国已知种检索表[J]. 动物分类学报, 36(4): 970-972.

王淑芳. 1981. 细姬蜂属及其一新种(姬蜂科: 犁姬蜂亚科)[J]. 动物学集刊, 1: 105-106.

王淑芳. 1989. 犁姬蜂亚科一新属二新种(膜翅目: 姬蜂科)[J]. 昆虫学报, 32(3): 357-360.

许效仁, 盛茂领. 2006. 中国发现颚姬蜂属(膜翅目: 姬蜂科)[J]. 动物分类学报, 31(4): 921-922.

杨秀元, 吴坚. 1981. 中国森林昆虫名录[M]. 北京: 中国林业出版社. 444.

杨忠岐, 姚艳霞, 曹亮明. 2015. 寄生林木食叶害虫的小蜂[M]. 北京: 科学出版社: 283.

游兰韶, 熊漱琳, 党心德, 等. 1987. 中国绒茧蜂属Apanteles Foerster四新种[J]. 昆虫分类学报, 9(4): 275-281.

张春田, 王强, 刘家宇, 等. 2016. 东北地区寄蝇科昆虫[M]. 北京: 科学出版社: 698.

章英, 李涛, 盛茂领, 等. 2016. 中国发现寄生高山毛顶蛾的毛顶蛾邻凹姬蜂(膜翅目, 姬蜂科)[J]. 南方林业科学, 44(3): 58-61.

赵建铭, 梁恩义, 史永善, 等. 2001. 中国动物志: 昆虫纲(第二十三卷)双翅目: 寄蝇科(一)[M]. 北京: 科学出版社: 296.

赵建铭等. 1998. 寄蝇科. 见: 薛万琦, 赵建铭主编. 中国蝇类(下册)[M]. 沈阳: 辽宁科学技术出版社: 1661-2206.

赵修复. 1958. Atopotrophos Cushman 属姬蜂新种记载 (Ichneumonidae, Tryphoninae, Eclytini) [J]. 福建农学院学报, (7-8): 57-62.

赵修复. 1976. 中国姬蜂分类纲要[M]. 北京: 科学出版社: 343.

赵修复. 1994. Cylloceria Schiødte属姬蜂一新种描述(膜翅目: 姬蜂科, 洼唇姬蜂亚科)[J]. 武夷科学, 11: 116-119.

宗世祥, 盛茂领. 2009. 凿姬蜂属一新种(膜翅目, 姬蜂科)[J]. 动物分类学报, 34: 922-924.

Argaman Q. 1990. A synopsis of Perilampus Latreille with descriptions of new genera and species (Hymenoptera: Perilampidae), I. Acta Zoologica Hungarica, 36(3-4): 189-263.

Baranov N. 1932. Neue orientalische Tachinidae. Encyclopédie Entomologique. Série B. Mémoires et

Notes. II. Diptera, 6: 83-93.

Belokobylskij SA. 1994. [A review of parasitic wasps of the subfamilies Doryctinae and Exothecinae (Hymenoptera, Braconidae) of the Far East (Eastern Siberia and neighbouring territories).] In. Kotenko A. G. (ed.). Hymenopteran insects of Siberia and Far East: Memoirs of the Daursky Nature Reserve, no. 3. Institut zoologii NAN Ukrainy. Kiev, pp: 5-77.

Betrem JG. 1932. Eine merkwürdige Ichneumonidengattung Klutiana nov.gen. Tijdschrift voor Entomologie, 75: 89-96.

Boucek Z. 1956. Notes on Czechoslovak Perilampidae (Hymenoptera - Chalcidoidea). Acta Faunistica Entomologica Musei Nationalis Pragae, 1: 83-98.

Broad GR. 2011. Identification key to the subfamilies of Ichneumonidae (Hymenoptera). http://www.nhm.ac.uk/resources-rx/files/ich_subfamily_key_2_11_compressed-95113.pdf. Online publication; accessed 03/08/2012.

Cameron P. 1903. Descriptions of twelve new genera and species of Ichneumonidae (Heresiarchini and Amblypygi) and three species of Ampulex from the Khasia Hills, India. Transactions of the Entomological Society of London, pp: 219-238.

Chandra G, Gupta VK. 1977. Ichneumonologia Orientalis Part VII. The tribes Lissonotini and Banchini (Hymenoptera: Ichneumonidae: Banchinae). Oriental Insects Monograph, 7:1-290.

Cui Y-Q, Sheng M-L, Luo Y-Q, et al. 2011. Emergence patterns of Orgyia ericae (Lepidoptera: Lymantriidae) parasitoids. Revista Colombiana de Entomología, 37(2): 240-243.

Darling DC. 1996. Generic concepts in the Perilampidae (Hymenoptera: Chalcidoidea): an assessment of recently proposed genera. Journal of Hymenoptera Research, 5: 100-130.

Fallén CF. 1820. Monographia Muscidum Sveciae. [Part I.][Cont.] Berlingianis, Lundae [=Lund], pp: 1-12.

Fitton MG, Ficken L. 1990. British Ichneumon-flies of the tribe Oedemopsini (Hymenoptera: Ichneumonidae). Entomologist, 109: 200-214.

Förster A. 1855. Die 2te Centurie neuer Hymenopteren. Verhandlungen des Naturhistorischen Vereins der Preussischen Rheinlande und Westfalens, 12: 226-239.

Förster A. 1862. Synopsis der Familien und Gattungen der Braconiden. Verhandlungen des Naturhistorischen Vereins der Preussischen Rheinlande und Westfalens, 19: 225-288.

Förster A. 1869. Synopsis der Familien und Gattungen der Ichneumonen. Verhandlungen des Naturhistorischen Vereins der Preussischen Rheinlande und Westfalens, 25(1868): 135-221.

Gauld ID, Mitchell PA. 1977. Handbooks for the identification of British insects. Vol.VII. Part 2 (b). Ichneumonidae. Orthopelmatinae & Anomaloninae. Royal Entomological Society of London, pp: 1-32.

Gravenhorst JLC. 1829a. Ichneumonologia Europaea. Pars I. Vratislaviae, pp: 1-827.

Gravenhorst JLC. 1829b. Ichneumonologia Europaea. Pars II. Vratislaviae, pp: 1-989.

Gravenhorst JLC. 1829c. Ichneumonologia Europaea. Pars III. Vratislaviae, pp: 1-1097.

Gupta VK. 1980. A revision of the tribe Poeminiini in the Oriental Region (Hymenoptera: Ichneumonidae). Oriental Insects, 14(1): 73-130.

Heinrich GH. 1937. Zwei neue Formen des Subgen. Meringopus Foerst. und ein neuer Acroricnus (Hym. Ichn. Cryptinae). Mitteilungen der Deutschen Entomologischen Gesellschaft, 8: 22-24.

Holmgren AE. 1860. Försök till uppställning och beskrifning af Sveriges Ichneumonider. Tredje Serien. Fam. Pimplariae. (Monographia Pimplariarum Sueciae). Kongliga Svenska Vetenskapsakademiens Handlingar (B), 3(10): 1-76.

Humala AE. 2002. A review of the ichneumon wasp genera Cylloceria Schiodte, 1838 and Allomacrus Foerster, 1868 (Hymenoptera, Ichneumonidae) of the Russian fauna. Entomologicheskoe Obozrenie, 81(2): 370-385.

Joseph KJ, Narendran TC, Joy PJ. 1973. Oriental Brachymeria. A monograph on the Oriental species of Brachymeria (Hymenoptera: Chalcididae). University of Calicut, Zoology Monograph, 1: 1-215.

Kasparyan DR. 1994. East Palearctic species pf parasitic wasps of genera Hercus, Cladeutes, Neliopisthus, and Oedemopsis (Hymenoptera, Ichneumonidae). Entomologicheskoye Obozreniye, 73(2): 331-339.

Khalaim AI, Sheng M-L. 2015. Contribution to the study of Chinese Tersilochinae (Hymenoptera: Ichneumonidae). Zootaxa, 4013 (2): 280-286.

Khalaim AI. 2004. A review of the Palaearctic species of the genera Barycnemis Foerst., Epistathmus Foerst. and Spinolochus Horstm. (Hymenoptera: Ichneumonidae, Tersilochinae). Trudy Russkogo Entomologicheskogo Obshchestva, 75(1): 46-63.

Khalaim AI. 2015. A review of the Japanese species of Barycnemis Förster (Hymenoptera: Ichneumonidae: Tersilochinae). Zootaxa, 3963(3): 425-433.

Kokujev NR. 1898. Symbolae ad cognitionem Braconidarum Imperii Rossici et Asiae Centralis. Trudy Russkago Entomologicheskago Obshchestva, 32: 345-411.

Kokujev NR. 1909. Ichneumonidae (Hymenoptera) a clarissimis V.J. Roborovski et P.K. Kozlov annis 1894-1895 et 1900-1901 in China, Mongolia et Tibetia lecti. Ezhegodnik Zoologicheskago Muzeya, 14: 12-47.

Kokujev NR. 1915. Ichneumonidea (Hym.) a clarissimis V.J. Roborowski et P.K. Kozlov annis 1894-1895 et 1900-1901 in China, Mongolia et Tibetia lecti 2. Ezhegodnik Zoologicheskago Muzeya, 19: 535-553.

Kusigemati K. 1982. Two new species of Glabridorsum Townes from Japan (Hymenoptera, Ichneumonidae). Memoirs of the Faculty of Agriculture, Kagoshima University, 18(27): 105-110.

Kusigemati K. 1986. A new species of Exetastes Gravenhorst from Formosa (Hymenoptera: Ichneumonidae). Akitu, 80: 1-5.

Kuslitzky WS. 2007. Banchinae. In: A.S. Lelej (ed.) 'Key to the insects of Russia Far East. Vol.IV. Neuropteroidea, Mecoptera, Hymenoptera. Pt 5. Vladivostok: Dalnauka, pp. 433-472.

LI T, Sheng M-L, Sun S-P, et al. 2012. Effect of the trap color on the capture of ichneumonids wasps (Hymenoptera). Revista Colombiana de Entomología, 38(2): 338-342.

Li T, Sheng M-L, Sun SP, et al. 2012. Parasitoids of the sawfly, Arge pullata, in the Shennongjia National Natural Reserve. Journal of Insect Science, 12(97): 1-8.

Li T, van Achterberg C, Xu Z-C. 2015. A new species of genus Leluthia Cameron (Hymenoptera: Braconidae) parasitizing Agrilus sp. (Coleoptera: Buprestidae) from China with a key to the East Palaearctic species. Zootaxa, 4048(4): 594-600.

Linnaeus C. 1758. Systema naturae per regna tria naturae, secundum classes, ordines, genera, species, cum characteribus, differentiis, synonymis, locis. Tomus I. Editio decima, reformata. Laurentii Salvii, Holmiae [= Stockholm], pp: 1-828.

Meyer NF. 1927. Zur Kenntnis der Tribus Banchini (Familie Ichneumonidae) und einiger neuer Schlupfwespen aus Russland. Konowia, 6: 291-311.

Meyer NF. 1934. Parasitic Hymenoptera in the family Ichneumonidae of the USSR and adjacent countries. Keys to the fauna of the USSR. Vol. 3. Pimplinae. Opredeliteli Faune SSSR., 15(3): 1-271.

Meyer, NF. 1933. Tables systematiques des hymenopteres parasites (Fam. Ichneumonidae) de l'URSS et des pays limitrophes. Vol. 2. Cryptinae. Leningrad, pp: 1-325.

Mocsáry A, Szépligeti G. 1901. Hymenopteren. In: Horvath “Zoologische Ergebnisse der dritten asiatischen Forschungsreise des Grafen Eugen Zichy.” , 2: 121-169.

Momoi S. 1973. Ergebnisse der zoologischen Forschungen von Dr. Z. Kaszab in der Mongolei. 331. Einige mongolischen Arten der Unterfamilien Ephialtinae und Xoridinae (Hymenoptera: Ichneumonidae). Folia Entomologica Hungarica, 26(Suppl.): 219-239.

Momoi S. 1973. Ergebnisse der zoologischen Forschungen von Dr. Z. Kaszab in der Mongolei. 332. Einige mongolischen Arten der Tribus Banchini (Hymenoptera: Ichneumonidae). Folia Entomologica Hungarica, 26(Suppl.): 241-250.

Narendran TC, van Achterberg C. 2016. Revision of the family Chalcididae (Hymenoptera, Chalcidoidea) from Vietnam, with the description of 13 new species. ZooKeys, 576: 1-202.

O’ Hara JE, Shima H, Zhang C-T. 2009. Annotated catalogue of the Tachinidae (Insecta: Diptera) of China. Zootaxa, 2190: 1-236.

O’ Hara, JE. 2013. History of tachinid classification (Diptera, Tachinidae). ZooKeys, 316: 1–34.

O’ Hara, JE. 2016. World genera of the Tachinidae (Diptera) and their regional occurrence. Version 9.0., 1–93. http://www.nadsdiptera.org/Tach/WorldTachs/Genera/Gentach_ver9.pdf.

Panzer GWF. 1809. Faunae Insectorum Germanicae 9, 102: 14-22.

Quicke DLJ, Fitton MG, Broad GR, et al. 2005. The parasitic wasp genera Skiapus, Hellwigia, Nonnus, Chriodes, and Klutiana (Hymenoptera, Ichneumonidae): recognition of the Nesomesochorinae stat. rev. and Nonninae stat. nov. and transfer of Skiapus and Hellwigia to the Ophioninae. Journal of Natural History, 39(27): 2559-2578.

Ratzeburg JTC. 1848. Die Ichneumonen der Forstinsekten in entomologischer und forstlicher Bezeihung. Berlin, 2: 1-238.

Sedivy J. 1970. Westpaläarktische Arten der Gattung Dimophora, Pristomerus, Eucremastus und Cremastus (Hym., Icheumonidae). Prirodovedne Prace Ustavu Ceskoslovenske Akademie Ved v Brne (N.S.), 4(11): 1-38.

Sedivy J. 1971. Ergebnisse der mongolisch-tschechoslowakischen entomologisch-botanischen Expeditionen in der Mongolei: 24. Hymenoptera, Ichneumonidae. Acta Faunistica Entomologica Musei Nationalis Pragae, 14: 73-91.

Sheng M-L, Li T, Cao J-F. 2015. Three new species of genus Sinophorus Förster (Hymenoptera, Ichneumonidae) parasitizing twig and defoliating Lepidoptera. Zootaxa, 3949(2): 268-280.

Sheng M-L, Schönitzer K, Sun S-P. 2012. A new genus and species of Anomaloninae (Hymenoptera, Ichneumonidae) from China. Journal of Hymenoptera Research, 27: 37-45.

Sheng M-L, Sun S-P. 2014. A new species of genus Sinophorus Förster (Hymenoptera, Ichneumonidae) from China. Proceedings of the Russian Entomological Society, 85(1): 133-137.

Sheng M-L, Sun S-P. 2014. Combivena gen.n (Hymenoptera: Ichneumonidae: Acaenitinae) from China. Journal of Insect Science, 14(158): 1-3.

Sheng M-L, Zhao R-X, Sun S-P. 2012. A new species of Xorides Latreille (Hymenoptera, Ichneumonidae, Xoridinae) parasitizing Pterolophia alternata (Coleoptera, Cerambycidae) in Robinia pseudoacacia. ZooKeys, 246: 39-49.

Shestakov A. 1932. Zur Kenntnis der asiatischen Braconiden. Zoologische Annalen. Würzburg, 99: 255-263.

Shestakov A. 1940. Zur Kenntnis der Braconiden Ostsibiriens. Arkiv för Zoologi, 32A(19): 1-21.

Simbolotti G, van Achterberg C. 1999. Revision of the west Palaearctic species of the genus Agathis Latreille (Hymenoptera: Braconidae: Agathidinae). Zoologische Verhandelingen Leiden, 325: 1-167.

Sonan J. 1936. Six new species of Pimplinae (Hym. Ichneumonidae). Transactions of the Natural History Society of Formosa, 26(158): 413-419.

Steffan JR. 1952. Note sur les espèces européennes et nord africaines du genre Monodontomerus Westw. (Hym. Torymidae) et leurs hôtes. Bulletin du Muséum National d'Histoire Naturelle, Paris (2), 24(3): 288-293.

Strobl G. 1902. Ichneumoniden Steiermarks (und der Nachbarländer). Mitteilungen

Naturwissenschaftlichen Vereines für Steiermark,Graz, 38: 3-48.

Szépligeti G. 1901. Tropischen Cenocoeliden und Braconiden aus der Sammlung des Ungarischen National-Museums. Természetrajzi Füzetek, 24: 353-402.

Szépligeti G. 1904. Hymenoptera. Fam. Braconidae. Genera Insectorum, 22: 1-253.

Tan J-L, Sheng M-L, van Achterberg K, et al. 2012. The first record of the genus Uncobracon Papp from China (Hymenoptera: Braconidae). Zootaxa, 3323: 64-68.

Telenga NA. 1930. Einige neue Ichneumoniden-Arten aus USSR. Revue Russe d'Entom, 24: 104-108.

Tobias VI, Belokobylskij SA. 2000. Braconinae. In: Ler, P.A. (ed.) [Key to the insects of Russian Far East. Vol. IV. Neuropteroidea, Mecoptera, Hymenoptera. Pt 4.] Opredelitel nasekomykh Dalnego Vostoka Rossii. T. IV. Setchatokryloobraznye, skorpionnitsy, pereponchatokrylye. Ch. 4. Dalnauka, Vladivostok, pp: 109-192.

Townes HK. 1969. The genera of Ichneumonidae, Part 1. Memoirs of the American Entomological Institute, 1-300.

Townes HK. 1970. The genera of Ichneumonidae, Part 2. Memoirs of the American Entomological Institute 12 (1969): 1-537.

Townes HK. 1970. The genera of Ichneumonidae, Part 3. Memoirs of the American Entomological Institute, 13(1969): 1-307.

Townes HK. 1971. The genera of Ichneumonidae, Part 4. Memoirs of the American Entomological Institute, 17: 1-372.

Uchida T. 1930. Beschreibungen der neuen echten Schlupfwespen aus Japan, Korea und Formosa. Insecta Matsumurana, 4: 121-132.

Uchida T. 1930. Fuenfter Beitrag zur Ichneumoniden-Fauna Japans. Journal of the Faculty of Agriculture, Hokkaido University, 25: 299-347.

Uchida T. 1940. Ichneumoniden aus der inneren Mongolei. Insecta Matsumurana, 15: 21-30.

Uchida T. 1952. Ichneumonologische Ergebnisse der japanischen wissenschaftlichen Shansi-rovinz, China-Expedition im Jahre 1952. Mushi, 24: 39-58.

Uchida T. 1957. Zwei neue Arten und eine neue Gattung der Ichneumoniden. Insecta Matsumurana, 21: 41-44.

van Rossem G. 1966. A study of the genus Trychosis Förster in Europe (Hymenoptera, Ichneumonidae, Cryptinae). Zoologische Verhandelingen, 79: 1-40.

van Rossem G. 1971. Additional notes on the genus Trychosis Förster in Europe (Hym.,Ichneumonidae). Tijdschrift voor Entomologie, 114: 213-215.

van Rossem G. 1990. Supplementary notes on the genus Trychosis (Hymenoptera, Ichneumonidae, Agrothereutina). Mitteilungen Münchener Entomologischen Gesellschaft, 79(1989): 101-110.

Walker F. 1841. Description of Chalcidites. Entomologist, 1(14): 217-220.

Wang Y-P, Chen X-X, He J-H. 2012. A new species of Bracon (Hymenoptera: Braconidae) parasitic on larvae of the pest Oregyia ericae Germar (Lepidoptera: Lymantriidae) in Northern China. Entomological News, 122(1): 74-78.

Wiedemann CRW. 1830. Aussereuropäische zweiflügelige Insekten. Als Fortsetzung des Meigenschen Werkes. Zweiter Theil. Schulz, Hamm, 2: 1-684.

Yu DS, van Achterberg C, Horstmann K. 2016. Taxapad 2016, Ichneumonoidea 2015. Database on flash-drive. www.taxapad.com, Nepean, Ontario, Canada.

Zhang Y, Sheng M-L, Xiong Z-C. 2016. A new species of Metopiinae (Hymenoptera, Ichneumonidae) parasitizing lepidopteran larvae in China. ZooKeys, 572: 71-79.

Zhang Y, Xiong Z-C, van Achterberg K, et al. 2016. A key to the East Palaearctic and Oriental species of the genus Rhysipolis Foerster, and the first host records of Rhysipolis longicaudatus Belokobylskij (Hymenoptera: Braconidae: Rhysipolinae). Biodiversity Data Journal, 4(e7944): 1-13.

Zhao Y-X, Sheng M-L. 2014. A new parasitoid of Bazaria turensis (Lepidoptera, Pyralidae): Campoplex bazariae sp.n. (Hymenoptera, Ichneumonidae). ZooKeys, 466: 43-51.

Zimin LS. 1954. [Species of the genus Linnaemyia Rob.-Desv. (Diptera, Larvaevoridae) in the fauna of the USSR.] Trudy Zoologicheskogo Instituta Akademii Nauk SSSR, 15: 258-282.

Zong S-X, Sheng, M-L, Luo Y-Q, et al. 2012. Lissonota holcocerica Sheng sp.n (Hymenoptera: Ichneumonidae) parasitizing Holcocerus hippophaecolus (Lepidoptera: Cossidae) from China. Journal of Insect Science, 12(112): 1-7.

Abstract

In the last five years the authors have been exploring in Northweatern Region of China, situated in the southern border of the Eastern Palaearctic Region, and researching on the parasitoids of desert-shrub pest insects. Most specimens were reared from pest insects or from their host plants, and parts were collected using a standardized interception trap (SIT) and entomological nets. Some new discoveries have been reported (Sheng et al., 2011, 2012; Zhang et al., 2016). Large numbers of Ichneumonids have been collected there and will be reported successively.

This book deals with 87 species and subspecies belonging to 52 genera, eights families of two orders. Of which seven new species and one new subspecies of family Ichneumonidae are described. One genus and fifteen species belonging to Ichneumonidae are new Chinese records. Ten new host records are included. The comparative characters of the new species with their similar species incloded in this book are briefly presented. 577 figures are provided.

All type specimens are deposited in the Insect Museum, General Station of Forest Pest Management, State Forestry Administration, People's Republic of China.

Family Ichneumonidae

6 *Barylypa dulanica* Sheng & Sun, sp.n. (Figs. 6-1-10)

Etymology. The specific name is based on the type locality.

Host. Reared from pest insect of *Nitraria tangutorum* Bobr.

Host plant. *Nitraria tangutorum* Bobr.

Holotype. Female, Dulan, Qinghai, 28 June 2015, Mao-Ling Sheng.

This new species is similar to *B. propugnator* (Förster, 1855), can be distinguished from the latter by the following combination of characters: nervellus almost vertical, not intercepted; dorsal median portion of occipital carina almost straight; mesoscutum approximately as long as wide; flagellum black; median portion of hind femur reddish brown, basal and apical portions black. *B. propugnator*: nervellus intercepted, reclivous; dorsal median portion of occipital carina evenly curved; mesoscutum evidently longer than width; flagellum yellowish brown; hind femur entirely reddish brown.

---

15 *Syzeuctus maowusuicus* Sheng & Sun, sp.n. (Figs. 15-1-9)

Etymology. The specific name is based on the type locality.

Holotype. Female, Maowusu, 1300m, Inner Mongolia, 10 August 1984, Qiang-Hua Shao.

This new species is similar to *S. coreanus* Uchida, 1928, but can be distinguished from the latter by the following combination of characters: Propodeum with apical transverse carina; mesopleuron and mesosternum entirely yellow; tergites yellow, first tergite with median longitudinal band, which posterior portion forking; second tergite with "Λ" black band; remainder tergites with irregular reddish brown and indistinct black spots. *S. coreanus*: Propodeum without apical transverse carina. Posterior portion of mesopleuron and mesosternum mainly black. Tergites black with posterior transverse yellow bands.

---

18 *Exetastes fornicator huzhuensis* Sheng & Sun, ssp.n. (Figs. 18-1-9)

Etymology. The specific name is based on the type locality.

Holotype. Male, Huzhu, Qinghai, 26 June 2011, Tao Li.

This new species is similar to *E. fornicator miniatus* Uchida, 1928, but can be distinguished from the latter by the following combination of characters: frons and vertex with dense long brown hairs; wings hyaline; second tergite 1.4× as long as wide; third and subsequent tergites strongly compressed; apical half of second, third and fourth tarsomeres of hind tarsus white, remainder of the tarsus brown. *E. fornicator miniatus*: frons and vertex without long hairs; wings brown; second tergite 1.1× as long as wide; Apical portion of metasoma relatively compressed; tarsus entirely brownish black.

---

24 *Exetastes yanchiensis* Sheng & Sun, sp.n. (Figs. 24-1-10)

Etymology. The specific name is based on the type locality.

Holotype. Female, Habahu Natural Reserve, Yanchi, Ningxia, 12 July 2010, Shi-Xiang Zong.

Paratype. 1 Female, data as holotype; 1 male, data as holotype except 15 September 2009.

This new species is similar to *E. femorator* Desvignes, 1856, can be distinguished from the latter by the following combination of characters: propodeum rough; wings of female darkish brown, slightly hyaline; fore wing with vein 1cu-a distinctly distal of 1-M; ovipositor sheath 1/4 as long as hind tibia; all tergites entirely black. *E. femorator*: propodeum almost smooth, with distinct punctures; wings of female slightly brownish, hyaline; fore wing with vein 1cu-a opposite 1-M; ovipositor sheath 1/3 as long as hind tibia; second and third tergites fusco-testaceous.

---

28 *Campoplex caraganae* Sheng & Sun, sp.n. (Figs. 28-1-10)

Etymology. The specific name is derived from the host plant's name..

Holotype. Female, etuoke, Inner Mongolia, 5 November 2014, Mao-Ling Sheng.

Host. Holotype was reared from unidentified species of Psychidae (Lepidoptera) collected as mature larvae but details of development and emergence unknown.

Host plant. *Caragana intermedia* Kuang & H.C. Fu (Leguminosae).

This new species is similar to *C. bazariae* Sheng, 2014, can be distinguished from the latter by the following combination of characters: first tergite approximately 2.0× as long as apical width; second tergite 0.88× as long as apical width; apical portions of tergites 6 and 7 without concavity; ovipositor sheath about as long as hind tibia; hind tarsus brownish black. *C. bazariae*: first tergite approximately 2.9× as long as apical width; second tergite 1.25 to 1.43× as long as apical width; apical portions of tergites 6 and 7 with large triangular concavities; ovipositor sheath 1.25× as long as hind tibia; hind tarsus darkish brown.

---

30 *Sinophorus erdosicus* Sheng & Sun, sp.n. (Figs. 30-1-10)

Etymology. The specific name is based on the type locality.

Holotype. Female, Ordos, Inner Mongolia, 3 July 2008, Mao-Ling Sheng.

This new species is similar to *S. nigrus* Sheng, 2015, can be distinguished from the latter by the following combination of characters: more than 2/3 of hind tarsal claw with teeth, at least four large teeth (Fig. 30-8); first tergite approximately 4.0× as long as apical width; hind leg partly brownish black; stigma brown. *S. nigrus*: basal portion of hind tarsal claw with 2 to 3 teeth; first tergite 3.0-3.1× as long as apical width; hind leg almost entirely black. Stigma black.

Key to the known Chinese species of *Sinophorus* Förster

1. Malar space as long as basal width of mandible. Fore wing vein 2m-cu straight. Second tergite strongly compressed. .... *S. psycheae* Sonan

   Malar space distinctly shorter than basal width of mandible. Fore wing vein 2m-cu curved. Second tergite depressed. 2

2. First tergite with an indistinct or without a impressed, lateral, longitudinal groove. 3

   First tergite with a distinct moderately to deeply impressed, lateral, longitudinal groove. 6

3. Ovipositor 1.4-1.5× as long as hind femur. Hind femur entirely black or almost black; hind tibia entirely black or partly brownish. Stigma black or brown. 4
Ovipositor 1.9-2.3× as long as hind femur. Hind femur ferruginous; hind tibia at least externo-median surface white. Stigma white. 5
4. Basal portion of hind tarsal claw with 2 to 3 teeth. Ovipositor sheath 1.2-1.3× as long as hind tibia. First tergite 3.0-3.1× as long as apical width. Hind femur entirely black. Stigma black. .... *S. nigrus* Sheng
Basal 0.7 of hind tarsal claw with teeth, at least four large teeth (Fig. 30-8). Ovipositor sheath about 1.4× as long as hind tibia. First tergite approximately 4.0× as long as apical width. Hind femur unclearly brownish black. Stigma brown. .... *S. erdosicus* Sheng & Sun, sp.n.
5. Ovipositor 2.1-2.3× as long as hind femur, with depth less than width of hind basitarsus. Hind tibia with interno-median surface ferruginous, externo-median surface white. .... *S. pleuralis* (Thomson)
Ovipositor 1.9-2.0× as long as hind femur, with depth greater than width of hind basitarsus. Hind tibia with base and median portion white. .... *S. fuscicarpus* (Thomson)
6. Hind tibia or at least its median portion distinctly ferruginous. 7
Hind tibia with median portion white to yellow externally. 10
7. Hind wing vein cu-a absent. 8
Hind wing vein cu-a present. Hind femur at most 4.1× or at least 5.0× as long as its widest width. Base of hind tibia black or brownish black. Hind basitarsomere almost entirely brown or blackish brown. Tegula brownish black or yellowish white. 9
8. Hind femur 4.3-4.8× as long as its widest width. Ovipositor sheath 2.2-2.4× as long as hind femur. Hind basitarsomere white. .... *S. turionus* (Ratzeburg)
Hind femur approximately 3.8× as long as its widest width. Ovipositor sheath about 1.7× as long as hind femur. Hind basitarsomere blackish brown. .... *S. xanthostomus* (Gravenhorst)
9. Hind femur 3.9-4.0× as long as its widest width. Second tergite approximately 0.9× as long as apical width. Tegula brownish black. .... *S. zeirapherae* Sheng
Hind femur 5.1–5.3× as long as its widest width. Second tergite approximately 1.5x as long as apical width. Tegula yellowish white. .... *S. impunctatus* Sheng & Sun
10. Hind femur approximately 4.9–5.2× as long as deep. Bases and externo-median portions of tibiae, base of hind basitarsomere white. .... *S. geniculatus* (Gravenhorst)
Hind femur approximately 3.7–4.6× as long as deep. 11
11. Gena, in dorsal view, slightly sloping inwardly. Propodeal trough with indistinct transverse wrinkles. Hind femur approximately 4.2× as long as its widest width. All tergites black. .... *S. bazariae* Sheng

Gena, in dorsal view, strongly sloping inwardly. Propodeal trough strongly shagreened, matte. Hind femur more than 4.4× as long as its widest width, if 4.2× as long as its widest width, then tergites 2 and 3 rufous. 12

12. Ovipositor strongly upcurving, with depth at midlength less than width of hind basitarsomere. Hind femur 4.4–4.6 × as long as deep. .... *S. exartemae* (Uchida)

Ovipositor moderately upcurving, with depth at mid-length equal to width of hind basitarsomere. 13

13. Hind femur approximately 4.2× as long as deep. Postpetiole, tergites 2 and 3 rufous. .... *S. katoensis* Sanborne

Hind femur 4.7× as long as deep. All tergites black. .... *S. wushensis* Sanborne

57 *Poemenia maculata* Sheng & Sun, sp.n. (Figs. 57-1-7)

Holotype. Female, Wangchao, 2500m, Sichuan, 26 July 2006, Zhuan Lu.

Etymology. The specific name is derived from the hind coxa with yellow spot.

This new species is similar to *P. brevis* Sheng & Sun, 2010, can be distinguished from the latter by the following combination of characters: first tergite 3.3× as long as apical width, 1.3× as long as second tergite; third tergite 1.9× as long as apical width; ovipositor sheath 0.8x as long as fore wing, 0.9× as long as metasoma; hind coxa reddish brown, with white spot. *P. brevis*: first tergite 2.9× as long as apical width, 1.1× as long as second tergite; third tergite 1.4× as long as apical width; ovipositor sheath 0.5× as long as fore wing, 0.45× as long as metasoma; hind coxa entirely reddish brown.

58 *Poemenia qinghaiensis* Sheng & Sun, sp.n. (Figs. 58-1-8)

Etymology. The specific name is based on the type locality.

Holotype. Female, Beishan, Huzhu, Qinghai, 3 August 2010, Mao-Ling Sheng.

This new species can be easily distinguished from other species of *Poemenia* by the areolet very small, obliquely triangular, vein 3rs-m 2.8× as long as 2rs-m; also can be distinguished by the following combination of characters: body very weak, elongate, fore wing with vein 1cu-a opposite 1-M; first tergite 3.5× as long as apical width, 1.25× as long as second tergite; second tergite 1.7× as long as apical width; third tergite 1.8× as long as apical width; ovipositor sheath 0.8 as long as fore wing.

索 引

天敌中文名称索引

天敌拉丁学名索引

寄主中文名称索引

寄主拉丁学名索引